建筑工程材料

王　炜　韩金斌　王新军
赖　杰　张　毅　　主编

国防工业出版社
·北京·

内 容 简 介

本教材根据结构工程、岩土工程、防灾减灾工程及防护工程等专业特点，主要介绍了常用建筑工程材料的组成、工艺设计、基本性能、工程应用等方面的知识要点，重点介绍了材料的基本性能、水泥、混凝土、砂浆、金属材料、墙体与屋面、防水材料等内容，对塑料、木材、石材和建筑装饰材料也进行了必要的说明，覆盖范围广、内容较为全面。

本教材采用最新国家标准和行业标准，每章都附有适量复习思考题用于学生强化关键知识点的理解和灵活运用。本教材可供建筑工程、结构工程和岩土工程等专业本(专)科教学使用，也可作为从事工程勘测、设计、施工、科研和管理工作人员的参考用书。

图书在版编目(CIP)数据

建筑工程材料/王炜等主编. —北京:国防工业
出版社,2021.1
ISBN 978-7-118-12156-8

Ⅰ.①建… Ⅱ.①王… Ⅲ.①建筑材料-高等学校-
教材 Ⅳ.①TU5

中国版本图书馆 CIP 数据核字(2020)第 177081 号

※

国防工业出版社出版发行

(北京市海淀区紫竹院南路23号 邮政编码100048)
三河市腾飞印务有限公司印刷
新华书店经售

*

开本 787×1092 1/16 印张 17 字数 403 千字
2021 年 1 月第 1 版第 1 次印刷 印数 1—2500 册 定价 45.00 元

(本书如有印装错误,我社负责调换)

国防书店: (010)88540777 书店传真: (010)88540776
发行业务: (010)88540717 发行传真: (010)88540762

编审委员会

前　言

建筑工程材料是建造建筑物和构筑物的物质基础。建筑工程材料课程是结构工程、岩土工程、防灾减灾工程及防护工程等专业的一门重要专业基础课。

本教材以国家现行规范和相关法律法规为依据,以目前国内建筑市场为参照,共分13章,系统总结了建筑工程材料的基本性质、较为详细地介绍了气硬性无机胶凝材料、水泥、混凝土、建筑砂浆、金属材料、墙体材料与屋面材料、建筑防水材料、建筑塑料、建筑木材、建筑石材、建筑装饰材料等不同工程材料的组成、性能及发展动态等相关知识。

本教材明确了每章知识点的学习要求和学习目标,方便读者和学生熟悉各种常用土木工程材料及其性能,学会在工程中正确选择和使用材料,并能够根据相应规范标准对材料进行试验和检测,具备运用相关建筑工程材料解决工程实际问题的初步能力,为后续学习和工作奠定必要的理论和实践基础。

本教材由王炜、韩金斌、王新军、赖杰、张毅担任主编,刘维杰、郝振三、李峰、袁健参与了本教材部分章节的编写工作。具体编写分工为:第一章和第二章由王炜编写;第三章由韩金斌编写;第四章和第五章由王新军编写;第六章和第七章由张毅编写;第八章由刘维杰编写;第九章由郝振三编写;第十章由李峰编写;第十一章由赖杰编写;第十二章和第十三章由袁健编写;陈桂明负责审稿。

本教材具有以下特点。

(1)规范性强,本教材严格按照国家现行各种规范、相关建筑法律法规编写,所有内容均有依据出处。

(2)体系性强,本教材按照教学、学习的客观规律进行体系构建,符合人们认识事物的一般规律。

(3)针对性强,本教材根据多年教学培训中反映出的诸多问题,突出重点、难点,具有很强的针对性。

(4)实践性强,本教材紧贴工程实践,既适合教学培训又适合自学,也可作为工程技术人员参考用书,具有很强的实践性。

由于编者的水平和经验以及国家标准的不断修订,书中或有诸多不妥之处,敬请读者批评指正。

编者

二〇二〇年八月

目　录

第一章 绪 论

📢 **本章学习内容与目标**
- 掌握建筑工程材料的分类、应用及技术标准。
- 熟悉建筑工程材料的定义及地位作用、发展趋势等。

建筑工程材料是高等(高职)院校土木工程本(专)科及其他相关专业的一门专业基础课程。本课程的目的是为学习建筑设计、建筑施工、结构设计专业课程提供建筑工程材料的基础知识,并为今后从事专业技术工作能够合理选择和使用建筑工程材料打下基础。本课程的任务是使学习者获得有关建筑工程材料的品种、组成、性质与应用的基础知识和必要的基本理论,并获得主要建筑工程材料试验的基本技能训练。

从本课程的目的及任务出发,建筑工程材料涉及的主要内容是材料的组成、制造工艺、物理力学性质、质量标准、检验方法、保管及应用等。

在学习建筑工程材料课程的过程中,应以材料的技术性质、质量检验及其在建筑工程中的应用为重点,并且要注意材料的成分、构造、生本产过程对其性能的影响,掌握各项性能间的有机联系。对于现场配制的材料,如水泥混凝土等,应掌握其配合比设计的原理及方法。应注意理论联系实际,认真上好材料试验课。材料试验是鉴定材料质量和熟悉材料性质的主要手段,是本课程的重要教学环节。通过试验操作,一方面可以丰富感性认识,加深理解;另一方面对于培养科学试验的技能以及分析问题、解决问题的能力具有重要作用。要充分利用参观、实习的机会,到工厂、工地了解材料的品种、规格、使用和储存等情况,要及时了解有关建筑工程材料的新产品、新标准及发展动向。

第一节 建筑工程材料的定义、地位和作用

一、建筑工程材料的定义

建筑工程材料是指建筑工程中所有材料的总称。建筑工程材料不仅包括构成建筑物的材料,而且包括在建筑工程施工中所应用和消耗的材料。从建筑物的主体结构,直至每个细部和附件,无一不是由各种建筑工程材料构成的,具体包括石材、石灰、水泥、混凝土、

钢材、木材、防水材料、建筑塑料、建筑装饰材料以及在施工中所消耗的材料如脚手架、组合钢模板和安全防护网等,都是基本的建筑工程材料。

建筑工程是指一般的工业与民用建筑的房屋建筑工程,以及与房屋建筑工程构造形式类似的构筑物。

二、建筑工程材料的地位和作用

建筑业是国民经济的支柱产业,而建筑工程材料是建筑业的物质基础。在我国工程建设中,每年约需数亿立方米的混凝土。举世瞩目的三峡工程混凝土浇筑总量高达 2800 万 m^3,是世界上混凝土浇筑量最大的水电工程。建筑功能的发挥,建筑艺术的体现,只有采用品种多样、色彩丰富、质量良好的建筑工程材料才能实现。因此,建筑工程材料在建筑工程中占有极其重要的地位。

建筑物是建筑工程材料按照一定的设计意图,采取相应的施工技术建成的。建筑工程材料的品种、规格、性能、质量直接影响着或决定着建筑结构的形式、建筑物造型及各项建筑工程的坚固性、耐久性、适用性和经济性,并在一定程度上影响建筑工程的施工方法。正确、合理地选择和使用建筑工程材料,是保证工程质量的重要手段之一。

在建筑工程中,建筑工程材料不仅用量大,而且常常费用高,在任何一项建筑工程中,建筑工程材料的费用都占很大比例,一般占总造价的 50%~60%,个别高达 75%。

建筑物的各种使用功能,必须由相应的建筑工程材料来实现。例如,现代高层建筑和大跨度结构需要轻质高强材料;地下结构、屋面工程、隧道工程等需要抗渗性好的防水材料;建筑节能需要高效的绝热材料;严寒地区需要抗冻性好的材料;绚丽多彩的建筑外观需要品种多样的装饰材料等。

建筑工程材料的发展是促进建筑形式创新的重要因素。例如,水泥、钢筋和混凝土的出现,使建筑结构从传统的砖石结构向钢筋混凝土结构转变;无毒建筑塑料的研制和使用,可代替镀锌钢管用于建筑给水工程;轻质大板、空心砌块取代传统烧结黏土砖,不仅减轻了墙体自重,而且改善了墙体的绝热性能。

材料、建筑、结构、施工四者是密切相关的。从根本上说,材料是基础,材料决定了建筑物的形式和施工方法。建筑工程中许多技术问题的突破,往往是新的建筑工程材料产生的结果,而新材料的出现又促进了建筑设计、结构设计和施工技术的发展,也使建筑物各项性能得到进一步改善。因此,建筑工程材料的生产、应用和科学技术的迅速发展,对于我国的经济建设起着十分重要的作用。

第二节　建筑工程材料的应用及技术标准

一、建筑工程材料的应用

我国是应用建筑工程材料较早的国家之一。早在石器、铁器时代,我国劳动人民就懂得将土、石、竹和木材经加工后建筑棚屋,以后又学会利用黏土来烧制砖、瓦,利用岩石烧制石灰、石膏等,与此同时,木材的加工技术与金属的冶炼和应用,也都有了一定的发展。"秦砖汉瓦"就是该时代的特征,并且作为最大宗、应用最广的建筑工程材料在人类生活和生产中发挥着无可估量的作用。约在公元前 200 年开始修建的万里长城,主要就是由砖石砌筑的,到了唐、宋、元、明时代,砖进一步规格化,强度得到提高,同时随着宫廷建筑的需要,琉璃瓦、描金等建筑装饰材料迅速发展,将一些宫廷建筑装饰得富丽堂皇,北京紫禁城建筑群即为高标准木结构建筑的典型代表。近代,随着城市规模日益扩大,交通运输日益发达,公共建筑、海港、桥梁以及给排水、采暖通风等配套设施的广泛采用,进一步推动了建筑工程材料的发展。

近年来,随着社会生产力的发展,我国的建材工业也得到了飞速发展,已经形成了品种齐全、质量稳定、产量充足的良好局面。水泥、钢铁、玻璃、陶瓷等产品已跻身于世界生产大国之列。目前我国已成功研制了特种水泥及专用水泥 100 余种,自 1985 年水泥产量居世界第一以来,连续 20 多年雄踞世界首位,2008 年水泥产量超过 14 亿 t,达到 14.5 亿 t。各种混凝土添加剂的出现,使早强、高强、泵送以及有特殊性能的混凝土推广应用于各类工程。中国从 1996 年钢铁生产超过 1 亿 t 开始,我国钢产量已连续 22 年居世界第一位。2001 年中国商品房屋施工面积为 822300 万 m^2,其中,住宅施工面积 569987 万 m^2,增长 6.3%。

现代建筑对装饰装修材料提出了更高的要求。近年来,我国建筑涂料、塑料板材、复合地板、墙纸、化纤地毯等合成高分子装饰材料,大理石、花岗岩等天然石材,瓷砖、马赛克、水磨石等人造石材,铝合金饰面板、木质饰面板、纸面石膏板、彩色不锈钢板等各类装饰板材,都获得了广泛应用,花色品种已达 4000 多种。我国从 20 世纪 70 年代开始开发和引进了许多新品种防水材料,使建筑物防水得到根本性改观。另外,玻璃制造与加工技术的飞速发展更是为建筑师提供了丰富多彩和多种功能的建筑工程材料,如各种热反射玻璃、吸热玻璃,具有隔热、隔声性能的中空玻璃,安全性能良好的钢化玻璃和夹层玻璃,具有装饰功能的各种雕刻、磨花玻璃和玻璃砖等。建筑玻璃已从窗用采光材料发展到具有控光、隔热(保温)、隔声及内外装饰的多功能建筑工程材料。墙体材料的用量占整个房屋建筑总重量的 40%~60%。长期以来,我国的墙体材料一直以黏土砖为主,既破坏了大量的良田,又耗用了大量能源。小型空心砌块、条板和大型复合墙板等新型墙体材料的大量使用,加速了墙体改革的进程。另外,塑料管道、塑料门窗等也正得到普及和推广。随着人们生活水平的提高和科学技术的进步,建筑工程材料会向着更高的水平发展。

二、建筑工程材料技术标准

对于各种建筑工程材料,其形状、尺寸、质量、使用方法及试验方法,都必须有一个统一的标准。这既能使生产单位提高生产率和企业效益,又能使产品与产品之间进行比较,也能使设计和施工标准化,材料使用合理化。

根据技术标准(规范)的发布单位与适用范围不同,建筑工程材料技术标准可分为国家标准、行业标准和企业及地方标准三级。各种技术标准都有自己的代号、编号和名称。标准代号反映该标准的等级、含义或发布单位,用汉语拼音字母表示,如表 1-1 所列。

表 1-1 各级标准的相应代号

标准级别	标准代号及名称
国家标准	GB——国家标准;GBJ——建筑工程国家标准;GB/T——国家推荐标准
行业标准(部分)	JGJ——建设部建筑工程标准;YB——冶金部行业标准;JT——交通部行业标准; LY——林业部行业标准;JC——建设部建筑工程材料标准
地方标准	DB——地方标准
企业标准	QB——企业标准

具体标准由代号、顺序号和颁布年份号组成,名称反映该标准的主要内容。举例如下。

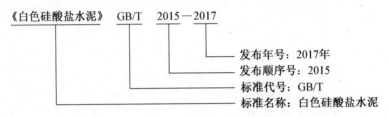

《白色硅酸盐水泥》 GB/T 2015－2017

发布年号:2017年
发布顺序号:2015
标准代号:GB/T
标准名称:白色硅酸盐水泥

第三节 建筑工程材料的分类

众所周知,组成建筑结构物的最基本构成元素是材料,能用于土木工程的材料品种繁多,性质各异,用途多样,为了方便应用,工程中常从不同角度对土木工程材料做出分类。

一、按化学成分分类

按照材料的化学成分不同,将建筑工程材料分为非金属材料、金属材料和复合材料三大类,见表 1-2。

表 1-2 建筑工程材料按材料的化学成分分类

分 类	种 类	举 例
非金属材料	无机非金属材料	水泥、石灰、砂、石子、砖、砌块、玻璃
	有机非金属材料	沥青、木材、各种塑料及其制品
金属材料	黑色金属	钢、铁、铬、锰及其合金
	有色金属	铜、铝、锌、铅及其合金
复合材料	非金属-非金属复合材料	普通混凝土、砂浆、沥青混凝土、聚合物混凝土
	非金属-金属复合材料	钢筋混凝土、钢纤维混凝土
	金属-金属复合材料	合金钢、铝合金、铜合金

二、按使用功能分类

按建筑工程材料的使用功能,将其分为结构材料、围护材料和功能材料三大类。

1. 结构材料

结构材料主要是指构成建筑物受力构件和结构所用的材料。主要起承重作用,如梁、板、柱、基础、框架等构件或结构所用材料。其主要技术性能要求是具有强度和耐久性。常用的结构材料有混凝土、钢材、石材等。

2. 围护材料

围护材料是用于建筑物围护结构的材料,如墙体、门窗、屋面等部位使用的材料。常用的围护材料有砖、砌块、板材等。围护材料不仅要求具有一定的强度和耐久性,而且更重要的是应具有良好的绝热性,符合节能要求。

3. 功能材料

功能材料主要是指担负某些建筑功能的非承重材料,如防水材料、绝热材料、吸声和隔声材料、采光材料、装饰材料等。这类材料的品种、形式繁多,功能各异,随着国民经济的发展以及人民生活水平的提高,这类材料会越来越多地应用于建筑工程中。

一般地说,建筑物的可靠度与安全度主要由土木工程材料组成的构件和结构体系所决定,而建筑物的使用功能与品质主要取决于各种功能材料。此外,对某一种具体材料来说,它可能兼有多种功能。

第四节　建筑工程材料的发展趋势

一、加强轻质高强材料的研究

大力研究轻质高强材料,提高建筑工程材料的比强度(材料的强度与密度之比),以减小承重结构的截面尺寸,降低构件自重,从而减轻建筑物的自重,降低运输费用和施工人员的劳动强度。

二、由单一材料向复合材料及制品发展

复合材料可以克服单一材料的弱点,发挥其综合的复合性能。通过复合手段,材料的各种性能,都可以按照需要进行设计。复合化已成为材料科学发展的趋势。目前正在开发的组合建筑制品主要有型材、线材和层压材料两大类。利用层压技术把传统材料组合起来形成的建筑制品,具有建筑学、力学、热学、声学和防火等方面的新功能,它为建筑业的发展开辟了新天地。组合建筑制品必须既能改善技术性能,又能提高现场劳动生产率,其发展取决于新的工业装配技术的开发,特别是胶结材料的研制。

三、提高建筑物的使用功能

发展高效能的无机保温、绝热材料,吸声材料,改善建筑物维护结构的质量,提高建筑物的使用功能。例如,配筋的加气混凝土板材,可作为墙体材料,广泛用于工业与民用建筑的屋面板和隔墙板,同时具有良好的保温效果。随着材料科学的发展,将涌现出越来越多的同时具有多种功能的高效能的建筑工程材料。

四、发展适应机械化施工的材料和制品

积极创造条件,努力发展适合机械化施工的材料和制品,并力求使制品尺寸标准化、

大型化、便于实现设计标准化、结构装配化、预制工厂化和施工机械化。这方面,我国与国外差距较大。目前,我国的钢筋混凝土预制构件厂能够形成规模化、标准化的产品主要是各种规格的楼板,轻质墙板也只是处于推广应用阶段。如果我们也能同建筑工程材料工业发达的国家一样,对楼梯、雨篷等构件都能做到预制工厂化,那么势必会大力推动我国建筑业的发展,因为历史已经证明,一种新材料及其制品的出现,会促使结构设计理论及施工方法的革新,使一些本来无法实现的构想变为现实。

五、综合利用天然材料和工业废料

充分利用天然材料和工业废料,大搞综合利用,生产建筑工程材料,化害为利,变废为宝,改善能源利用状况,为人类造福。随着材料科学的不断发展,越来越多的工业废料将应用到建筑工程材料的生产中,从而有效地保护环境,降低建材成本。

六、需要适应人们不断提高的生活水平

为了满足人们生活水平不断提高的要求,需要研究更多花色品种的装饰材料,美化人们的生活环境。随着人们物质生活水平的提高,装修居室,改善生活条件,成为人们的普遍需求。目前,具有装饰功能的材料有很多,如天然石材、石膏制品、玻璃、铝合金、陶瓷、木材、涂料等,装饰材料的发展趋势是开发出更多的新型建筑工程材料,扩大装饰材料的适用范围。例如,石膏装饰材料的耐水性、抗冻性较差,故不宜用于室外装修,因此,应探索在石膏制品中适当掺入一些混合材料或外加剂,提高石膏制品的适用性,使它同样也可以用于室外装修。

 复习思考题

- -

1-1　什么是建筑工程材料?

1-2　建筑工程材料如何分类?

1-3　建筑工程材料的发展趋势有哪些?

1-4　建筑工程材料有哪几种技术标准?

第二章 建筑工程材料的基本性能

📢 **本章学习内容与目标**

· 掌握材料的基本物理性质及物性参数对材料的物理、力学性能以及耐久性的影响。

· 熟悉与各种物理过程相关的材料性质、与热有关的性质等。

在建筑物中,建筑工程材料要经受各种不同的作用,因而要求建筑工程材料具有相应的不同性质。例如,用于建筑结构的材料要承受各种外力的作用,因此,选用的材料应具有所需要的力学性能。又如,根据建筑物不同部位的使用要求,有些材料应具有防水、绝热、吸声等性能;对于某些工业建筑,要求材料具有耐热、耐腐蚀等性能。此外,对于长期暴露在大气中的材料,要求能经受风吹、日晒、雨淋、冰冻而引起的温度变化、湿度变化及反复冻融等的破坏变化。为了保证建筑物的耐久性,要求在工程设计与施工中正确地选择和合理地使用材料。因此,必须熟悉和掌握各种材料的基本性质。

建筑工程材料的性质是多方面的,某种建筑工程材料应具备何种性质要根据它在建筑物中的作用和所处的环境来决定。一般来说,建筑工程材料的性质可分为四个方面,包括物理性质、力学性质、化学性质及耐久性。

本章主要学习材料的物理性能、力学性能和耐久性。材料的物理性能包括与质量有关的性质、与水有关的性质、与热有关的性质;力学性能包括强度、变形性能、硬度以及耐磨性。

第一节 材料的物理性能

一、材料与质量有关的性质

(一)材料的密度、表观密度、体积密度和堆积密度

1. 密度

材料在绝对密实状态下单位体积的质量,称为密度,按下式进行计算,即

$$\rho = \frac{m}{V}$$

(2-1)

式中：ρ 为材料的密度（g/cm^3）；m 为材料在干燥状态下的质量（g）；V 为材料在绝对密实状态下的体积（cm^3）。

绝对密实状态下的体积是指不包括材料内部孔隙的固体物质的实体积。

常用的土木工程材料中，除钢、玻璃、沥青等可认为不含孔隙外，绝大多数均或多或少含有孔隙。测定含孔隙材料绝对密实体积的方法，是将该材料磨成细粉，干燥后用排液法测得的粉末体积，即为绝对密实状态下的体积。由于磨得越细，内部孔隙消除得越完全，测得的体积也就越精确，因此，一般要求细粉的粒径至少小于 0.2mm。

2. 表观密度

材料在自然状态下单位体积的质量，称为表观密度（原称容重），按下式进行计算，即

$$\rho' = \frac{m}{V'} \tag{2-2}$$

式中：ρ' 为材料的表观密度（g/cm^3）；m 为材料在干燥状态下的质量（g）；V' 为材料在自然状态下的体积（cm^3）。

自然状态下的体积是指包括材料实体积和内部孔隙（不含开口孔隙）的外观几何形状的体积。

测定材料自然状态体积的方法，若材料外观形状规则，可直接度量外形尺寸，按几何公式计算。若外观形状不规则，可用排液法求得。

另外，材料的表观密度与含水状况有关。材料含水时，质量要增加，体积也会发生不同程度的变化。因此，一般测定表观密度时，以干燥状态为准，而对含水状态下测定的表观密度，须注明含水情况。

3. 体积密度

材料在自然状态下，单位体积的质量，称为材料的体积密度，按下式进行计算，即

$$\rho_0 = \frac{m}{V_0} \tag{2-3}$$

式中：ρ_0 为材料的体积密度（g/cm^3）；m 为材料在干燥状态下的质量（g）；V_0 为材料在自然状态下的体积，包括材料内部封闭孔隙和开口孔隙的体积（cm^3）。

在自然状态下，材料内部的孔隙可分为两类：有的孔之间相互连通，且与外界相通，称为开口孔；有的孔互相独立，不与外界相通，称为闭口孔。大多数材料在使用时其体积为包括内部所有孔隙在内的体积，即自然状态下的外形体积，如砖、石材、混凝土等。有的材料如砂、石在拌制混凝土时，因其内部开口孔隙被水占据，因此材料体积只包括材料实体积及其闭口孔隙体积。为了区别这两种情况，常将包括所有孔隙在内时的密度称为体积密度；把只包括闭口孔隙时的密度称为表观密度（也称为视密度），表观密度在计算砂、石在混凝土中的实际体积时有实用意义。

在自然状态下，材料内部常含有水分，其质量随含水程度而改变，因此体积密度就说明其含水程度。干燥材料的体积密度称为干体积密度。可见，材料的体积密度除决定于材料的密度及其构造状态外，还与含水程度有关。

测量材料体积密度时，应在材料表面涂蜡，防止水分进入材料内部。

4. 堆积密度

散粒材料在自然堆积状态下单位体积的质量，称为堆积密度，按下式进行计算，即

$$\rho'_0 = \frac{m}{V'_0} \tag{2-4}$$

式中：ρ'_0 为散粒材料的堆积密度（g/cm^3）；m 为散粒材料的质量（g）；V'_0 为散粒材料的自然堆积体积（cm^3）。

散粒材料堆积状态下的体积，既包含颗粒自然状态下的体积，又包含颗粒之间的空隙体积。散粒材料的堆积体积，常用其所填充满的容器的标定容积来表示。散粒材料的堆积方式是松散的，称为松散堆积，堆积方式是捣实的，称为紧密堆积。由松散堆积测试得到的是松散堆积密度；由紧密堆积测试得到的是紧密堆积密度。

（二）密实度与孔隙率

1. 密实度

密实度是指材料体积内被固体物质所充实的程度，也就是固体物质的体积 V 占总体积 V_0 的比例，用 D 表示，按下式进行计算，即

$$D = \frac{V}{V_0} \times 100\% = \frac{\rho_0}{\rho} \times 100\% \tag{2-5}$$

密实度 D 反映材料的密实程度及致密度，D 值越大，材料越密实。

含有孔隙的固体材料的密实度均小于1，材料的很多性能如强度、吸水性、耐久性、导热性等均与其密实度有关。

2. 孔隙率

孔隙率是指材料内部孔隙体积占材料自然状态下总体积的比例。孔隙体积包括不吸水的闭口孔隙、能吸水的开口孔隙（图2-1），用 P 表示，按下式进行计算，即

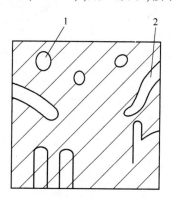

图 2-1　材料的孔隙
1—闭口孔隙；2—开口孔隙。

$$P = \frac{V_0 - V}{V_0} \times 100\% = \left(1 - \frac{\rho_0}{\rho}\right) \times 100\% \tag{2-6}$$

密实度与孔隙率的关系为

$$P + D = 1 \tag{2-7}$$

孔隙率的大小直接反映了材料的致密程度。材料内部的孔隙又可分为连通孔隙和封闭孔隙，连通孔隙不仅彼此贯通且与外界相通，而封闭孔隙彼此不连通且与外界隔绝。孔隙按其尺寸大小又可分为粗孔和细孔。孔隙率的大小及孔隙本身的特征与材料的许多重

要性质,如强度、吸水性、抗渗性、抗冻性和导热性等都有密切关系。一般而言,孔隙率小且连通孔较少的材料,其吸水性较小,强度较高,抗渗性和抗冻性较好。几种常用土木工程材料的孔隙率见表2-1。

表2-1 常用建筑工程材料的密度、表观密度和孔隙率

序号	材 料	密度/(g/cm³)	表面密度/(g/cm³)	孔隙率/%
1	石灰岩	2.60	1800~2600	—
2	花岗岩	2.80	2500~2700	0.5~3.0
3	碎石(石灰岩)	2.60	—	—
4	砂	2.60	—	—
5	黏土	2.60	—	—
6	普通黏土砖	2.50	1600~1800	20~40
7	黏土空心砖	2.50	1000~1400	—
8	水泥	2.50	—	—
9	普通混凝土	3.10	2100~2600	5~20
10	轻骨料混凝土	—	800~1900	—
11	木材	1.55	400~800	55~70
12	钢材	7.85	7850	0
13	泡沫塑料	—	20~50	—
14	玻璃	2.55	—	—

(三)填充率与空隙率

1. 填充率

填充率是指在散粒材料的堆积体积中,颗粒体积占总体积的比例。用 D' 表示,按下式进行计算,即

$$D' = \frac{V_0}{V_0'} \times 100\% = \frac{\rho_0'}{\rho_0} \times 100\% \qquad (2-8)$$

2. 空隙率

空隙率是指散粒材料在堆积状态下,颗粒间空隙的体积占堆积体积的百分率,用 P' 表示,按下式进行计算,即

$$P' = \frac{V_0' - V_0}{V_0'} \times 100\% = \left(1 - \frac{\rho_0'}{\rho_0}\right) \times 100\% \qquad (2-9)$$

填充率与空隙率的关系为

$$D' + P' = 1 \qquad (2-10)$$

对于致密材料,如天然砂、石,可用表观密度 ρ' 替代干燥时的体积密度 ρ_0 计算。

在配制混凝土、砂浆等材料时,砂、石的空隙率是作为混凝土中骨料级配与计算混凝土砂率时的重要依据。为了节省水泥等胶凝材料,改善材料的性能,宜选用空隙率 P' 较小的砂石。

二、材料与水有关的性质

（一）亲水性与憎水性

当固体材料与水接触时,由于水分与材料表面之间的相互作用不同,会产生图 2-2 所示的情况。图中,在材料、水和空气的三相交叉点处沿水滴表面作切线,此切线与材料和水接触面的夹角 θ 称为润湿角。一般认为,当 $\theta \leqslant 90°$ 时,材料能被水润湿而表现出亲水性,这种材料称为亲水性材料;当 $\theta > 90°$ 时,材料不能被水润湿而表现出憎水性,这种材料称为憎水性材料。由此可见,润湿角越小,材料亲水性越强,越易被水润湿。当 $\theta = 0$ 时,表示该材料完全被水润湿。

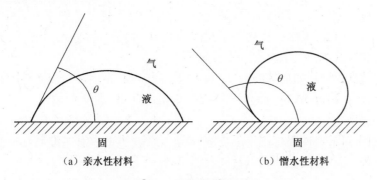

（a）亲水性材料　　　　　　（b）憎水性材料

图 2-2　材料的湿润示意

大多数土木工程材料,如石料、骨料、砖、混凝土、木材等都属于亲水性材料,表面均能被水润湿,且能通过毛细管作用将水吸入材料的毛细管内部;沥青、石蜡等属于憎水性材料,表面不能被水润湿。该类材料一般能阻止水分渗入毛细管中,能降低材料的吸水性。憎水性材料不仅可用作防水材料,还可用于亲水性材料的表面处理,降低其吸水性。

（二）材料的吸湿性和吸水性

1. 吸湿性

材料在潮湿空气中吸收水分的性质,称为吸湿性,用含水率 W' 表示,按下式进行计算,即

$$W' = \frac{m_w - m}{m} \times 100\% \tag{2-11}$$

式中:W' 为材料含水率(%);m_w 为材料吸湿状态下的质量(g);m 为材料干燥状态下的质量(g)。

材料的含水率随环境的温度和湿度变化发生相应的变化,在环境湿度增大、温度降低时,材料含水率变大;反之变小。材料中所含水分与所对应的环境温度、湿度相平衡时的含水率,称为平衡含水率。

2. 吸水性

材料的吸水性是指材料在水中吸收水分的性质。材料的吸水性用质量吸水率 W_m 和体积吸水率 W_v 表示。质量吸水率是指材料吸水饱和时,吸收的水分质量占材料干燥时质量的百分率,体积吸水率是指材料吸水饱和时,所吸水分体积占材料干燥状态时体积的百分率,按下式进行计算,即

$$W_m = \frac{m_{sw} - m}{m} \times 100\% \tag{2-12}$$

$$W_v = \frac{V_{sw}}{V_0} \times 100\% = \frac{m_{sw} - m}{V_0} \times \frac{1}{\rho_w} \times 100\% \tag{2-13}$$

式中：m_{sw} 为材料吸水后的质量（g 或 kg）；V_{sw} 为材料吸水后的体积（cm^3 或 m^3）；V_0 为干燥材料自然状态的体积（cm^3 或 m^3）；ρ_w 为水的密度（g/cm^3 或 kg/cm^3）。

质量吸水率与体积吸水率的关系为

$$W_v = W_m \times \rho_0 \times \frac{1}{\rho_w} \times 100\% \tag{2-14}$$

材料的吸水性不仅与材料的亲水性或憎水性有关，而且与孔隙率的大小及孔隙特征有关，一般孔隙率越大，吸水性也越强。封闭的孔隙，水分不易进入；开口的大孔，水分又不易存留，故材料的体积吸水率常小于孔隙率。

对于某些轻质材料，如加气混凝土、软木等，由于具有很多开口而微小的孔隙，所以它的质量吸水率往往超过 100%，即湿质量为干质量的几倍，在这种情况下，最好用体积吸水率表示其吸水性。

水在材料中对材料性质将产生不良的影响，它使材料的表观密度和导热性增大，强度降低，体积膨胀。因此，吸水率大对材料性能不利。

必须指出，含水率是随环境而变化的，而吸水率却是一个定值，材料的吸水率可以说是该材料的最大含水率，两者不能混淆。

（三）耐水性

材料长期在饱和水作用下不破坏，保持其原有性质的能力，强度也不显著降低的性质称为耐水性，用软化系数 K_p 表示，按下式进行计算，即

$$K_p = \frac{f_{sw}}{f_d} \tag{2-15}$$

式中：f_{sw} 为材料在饱水状态下的抗压强度（MPa）；f_d 为材料在干燥状态下的抗压强度（MPa）。

软化系数的大小表明材料浸水后强度降低的程度，一般波动在 0~1 之间。软化系数越小，说明材料饱水后的强度降低越多，其耐水性越差。对于经常位于水中或受潮严重的重要结构物的材料，其软化系数不宜小于 0.85；受潮较轻或次要结构物的材料，其软化系数不宜小于 0.75。软化系数大于 0.85 的材料通常认为是耐水材料。

（四）抗渗性

材料抵抗压力水渗透的性质称为抗渗性（或不透水性），可用渗透系数 K 表示。

达西定律表明，在一定时间内，透过材料试件的水量与试件的断面积及水头差（液压）成正比，与试件的厚度成反比，即

$$W = K\frac{h}{d}At \text{ 或 } K = \frac{Wd}{Ath} \tag{2-16}$$

式中：W 为透过材料试件的水量（mL）；K 为渗透系数（$mL/(cm^2 \cdot h)$）；t 为透水时间（h）；A 为透水面积（cm^2）；h 为静水压力水头（cm）；d 为试件厚度（cm）。

渗透系数反映了材料抵抗压力水渗透的性质，渗透系数越大，材料的抗渗性越差。

对于混凝土和砂浆材料,抗渗性常用抗渗等级 S 表示,即

$$S = 10H - 1 \tag{2-17}$$

式中: H 为试件开始渗水时的水压力(MPa)。

材料抗渗性的好坏,与材料的孔隙率和孔隙特征有密切关系。孔隙率很小而且是封闭孔隙的材料具有较高的抗渗性。对于地下建筑及水工构筑物,因常受到压力水的作用,故要求材料具有一定的抗渗性;对于防水材料,则要求具有更高的抗渗性,材料抵抗其他液体渗透的性质,也属于抗渗性。

（五）抗冻性

材料吸水后,在负温作用条件下,水在材料毛细孔内冻结成冰,体积膨胀所产生的冻胀压力造成材料的内应力,会使材料遭到局部破坏。随着冻融循环的反复,材料的破坏作用逐步加剧,这种破坏称为冻融破坏。

抗冻性是指材料在吸水饱和状态下,能经受反复冻融循环作用而不破坏、强度也不显著降低的性能。

抗冻性将试件按规定方法进行冻融循环试验,一般采用-15℃的温度(水在微小的毛细管中低于-15℃才能冻结)冻结后,再在 20℃的水中融化,这样的过程为一次冻融循环。以质量损失率不超过 5%,强度下降不超过 25%,所能经受的最大冻融循环次数来表示,或称为抗冻等级。材料的抗冻等级可分为 F15、F25、F50、F100、F200 等,分别表示此材料可承受 15 次、25 次、50 次、100 次、200 次的冻融循环。

材料在冻融循环作用下产生破坏,一方面是由于材料内部孔隙中的水在受冻结冰时产生的体积膨胀(约 9%)对材料孔壁造成巨大的冰晶压力,当由此产生的拉应力超过材料的抗拉极限强度时,材料内部即产生微裂纹,引起强度下降;另一方面是在冻结和融化过程中,材料内外的温差引起的温度应力会导致内部微裂纹的产生或加速原来微裂纹的扩展,而最终使材料破坏。显然,这种破坏作用随冻融作用的增多而加强。材料经多次冻融交替作用后,表面将出现剥落、裂纹,产生质量损失,强度也将会降低。因为材料孔隙内的水结冰时体积膨胀将引起材料的破坏。

材料的抗冻等级越高,其抗冻性越好,材料可以经受的冻融循环次数越多。

实际应用中,抗冻性的好坏不但取决于材料的孔隙率及孔隙特征,并且还与材料受冻前的吸水饱和程度、材料本身的强度以及冻结条件(如冻结温度、速度、冻融循环作用的频繁程度)等有关。

材料的强度越低,开口孔隙率越大,则材料的抗冻性越差。材料受冻时,其孔隙充水程度(以水饱和度 K_s 表示,即孔隙中水的体积 V_w 与孔隙体积 V_k 之比,即 $K_s = V_w / V_k$)越高,材料的抗冻性越差。从理论上讲,若材料内孔隙分布均匀,当水饱和度 $K_s < 0.91$ 时,结冻不会对材料孔壁造成压力;当 $K_s > 0.91$ 时,未充水的孔隙空间也不能容纳由于水结冰而增加的体积,故对材料的孔隙产生压力,因而引起冻害。实际上,由于孔隙分布不均匀和局部饱和水的存在, K_s 需小于 0.91 才是安全的。此外,冻结温度越低,速度越快,越频繁,那么材料产生的冻害就越严重。

所以,对于受大气和水作用的材料,抗冻性往往决定了它的耐久性,抗冻等级越高,材料越耐久。抗冻等级的选择应根据工程种类、结构部位、使用条件、气候条件等因素来决定。

第二节　材料的热工性能

土木工程材料除了须满足必要的强度及其他性能的要求外,为了节约土建结构物的使用能耗以及为生产和生活创造适宜的条件,常要求土木工程材料具有一定的热工性质,以维持室内温度。常用材料的热工性质有导热性、热容量、比热容等。

一、导热性

材料传导热量的性能称为材料的导热性。材料导热能力的大小用热导率 λ 表示。热导率在数值上等于厚度为 1m 的材料,当其相对表面的温度差为 1K 时,其单位面积($1m^2$)单位时间(1s)所通过的热量,可用下式进行表示,即

$$\lambda = \frac{Qd}{At(T_2 - T_1)} \tag{2-18}$$

式中: λ 为热导率($W/(m\cdot K)$); Q 为传导的热量(J); A 为热传导面积(m^2); d 为材料厚度(m); t 为热传导时间(s); $T_2 - T_1$ 为材料两侧温差(K)。

工程中通常把 $\lambda < 0.175\ W/(m\cdot K)$ 的材料称为绝热材料。

热导率是采暖房屋的墙体和屋面热工计算,以及确定热表面或冷藏库绝热层厚度的重要参数。

二、热容量和比热容

材料加热时吸收热量,冷却时放出热量的性质称为热容量。热容量的大小用比热容(简称比热)表示。比热容表示单位质量材料(1g)温度升高或降低 1K 时,所吸收或放出的热量,可由下式进行计算,即。

$$Q = cm(T_2 - T_1) \tag{2-19}$$

$$c = \frac{Q}{m(T_2 - T_1)} \tag{2-20}$$

式中: Q 为材料吸收或放出的热量(J); c 为材料的比热容($J/(g\cdot K)$); m 为材料的质量(g); $T_2 - T_1$ 为材料受热或冷却前后的温差(K)。

比热容是反映材料的吸热或放热能力大小的物理量。不同材料的比热容不同,即使是同一种材料,由于所处物态不同,比热容也不同。例如,水的比热容为 $4.19J/(g\cdot K)$,而结冰后比热容则是 $2.05J/(g\cdot K)$ 。

材料的比热容对保持土建结构物内部温度稳定有很大意义。比热容大的材料,能在热流变动或采暖设备供热不均匀时,缓和室内的温度波动。常用土木工程材料的比热容和热导率见表 2-2。

表 2-2　常用土木工程材料的比热容和热导率

序号	材料名称	热导率/($W/(m\cdot K)$)	比热容/($J/(g\cdot K)$)
1	建筑钢材	58	0.48
2	玻璃	0.9	0.48

（续）

序号	材料名称	热导率/(W/(m·K))	比热容/(J/(g·K))
3	花岗岩	3.49	0.92
4	普通混凝土	1.51	0.84
5	水泥砂浆	0.93	0.84
6	普通黏土砖	0.81	0.84
7	黏土空心砖	0.64	0.92
8	松木	0.17~0.35	2.51
9	泡沫塑料	0.03	1.30
10	冰	2.33	2.05
11	水	0.58	4.19
12	静止空气	0.023	1.00

三、耐燃性与耐火性

1. 耐燃性

材料抵抗燃烧的性质称为耐燃性。耐燃性是影响建筑物防火和耐火等级的重要因素。建筑工程材料按其燃烧性能分为四级：不燃烧材料、难燃烧材料、可燃烧材料和易燃烧材料。

2. 耐火性

材料抵抗高热或火的作用，保持其原有性质的能力，称为材料的耐火性。金属材料、玻璃虽属于非燃烧材料，但在高温或火的作用下，在短期内就会变形、熔融，因而不属于耐火材料。建筑工程材料或构件的耐火性用耐火极限表示，耐火极限是按规定方法，从材料受到火的作用时间起，直到材料失去支持能力、完整性被破坏或失去隔火作用的时间，以"h"计。如无保护层的钢柱，其耐火极限只有 0.25h。

第三节　材料的力学性能

一、材料的强度

强度是指材料抵抗外力破坏的能力。当材料受到外力作用时，内部产生应力，外力增大，应力也随之增高，当应力达到一定值时，材料将破坏，此时的应力值称为极限应力值，即材料的强度。

材料在建筑结构中，经常会受到拉力、压力、弯矩、剪力等不同外力的作用，如图 2-3 所示，材料的强度则相应地分为抗压强度、抗拉强度、抗弯强度、抗剪强度等。

材料的抗压、抗拉、抗剪强度可直接由下式进行计算，即

$$R = \frac{P}{A} \tag{2-21}$$

式中：R 为材料的抗压、抗拉或抗剪强度（MPa）；P 为材料破坏时的最大荷载（N）；A 为受力截面面积（mm²）。

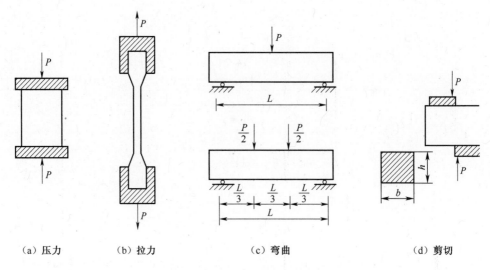

（a）压力　　　　（b）拉力　　　　　（c）弯曲　　　　　（d）剪切

图 2-3　材料所受外力示意图

根据试验时试件受荷载的情况,抗弯强度可有两种计算方式。将抗弯试件放在两支点上,当外力为作用在试件中心的集中荷载且试件截面为矩形时,抗弯强度(也称抗折强度)可按下式进行计算,即

$$R_{弯} = \frac{3PL}{2bh^2} \qquad\qquad (2-22)$$

式中: $R_{弯}$ 为材料的抗弯(抗折)强度(MPa); L 为二支点之间的距离(mm); b、h 为试件横截面的宽和高(mm)。

若在此试件跨距的三分点上加两个相等的集中荷载($P/2$),则抗弯强度按下式进行计算,即

$$R_{弯} = \frac{PL}{bh^2} \qquad\qquad (2-23)$$

材料的强度与其组成和构造有关,不同种类的材料具有不同的抵抗外力作用的能力,即使是相同种类的材料,由于其内部结构不同,其强度也有很大差异。孔隙率对强度有很大的影响,孔隙率越大,强度就越低,两者近似于直线的关系。另外,试验条件等因素也会对强度值产生影响。

多数建筑工程材料是根据其强度大小,划分成若干个不同的强度等级或标号,它对掌握材料的性质、结构设计、材料选用及控制工程质量等是十分重要的。

比强度是按单位重量计算的材料强度,它等于材料的强度与其表观密度之比。根据比强度值可以对不同的材料进行比较,它是衡量材料轻质高强性能的指标之一。

二、材料的弹性与塑性

材料在外力作用下产生变形,当外力去除后,能完全恢复原来形状的性质,称为弹性。这种可恢复的变形称为弹性变形,如图 2-4 所示;若在去除外力后,材料仍保持变形后的形状和尺寸,且不产生裂缝的性质,称为塑性,此时的不可恢复变形称为塑性变形,如图 2-5所示。

完全的弹性材料是没有的,有些材料在一定的外力作用范围内,表现为弹性变形,当超过一定限度后则表现为塑性变形,如建筑钢材就属于这种类型。还有的材料弹性与塑性变形同时产生,如图 2-6 所示,当外力去除后,弹性变形(Oa)得到恢复,而塑性变形(Ob)不能恢复,如混凝土。通常将这类材料称为弹塑性材料。

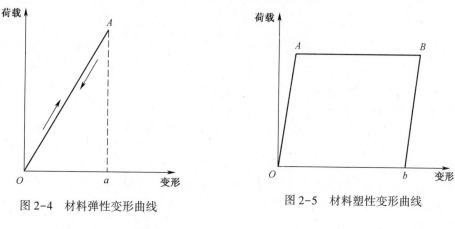

图 2-4　材料弹性变形曲线　　　　　图 2-5　材料塑性变形曲线

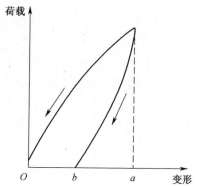

图 2-6　材料弹塑性变形曲线

另外,材料受力不大时,处于外力与变形成正比的弹性阶段,此时可用弹性模量来表示材料的弹性性能,其值等于应力与应变之比。弹性模量越大,材料越不易变形,它是衡量材料抵抗变形能力的指标之一(如式(2-24))。如果材料受到某一荷载的长期作用,其变形会随时间延长而增加,这种变形称为徐变,如普通混凝土在长期荷载作用下就会产生徐变。

$$E = \frac{\sigma}{\varepsilon} \qquad (2-24)$$

式中:E 为材料的弹性模量(MPa);σ 为材料的应力(MPa);ε 为材料的应变。

三、材料的脆性和韧性

材料在外力作用下,无明显塑性变形而突然破坏的性质,称为脆性。具有这种性质的材料称为脆性材料,它的变形曲线如图 2-7 所示。脆性材料的抗压强度一般要比其抗拉强度高得多,它对承受震动和冲击荷载不利。这类材料有砖、石材、玻璃、陶瓷、铸铁等。

有些材料的脆性和塑性随着试验条件或使用环境等因素的改变而变化,如黏土在干燥状态下表现为脆性,在潮湿状态下则表现为塑性。

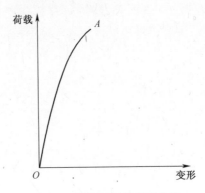

图 2-7　脆性材料的变形曲线

材料在冲击或振动荷载作用下,能吸收较大的能量,产生一定的变形而不破坏的性质,称为韧性或冲击韧性。它可用材料受荷载达到破坏时所吸收的能量来表示。建筑钢材、木材等均属于韧性材料。

四、材料的硬度和耐磨性

硬度是材料表面能抵抗其他较硬物体压入或刻划的能力。不同材料的硬度测定方法不同,按刻划法,矿物硬度分为 10 级(莫氏硬度),其莫氏硬度递增的顺序为:滑石为 1、石膏为 2、方解石为 3、萤石为 4、磷灰石为 5、正长石为 6、石英为 7、黄玉为 8、刚玉为 9 和金刚石为 10。木材、混凝土、钢材等的硬度常用钢球压入法测定(布氏硬度法)。一般硬度大的材料耐磨性较强,但不易加工。

耐磨性是材料具有的抵抗磨损的能力,常用磨损率 B 表示,即

$$B = \frac{m_1 - m_2}{A} \tag{2-25}$$

式中:m_1、m_2 为试件被磨损前、后的质量(g);A 为试件受磨损的面积(cm^2)。

用于道路、地面、踏步等部位的材料均应考虑其硬度和耐磨性。一般来说,强度较高且密实的材料,其硬度较大,耐磨性较好。

第四节　材料的耐久性

材料在长期使用过程中,能保持其原有性能而不变质、不破坏的性质,称为耐久性,它是一种复杂、综合的性质。材料在使用过程中,除受到各种外力作用外,还要受到环境中各种自然因素的破坏作用,这些破坏作用可分为物理作用、化学作用和生物作用。

物理作用主要有干湿交替、温度变化、冻融循环等,这些变化会使材料体积产生膨胀或收缩,或导致内部裂缝的扩展,长久作用后会使材料产生破坏。

化学作用主要是指材料受到酸、碱、盐等物质的水溶液或有害气体的侵蚀作用,使材料的组成成分发生质的变化,而引起材料的破坏,如钢材的锈蚀等。

生物作用主要是指材料受到虫蛀或菌类的腐朽作用而产生的破坏,如木材一类的有机质材料,常会受到这种破坏作用的影响。

建筑工程材料所处的环境中,各种因素的破坏作用相当复杂,有时是几种破坏作用同时产生。一般是以其中的一两种起主要作用,如砖、石材、混凝土等,主要是由于物理作用而破坏,同时也会受到化学作用破坏;沥青、塑料、橡胶等材料在阳光、空气或热的作用下,分子结构会发生变化,出现老化现象,使材料变脆、开裂等。

所以,要根据材料所处的结构部位和使用环境等因素,综合考虑其耐久性,并根据各种材料的耐久性特点,合理地选用。

第五节　材料基本性能的发展动态

高层建筑的迅速发展,带来了建筑工程材料的供需矛盾,使减轻建筑自重和抗震设计等问题更为突出。目前,我国的高层建筑自重偏大,材料用量多,给设计、施工、运输和造价带来不少问题。

一、发展高层建筑轻质高强材料的意义

(1) 采用轻质高强建材,能节约大量的砖、灰、砂、石等材料,并能减少水泥、钢材的用量。

(2) 能够减少结构截面和减薄墙身,并可使房屋的有效使用面积提高 5% ~ 10%,还能提高隔热、隔声效果。

(3) 可使基础设计更趋经济、合理。高层建筑基础费用所占比例较大,尤其深层软地基地区,其基础的费用可以超过总费用的 20%,减轻自重就可以大大降低基础造价。

(4) 有利于抗震。

(5) 有利于向大型构件组合化过渡,以提高施工效率。

二、轻质高强材料的种类

1. 高强钢材

用它可制成功效较高的结构,尤其对高层建筑中跨度大、负荷重的部位极为有利,使其充分发挥材料作用。在受弯构件中高强钢筋配合相应的高强混凝土,可大大减小构件截面。

2. 高强混凝土

据研究,柱子强度等级从 C40 提高到 C80,承载能力可提高一倍,自重减轻 25%,而造价只增加 5% 左右。

3. 钢管混凝土

它是介于钢结构和钢筋混凝土结构之间的一种新颖的组合结构。构件在受荷情况下钢管和混凝土之间相互抑制、共同工作,钢管对混凝土产生紧箍作用,使其受到约束而处于三向应力状态。由于三向受压,使能承受的应力远高于棱柱体强度,这样就可使构件截面大为减小,构件自重减轻。

4. 轻骨料混凝土(又称为"轻集料混凝土")

减轻混凝土重量是混凝土科学技术发展的重要目标。国外普遍认为,高层建筑采用轻骨料混凝土是经济的,可使钢筋混凝土结构的重量减轻25%。

5. 加气混凝土

英国、瑞典、波兰、日本及俄罗斯等国都大量采用加气混凝土。采用加气混凝土比采用轻骨料混凝土更为经济、有效,与轻骨料混凝土墙板相比,可降低自重30%~55%。

6. 石膏板

在国外,日本大量生产泡沫石膏板,美国广泛采用石膏复合板(以泡沫塑料等为芯板的复合板)作为内墙材料。其他国家采用石膏板作为内墙隔墙或加工成复合板、天花板、吸声饰面板、地板和框架式复合板,具有防火、隔热和保温的性能,有利于抗震、增加房屋的有效使用面积,尤其对于减轻自重最为突出。

总之,发展应用轻质高强材料,既是技术问题,也具有现实的经济意义,以期达到减轻自重、发展高层建筑的社会经济效果。

✎ 复习思考题

2-1 材料的密度、表观密度、孔隙率之间有何关系?

2-2 材料的堆积密度和空隙率的含义是什么?

2-3 材料的孔隙对材料的影响可从几方面分析?

2-4 材料的强度、塑性、弹性、脆性、韧性、硬度、耐磨性的含义是什么?

2-5 材料的化学稳定性和耐久性对建筑物的使用功能有何重要意义?

第三章 气硬性无机胶凝材料

📢 本章学习内容与目标
- 了解石灰、石膏、水玻璃这三种常用无机气硬性胶凝材料的特性。
- 掌握石灰、石膏、水玻璃的技术性质和用途。

建筑上把通过自身的物理、化学作用后，能够由浆体变成坚硬的石状体，并在变化过程中把一些散粒材料(如砂和碎石)或块状材料(如砖和石块)胶结成为具有一定强度的整体材料，统称为胶凝材料。

胶凝材料根据其化学组成可分为有机胶凝材料和无机胶凝材料两大类。有机胶凝材料以天然或人工合成的高分子化合物为基本组分，如沥青、树脂等;无机胶凝材料是以无机矿物为主要成分的一类胶凝材料。

无机胶凝材料按硬性条件又可分为气硬性无机胶凝材料和水硬性无机胶凝材料。气硬性无机胶凝材料只能在空气中硬化，也只能在空气中保持或继续发展强度，如石灰、石膏、水玻璃、菱苦土等。气硬性无机胶凝材料一般只适合用于地上或干燥环境，不宜用于潮湿环境，更不可用于水中。水硬性无机胶凝材料不仅能在空气中，而且能更好地在水中硬化、保持并继续发展其强度，如各种水泥等。水硬性无机胶凝材料既适用于地上，也适用于地下或水中。

第一节 石 灰

石灰是在建筑工程上使用较早的矿物胶凝材料之一，其生产工艺简单，成本低，具有较好的建筑性能，用途广泛。

一、石灰的生产

用于制备石灰的原料有石灰石、白云石、白垩、贝壳等，经煅烧后，得到块状的生石灰，反应式为

$$CaCO_3 \xrightarrow{900°C} CaO + CO_2 \uparrow$$

$$MgCO_3 \xrightarrow{700°C} MgO + CO_2 \uparrow$$

按氧化镁含量的多少,建筑石灰分为钙质和镁质两类。当生石灰中 MgO 含量小于或等于 5% 时,称为钙质石灰;当 MgO 含量大于 5% 时,称为镁质石灰。

在实际生产中,为了加快石灰石的分解过程,使原料充分煅烧,并考虑到热损失,通常将煅烧温度提高 1000~1200℃ 左右。若煅烧温度过低、煅烧时间不充足,则 $CaCO_3$ 不能完全分解,将生成欠火石灰,欠火石灰使用时,产浆量较低,质量较差,降低了石灰的利用率;若煅烧温度过高,将生成颜色较深、密度较大的过火石灰,使用会影响工程质量。所以,在生产过程中,应根据原材料的性质严格控制煅烧温度。

将煅烧成的块状生石灰经过不同的加工方式,可得到另外三种石灰产品。

(1) 生石灰粉,由块状生石灰磨细生成。

(2) 消石灰粉,将生石灰用适量水经消化和干燥而成的粉末,主要成分为 $Ca(OH)_2$,也称熟石灰。

(3) 石灰膏,将块状生石灰用过量水(约为生石灰体积的 3~4 倍)消化,或将消石灰粉和水拌和,所达到一定稠度的膏状物,主要成分为 $Ca(OH)_2$ 和水。

二、石灰的熟化

石灰使用前,一般先加水,使之消解为熟石灰,其主要成分为 $Ca(OH)_2$,这个过程称为石灰的熟化或消化。其反应式为

$$CaO + H_2O = Ca(OH)_2 + 64.83kJ$$
$$MgO + H_2O = Mg(OH)_2$$

石灰熟化过程中,放出大量的热,使温度升高,而且体积要增大 1.0~2.0 倍。煅烧良好且 CaO 含量高的生石灰熟化较快,放热量和体积增大也较多。

工地上熟化石灰常用的方法有两种:消石灰浆法和消石灰粉法。

1. 消石灰浆法

将生石灰在化灰池中熟化成石灰浆,然后通过筛网进入储灰坑。

生石灰熟化时,放出大量的热,使熟化速度加快,但温度过高且水量不足时,会造成 $Ca(OH)_2$ 凝聚在 CaO 周围,阻碍熟化进行,而且还会产生逆向反应,所以对于熟化快、放热量大的生石灰,要加入大量的水,并不断搅拌散热,控制温度不致过高;而对于熟化较慢的生石灰,应通过少加水、慢加水等方法,使之保持较高的温度,促进熟化的进行。

生石灰中也常含有过火石灰,它的表面常被黏土杂质产生的玻璃釉状物包裹,熟化很慢,石灰硬化后它仍继续熟化而产生体积膨胀,引起局部隆起和开裂。为了使石灰熟化得更充分,尽量消除过火石灰的危害,石灰浆应在储灰坑中存放两星期以上,这个过程称为石灰的"陈伏"。"陈伏"期间,石灰浆表面应保持有一层水分,使之与空气隔绝,避免碳化。

石灰浆在储灰坑中沉淀后,除去上层水分即可得到石灰膏。它是建筑工程中砌筑砂浆和抹面砂浆常用的材料之一。

2. 消石灰粉法

这种方法是将生石灰加适量的水熟化成消石灰粉。生石灰熟化成消石灰粉理论需水量为生石灰重量的32%，由于一部分水分会蒸发掉，所以实际加水量较多（60%～80%），这样可使生石灰充分熟化，又不致过湿成团。工地上常采用分层喷淋等方法进行消化。人工消化石灰，劳动强度大，效率低，质量不稳定，目前多在工厂中用机械加工方法将生石灰熟化成消石灰粉，再供使用。

三、石灰的硬化

石灰在空气中的硬化包括以下两个同时进行的过程。

1. 结晶作用

石灰浆在使用过程中，因游离水分逐渐蒸发和被砌体吸收，引起溶液某种程度的过饱和，使 $Ca(OH)_2$ 逐渐结晶析出，促进石灰浆体的硬化。

2. 碳化作用

$Ca(OH)_2$ 与空气中的 CO_2 作用，生成不溶解于水的碳酸钙晶体，析出的水分则逐渐被蒸发，其反应式为

$$Ca(OH)_2 + CO_2 + nH_2O = CaCO_3 + (n+1)H_2O$$

这个过程称为碳化，形成的 $CaCO_3$ 晶体，使硬化石灰浆体结构致密，强度提高。

空气中的 CO_2 含量少，碳化作用主要发生在与空气接触的表层上，而且表层生成的致密 $CaCO_3$ 膜层，阻碍了空气中的 CO_2 进一步渗入，同时也阻碍了内部水分向外蒸发，使 $Ca(OH)_2$ 的结晶作用进行得较慢。随着时间的增长，表层 $CaCO_3$ 厚度增加，阻碍作用更大，在相当长时间内，表层为 $CaCO_3$，内部仍然为 $Ca(OH)_2$。所以，石灰硬化是个相当缓慢的过程。

四、石灰的技术要求

生石灰熟化后形成的石灰浆是一种表面吸附水膜的高度分散的 $Ca(OH)_2$ 胶体，它可以降低颗粒之间的摩擦，因此具有良好的可塑性，用来配制建筑砂浆可显著提高砂浆的和易性。

从石灰的硬化过程中可以看出，石灰是一种硬化缓慢的气硬性胶凝材料，硬化后的强度不高，又因为硬化过程要依靠水分蒸发促使 $Ca(OH)_2$ 结晶以及碳化作用，加之 $Ca(OH)_2$ 又易溶于水，所以在潮湿环境中强度会更低，遇水还会溶解溃散。因此，石灰不宜在长期潮湿环境中或有水的环境中使用。

石灰在硬化过程中，要蒸发掉大量的水分，引起体积显著地收缩，易出现干缩裂缝。所以，除调制成石灰乳作薄层粉刷外，不宜单独使用。一般要掺入其他材料混合使用，如砂、纸筋、麻刀等，这样可以限制收缩，并能节约石灰。

建筑工程中所用的石灰分成三个品种：建筑生石灰、建筑生石灰粉和建筑消石灰粉。根据建材行业标准《建筑生石灰》（JC/T 479—2013）和《建筑消石灰粉》（JC/T 481—2013）将其各分成三个等级，相应的技术指标如表3-1、表3-2和表3-3所列。

表 3-1　建筑生石灰的技术指标

指标名称	钙质生石灰			镁质生石灰		
	优等品	一等品	合格品	优等品	一等品	合格品
CaO+MgO 含量/%	≥90	≥85	≥80	≥85	≥80	≥75
未消化残渣含量, 5mm 圆孔筛余百分率/%	≤5	≤10	≤15	≤5	≤10	≤15
CO_2 含量/%	≤5	≤7	≤9	≤6	≤8	≤10
产浆量/(L/kg)	≥2.8	≥2.3	≥2.0	≥2.8	≥2.3	≥2.0

表 3-2　建筑生石灰粉的技术指标

指标名称	钙质生石灰粉			镁质生石灰粉		
	优等品	一等品	合格品	优等品	一等品	合格品
CaO+MgO 含量/%	≥85	≥80	≥75	≥80	≥75	≥70
CO_2 含量/%	≤7	≤9	≤11	≤8	≤10	≤12
细度为 0.90mm 筛的筛余百分率/%	≤0.2	≤0.5	≤1.5	≤0.2	≤0.5	≤1.5
细度为 0.125mm 筛的筛余百分率/%	≤7.0	≤12.0	≤18.0	≤7.0	≤12.0	≤18.0

表 3-3　建筑消石灰粉的技术指标

指标名称	钙质消石灰粉			镁质消石灰粉			白云石消石灰粉		
	优等品	一等品	合格品	优等品	一等品	合格品	优等品	一等品	合格品
CaO+MgO 含量/%	≥70	≥65	≥60	≥65	≥60	≥55	≥65	≥60	≥55
CO_2 含量/%	≤0.4~2.0	≤0.4~2.0	≤0.4~2.0	≤0.4~2.0	≤0.4~2.0	≤0.4~2.0	≤0.4~2.0	≤0.4~2.0	≤0.4~2.0
体积安定性	合格	合格	—	合格	合格	—	合格	合格	—
细度为 0.90mm 筛的筛余百分率/%	≤0	≤0	≤0.5	≤0	≤0	≤0.5	≤0	≤0	≤0.5
细度为 0.125mm 筛的筛余百分率/%	≤3	≤10	≤15	≤3	≤10	≤15	≤3	≤10	≤15

产品各项技术值均达到相应表内某等级规定的指标时,则评定为该等级,若有一项低于合格品指标时,则定为不合格品。

生石灰粉也称为磨细生石灰,加入适量的水(一般为生石灰粉重量的 100%~150%)进行调和,可使其熟化和硬化成为一个连续的过程。因生石灰粉熟化较快,且用水量相对较少,所以熟化形成的 $Ca(OH)_2$ 溶液迅速将过饱和 $Ca(OH)_2$ 结晶析出,浆体进入凝结硬化过程,而熟化产生的热量又可加速硬化过程的进行,因此,硬化速度明显加快,硬化后的浆体较为密实,强度和耐久性均有所提高。另外,生石灰中的欠火和过火石灰在加工磨细过程中,也被磨成了细粉,提高了石灰的利用率,同时也克服了过火石灰引起体积安定性不良的危害作用。

生石灰粉在使用过程中,一般要严格控制加水量和凝结时间,这给在工地上使用带来一定的难度。目前使用过程中,多采用加过量的水调制成石灰浆或石灰乳的方法,这样仍具有利用率高、陈伏期短和操作简便等特点。

石灰熟化产生的 $Ca(OH)_2$ 成分可与活性 SiO_2 和 Al_2O_3 等发生水化反应,生成的水化产物硬化后具有较高的强度和一定的耐水性;若采用蒸压或蒸养工艺,它还可以与晶态 SiO_2(如天然砂)发生化学反应。

五、石灰的特性

石灰与其他胶凝材料相比具有以下特性。

1. 保水性好

熟石灰粉或石灰膏与水拌和后,保持内部水分不泌出的能力较强,即保水性好。$Ca(OH)_2$ 颗粒极细(直径约为 $1\mu m$),其表面吸附一层较厚的水膜,由于颗粒数量多,总表面积大,可吸附大量水,这是保水性较好的主要原因。利用这一性质,将它掺入水泥砂浆中,配合成混合砂浆,克服了水泥砂浆保水性差的缺点。

2. 凝结硬化慢、强度低

由于空气中二氧化碳的含量低,而且碳化后形成的碳酸钙硬壳阻止二氧化碳向内部渗透,也妨碍水分向外蒸发,使 $CaCO_3$ 和 $Ca(OH)_2$ 结晶体生成量少且缓慢,已硬化的石灰强度很低,以 1:3 配成的石灰砂浆,28d 的强度通常只有 0.2~0.5MPa。

3. 耐水性差

由于石灰浆体硬化慢、强度低,尚未硬化的石灰浆体处于潮湿环境中,石灰中水分蒸发不出去,硬化停止;已硬化的石灰,由于 $Ca(OH)_2$ 易溶于水,因而耐水性差。

4. 体积收缩大

石灰浆体凝结硬化过程中,蒸发出大量水分,由于毛细管失水收缩,引起体积紧缩,此收缩变形会使制品开裂,因此石灰不宜单独使用。

六、石灰的应用

1. 配制石灰乳、砂浆

石灰是建筑工程中广泛应用的材料之一,将熟化好的石灰膏或消石灰粉加入过量的水稀释成的石灰乳,是一种传统的涂料,主要用于室内粉刷;若掺入适量的砂或水泥和砂,即可配制成石灰砂浆或混合砂浆,可用于墙体砌筑或抹面工程;也可掺入纸筋、麻刀等制成石灰浆,用于内墙或顶棚抹面。

2. 配制灰土、三合土

石灰与黏土按一定比例拌和,可制成灰土(生石灰粉与黏土体积比 1:(2~4)),或与黏土、砂石、炉渣等填料拌制成三合土(生石灰粉或消石灰粉与黏土、砂的体积比 1:2:3),经夯实,可增加其密实度,而且黏土颗粒表面的少量活性 SiO_2 和 Al_2O_3 与 $Ca(OH)_2$ 发生反应,生成不溶性的水化硅酸钙与水化铝酸钙,将黏土颗粒胶结起来,提高了黏土的强度和耐水性,主要用于道路工程的基层、垫层或简易面层、建筑物的地基基础等。生石灰粉的应用效果会更好。另外,石灰与粉煤灰、碎石拌制的"三渣"也是目前道路工程中经常使用的材料之一。

3. 生产硅酸盐制品

石灰还可以用作生产各种硅酸盐制品。将生石灰粉或消石灰粉与含硅材料（如天然砂、粒化高炉矿渣、炉渣和粉煤灰等），加水拌和、陈伏、成型后，经蒸压或蒸养等工艺处理，可制得硅酸盐制品，如灰砂砖、粉煤灰砖和粉煤灰砌块等。

4. 制成碳化石灰制品

将生石灰粉与纤维材料（如玻璃纤维）或轻质骨料（如炉渣）加水搅拌、成型，然后用二氧化碳进行人工碳化，可制成轻质的碳化石灰板材，多制成碳化石灰空心板，它的热导率较小，保温绝热性能较好，可锯、可钉，宜用作非承重内隔墙板、天花板等。

七、石灰的运输与储存

生石灰在空气中放置时间过长，会吸收水分而熟化成消石灰粉，再与空气中的二氧化碳作用形成失去胶凝能力的碳酸钙粉末，而且熟化时要放出大量的热，并产生体积膨胀，所以石灰在储存和运输过程中，要防止受潮，并不宜长期储存，运输时不准与易燃、易爆和液体物品混装，并要采取防水措施，注意安全。

生石灰、消石灰粉应分类、分等级储存于干燥的仓库内，且不宜长期储存。最好到工地或处理现场后马上进行熟化和陈伏处理，使储存期变成陈伏期。

第二节　建　筑　石　膏

石膏是以硫酸钙为主要成分的、传统的气硬性胶凝材料。它资源丰富，其制品具有一系列的优良性质，所以得到很快的发展。其中发展最快的是纸面石膏板、纤维石膏板、建筑饰面板及隔声板等新型建筑工程材料。

一、石膏的生产

生产石膏的主要原料为天然石膏，或称生石膏，属于沉积岩，其化学式为 $CaSO_4 \cdot 2H_2O$，也称二水石膏。化学工业副产物的石膏废渣（如磷石膏、氟石膏、硼石膏）的成分也是二水石膏，也可作为生产石膏的原料。采用化工石膏时应注意，如废渣（液）中含有酸性成分时，须预先用水洗涤或用石灰中和后才能使用。

石膏按其生产时煅烧的温度不同，分为低温煅烧石膏与高温煅烧石膏。

(一)低温煅烧石膏

低温煅烧石膏是在低温下（110~160℃）煅烧天然石膏所获得的产品，其主要成分为半水石膏（$CaSO_4 \cdot \frac{1}{2}2H_2O$）。因为在此温度下，二水石膏脱水，转变为半水石膏，即

$$CaSO_4 \cdot 2H_2O = CaSO_4 \cdot \frac{1}{2}H_2O + \frac{3}{2}H_2O$$

属于低温煅烧石膏的产品有建筑石膏、模型石膏和高强度石膏等。

1. 建筑石膏

建筑石膏是天然石膏在回转窑或炒锅中煅烧后经磨细所得到的产品。煅烧时设备与大气相通，原料中的水分呈蒸汽排出，生成的半水石膏是细小的晶体，称 β 型半水石膏。

建筑石膏中还含有少量的无水石膏(CaSO₄)和未分解的原料颗粒。建筑上所用的石膏均属这一品种。

2. 模型石膏

模型石膏也是 β 型半水石膏,含杂质少,细度小,它在陶瓷工业中用作成型的模型。

3. 高强度石膏

高强度石膏是以高品质的天然石膏为原料,用蒸压釜于蒸汽介质(124℃,0.13MPa)中蒸炼而成。生成的半水石膏是粗大而密实的晶体,称 α 型半水石膏,它与 β 型半水石膏比较,达到一定稠度所需的用水量小,这就决定了 α 型半水石膏硬化后具有密实结构,抗压强度高,可达 15~25MPa。

(二)高温煅烧石膏

高温煅烧石膏是天然石膏在以 600~900℃下煅烧后经磨细而得到的产品。高温下二水石膏不但完全脱水成为无水硫酸钙(CaSO₄),并且部分硫酸钙分解成氧化钙,少量的氧化钙是无水石膏与水进行反应的激发剂。

高温煅烧石膏与建筑石膏比较,凝结硬化慢,但耐水性好、强度高、耐磨性好,可用来调制抹灰、砌筑及制造人造大理石的砂浆,也可用于铺设地面,称地板石膏。

二、建筑石膏的凝结和硬化

建筑石膏与水拌和后,最初是具有可塑性的石膏浆体,然后逐渐变稠失去可塑性,但尚无强度,这一过程称为凝结,以后浆体逐渐变成具有一定强度的固体,这一过程称为硬化。

建筑石膏在凝结硬化过程中,与水进行水化反应方程式为

$$CaSO_4 \cdot \frac{1}{2}H_2O + \frac{3}{2}H_2O = CaSO_4 \cdot 2H_2O$$

半水石膏加水后首先进行的是溶解,然后产生上述的水化反应,生成二水石膏。由于二水石膏在水中的溶解度(20℃时为 2.05g/L)较半水石膏在水中的溶解度(20℃时为 8.16g/L)小得多,所以二水石膏不断从过饱和溶液中沉淀而析出胶体微粒。二水石膏析出,破坏了原有半水石膏的平衡浓度,这时半水石膏会进一步溶解来补充溶液浓度,如此不断循环进行半水石膏的溶解和二水石膏的析出,直到半水石膏完全转化为二水石膏为止。这一过程进行得较快,大约为 7~12min。

随着水化的进行,二水石膏胶体微粒的数量不断增多,它比原来的半水石膏颗粒细得多,即总表面积增大,因而可吸附更多的水分;同时因水分的蒸发和部分水分参与水化反应而成为化合水,致使自由水减少。由于上述原因使得浆体变稠而失去可塑性,这就是初凝过程。

在浆体变稠的同时,二水石膏胶体微粒逐渐变为晶体,晶体逐渐长大、共生和相互交错,使凝结的浆体逐渐产生强度,表现为终凝。随着干燥的进行内部自由水排出,晶体之间的摩擦力、黏结力逐渐增大,浆体强度也随之增加,一直发展到最大值,这就是硬化过程,直至剩余水分完全蒸发后强度才停止发展。图 3-1 所示为石膏凝结硬化示意图。

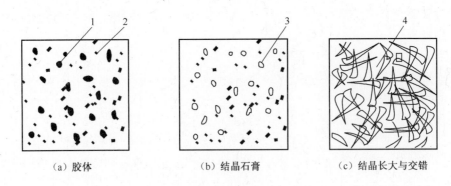

|（a）胶体|（b）结晶石膏|（c）结晶长大与交错|

图 3-1　建筑石膏凝结硬化示意图

1—半水石膏；2—二水石膏胶体微粒；3—二水石膏晶体；4—交错的晶体。

三、建筑石膏的技术要求

根据《建筑石膏》（GB/T 9776—2008）规定，石膏按抗折强度、抗压强度和细度分为优等品、一等品和合格品三个等级（表 3-4）。

表 3-4　建筑石膏的技术要求

技术指标	优等品	一等品	合格品
抗折强度/MPa	≥2.5	≥2.1	≥1.8
抗压强度/MPa	≥4.9	≥3.9	≥2.9
细度为 0.2mm 方孔筛的筛余百分率/%	≤5.0	≤10.0	≤15.0
凝结时间	初凝时间不早于 6min，终凝时间不迟于 30min		

四、建筑石膏的特性

建筑石膏与其他无机胶凝材料比较，在性质上具有以下特点。

1. 凝结硬化快

建筑石膏的凝结时间，一般只需要数分钟至 20~30min，在室内自然干燥的条件下，大约完全硬化的时间需一星期。由于初凝时间过短，造成施工成型困难，一般在施工时需要掺加适量的缓凝剂，如动物胶、亚硫酸纸浆废液，也可掺硼砂或柠檬酸等。掺缓凝剂后，石膏制品的强度将有所降低。

2. 硬化后体积微膨胀

多数胶凝材料在硬化过程中一般都会产生收缩变形，而建筑石膏在硬化时却体积膨胀。膨胀率为 0.5%~1%，使得硬化体表面光滑、尺寸精准、形体饱满，硬化时不出现裂纹，装饰性好，特别适宜于制造复杂图案的装饰制品。

3. 孔隙率大、密度小、强度低

建筑石膏水化的理论需水量为 18.6%，为使石膏浆具有必要的可塑性，通常须加水 60%~80%，硬化后，由于多余水分的蒸发，内部具有很大的孔隙率（占总体积的 50%~60%）。与水泥相比，建筑石膏硬化后的体积密度较小，为 800~1000kg/m³，属于轻质材料，强度较低，7d 抗压强度为 8~12MPa。

4. 耐水性、抗冻性差

建筑石膏制品的孔隙率大,且二水石膏微溶于水,遇水后晶体溶解而引起破坏,通常其软化系数为 0.3~0.5,是不耐水材料。若石膏制品吸水后受冻,会因孔隙中水分结冰膨胀而破坏。因此,石膏制品不宜用在潮湿寒冷的环境中。

5. 具有一定的调温、调湿性

建筑石膏的热容量大、吸湿性强,故能调节室内温度和湿度,保持室内"小气候"的均衡状态。

6. 防火性好,但耐火性差

遇火灾时,二水石膏中的结晶水蒸发,吸收热量,脱水产生的水蒸气能够阻碍火势蔓延,起到防火的作用。但二水石膏脱水后,强度下降,因此耐火性差。

7. 保温性和吸声性好

建筑石膏孔隙率大,且均为微细的毛细孔,所以热导率较小,一般为 0.121~0.205W/(m·K),故隔热保温性能良好。同时,大量的毛细孔对吸声有一定的作用,因此具有较强的吸声能力。

五、建筑石膏的应用

石膏具有上述诸多优良性能,主要用于室内抹灰、粉刷,制造建筑装饰制品、石膏板等。

1. 室内抹灰及粉刷

将建筑石膏加水及缓凝剂拌和成浆体,可用作室内粉刷材料。石膏浆中还可以掺入部分石灰,或将建筑石膏加水、砂拌和成石膏砂浆,用于室内抹灰,抹灰后的表面光滑、细腻、洁白、美观。石膏砂浆也可作为油漆等的打底层。

2. 建筑装饰制品

由于石膏凝结快和体积稳定的特点,常用于制造建筑雕塑和花样、形状不同的装饰制品。鉴于石膏制品具有良好的装饰功能,而且具有不污染、不老化、对人体健康无害等优点,近年来备受青睐。

3. 石膏板

石膏板材具有轻质、隔热(保温)、吸声、不燃以及施工方便等性能,其应用日渐广泛。但石膏板具有长期徐变的性质,在潮湿的环境中更为严重,且建筑石膏自身强度较低,又因其显微酸性,不能配加强钢筋,故不宜用于承重结构。常用的石膏板主要有纸面石膏板、纤维石膏板、装饰石膏板和空心石膏板等。另外,还有穿孔石膏板、嵌装式装饰石膏板等,各种新型石膏板材也在不断涌现。

六、建筑石膏的运输和储存

建筑石膏在储存中,需要防雨、防潮,储存期一般不超过三个月,过期或受潮都会使石膏制品强度显著降低。

第三节　水玻璃与菱苦土

一、水玻璃

水玻璃又称泡花碱,是一种碱金属硅酸盐。根据其碱金属氧化物种类的不同,又分为硅酸钠水玻璃和硅酸钾水玻璃等,以硅酸钠水玻璃最为常用。

目前生产水玻璃的主要方法是以纯碱和石英砂(或石英粉)为原料,将其磨细拌匀后,在1300~1400℃的熔炉中熔融,经冷却后生成块状或粒状的固体水玻璃,其反应式为

$$NaCO_3 + nSiO_2 \xrightarrow{1300 \sim 1400℃} Na_2O \cdot nSiO_2 + CO_2 \uparrow$$

将固体水玻璃加水溶解,即可得到液体水玻璃,其溶液具有碱性溶液的性质。纯净的水玻璃溶液应为无色透明液体,因含杂质而常呈青灰或黄绿等颜色。

(一)水玻璃的技术性能

水玻璃($Na_2O \cdot nSiO_2$)的组成中,二氧化硅和氧化钠的分子比$n = \dfrac{SiO_2}{Na_2O}$称为水玻璃的模数,一般在1.5~3.5之间,它的大小决定着水玻璃的品质及其应用性能。模数低的固体水玻璃较易溶于水,模数越高,水玻璃的黏度越大,越难溶于水。模数低的水玻璃,晶体组分较多,黏结能力较差,模数升高,胶体组分相应增加,黏结能力增强。

水玻璃溶液可与水按任意比例混合,不同的用水量可使溶液具有不同的密度和黏度,同一模数的水玻璃溶液,其密度越大,黏度越大,黏结力越强。若在水玻璃溶液中加入尿素,可在不改变黏度的情况下,提高其黏结能力。

水玻璃除了具有良好的黏结性能外,还具有很强的耐酸腐蚀性,能抵抗多数无机酸、有机酸和侵蚀性气体的腐蚀。水玻璃硬化时析出的硅酸凝胶还能堵塞材料的毛细孔隙,起到阻止水分渗透的作用。另外,水玻璃还具有良好的耐热性能,在高温下不分解,强度不降低,甚至有所增加。

水玻璃在使用过程中,可掺加促硬剂(氟硅酸钠),但应严格控制其掺量。如果用量太少会使硬化速度缓慢,强度降低,而且未反应的水玻璃易溶于水,使耐水性变差;若用量过多,又会引起凝结过快,不利于施工,而且还会使渗透性增大,强度下降等。一般氟硅酸钠的适宜掺量为水玻璃重量的12%~15%。

另外,水玻璃会灼伤眼睛和皮肤,氟硅酸钠具有毒性,使用过程中应注意安全防护。

(二)水玻璃的应用

1. 用作涂刷和浸渍材料

利用水玻璃溶液可涂刷建筑工程材料表面或浸渍多孔材料,它渗入材料的缝隙或孔隙之中,可增加材料的密实度和强度,并可提高材料的抗风化能力。例如,采用此法处理普通混凝土、黏土砖、硅酸盐制品等,均可获得良好的效果。但不能对石膏制品进行涂刷或浸渍,因为水玻璃与石膏反应生成硫酸钠晶体,会在制品孔隙内部产生体积膨胀,使石膏制品受到破坏。

2. 用于砂土的加固处理

水玻璃可用于砂土的加固处理。将水玻璃和氯化钙溶液交替灌入土基中,两种溶液发生化学反应,析出硅酸凝胶体,起到胶结和填充土壤空隙的作用,并可阻止水分的渗透,增加了土的密实度和强度。其化学反应式为

$$Na_2O \cdot nSiO_2 + CaCl_2 + mH_2O \longrightarrow 2NaCl + nSiO_2 \cdot (m-1)H_2O + Ca(OH)_2$$

3. 用于工程防水

水玻璃和氯化钙溶液也是一种价格低廉、效果较好的防水堵漏材料。

水玻璃还可与多种矾配制成防水剂,因这种防水剂具有凝结速度快的特点,故常与水

泥浆调和,进行堵漏、填缝等局部抢修。将水玻璃、氟硅酸钠、磨细粒化高炉矿渣与砂按一定比例配合,可配制成水玻璃矿渣砂浆,适用于砖墙裂缝修补等工程。

4. 用于耐酸、耐热和防锈

水玻璃与促硬剂和耐酸粉料配合,可制成耐酸胶泥,若再加入耐酸骨料,则可配制成耐酸混凝土和耐酸砂浆,它们是冶金、化工等行业的防腐工程中普遍使用的防腐材料之一;利用水玻璃耐热性好的特点,可配制耐热砂浆和耐热混凝土,用于高炉基础、热工设备基础及围护结构等耐热工程中,也可以调制防火漆等材料;钢筋混凝土中的钢筋,用水玻璃涂刷后,可具有一定的阻锈作用。

二、菱苦土

菱苦土也是一种气硬性无机胶凝材料,其主要成分是氧化镁(MgO),属镁质胶凝材料,它的原材料主要来源于天然菱镁矿($MgCO_3$),也可利用蛇纹石($3MgO \cdot 2SiO_2 \cdot 2H_2O$)冶炼镁合金的熔渣($Mg$ 含量不低于25%)或从海水中提取。

菱镁矿中的 $MgCO_3$ 一般在400℃时开始分解,600~650℃时反应迅速进行。生产菱苦土时,煅烧温度常控制在800~850℃左右。其反应式为

$$MgCO_3 \longrightarrow MgO + CO_2 \uparrow$$

(一)菱苦土的技术性能

《地面与楼面工程施工及验收规范》(GBJ 209—1983)规定,菱苦土用密度1.2的氯化镁溶液调制成标准稠度的净浆,初凝时间不得早于20min,终凝时间不得迟于6h;体积安定性要合格;硬化24h 的抗拉强度不应小于1.5MPa;菱苦土的MgO 含量不应小于75%。

用氯化镁溶液调和菱苦土,硬化后抗压强度可达40~60MPa,但其吸湿性较大,耐水性较差。若改用硫酸镁($MgSO_4 \cdot 7H_2O$)、铁矾($FeSO_4$)等作调和剂,可降低吸湿性,提高耐水性,但强度较用氯化镁时低。氯化镁的用量要严格控制,氯化镁用量过多,将使浆体凝结硬化过快,收缩过大,甚至产生裂缝;用量过少,硬化太慢,而且强度也将降低。

菱苦土与植物纤维黏结性好,而且碱性较弱,不会腐蚀纤维体。

(二)菱苦土的应用

由于菱苦土具有以上的优良性能,故在建筑工程中得到较好的应用。

1. 用于地面工程

将菱苦土与木屑按一定比例配合,并用氯化镁溶液调拌,可制成菱苦土木屑地面。若掺入适量滑石粉、石英砂、石屑等,可提高地面的强度和耐磨性。

2. 用于耐水工程

若掺加适量的活性混合材料,如粉煤灰,可提高其耐水性。

3. 用于着色、防火等工程

若掺加耐碱矿物颜料,可将地面着色。这种地面具有一定的弹性,且有防爆、防火、导热性小、表面光洁、不起灰、摩擦冲击噪声小等特点,宜用于室内场所、车间等处。

4. 用于生产相应板材等制品

用上述方法也可生产出各种菱苦土木屑板材。另外,将刨花、木丝等纤维状的有机材料与调制好的菱苦土混合,经加压成型、硬化后,可制成多种刨花板和木丝板。这类板材

具有良好的装饰性和绝热性,建筑上常用作内墙板、天花板、门窗框和楼梯扶手等。用氯化镁调制好菱苦土加入发泡剂等材料,还可制成多孔轻质的绝热材料。

因菱苦土耐水性较差,故这类制品不宜用于长期潮湿的地方。菱苦土在使用过程中,常用氯化镁溶液调制,其氯离子对钢筋有锈蚀的作用。所以,其制品中不宜配置钢筋。

第四节　气硬性胶凝材料的发展动态

石膏建材是当前建筑界备受关注的材料之一。我国是石膏世界的储量大国和产量大国,储量为 638 亿 t,2004 年中国石膏矿石产量已达 2952.6 万 t,均占世界第一。全新的现代化生产方法和技术已经完全改变了石膏的传统面貌。

石膏砌块是目前新型墙材工业的主导产品之一。石膏砌块、石膏墙板等墙材由于价格比砖、水泥墙材略贵,并主要用作非承重内墙,因而发展较晚。近年来,建筑业逐渐认识了它的各种优越性能,如防火、调湿、隔声、不缩、不裂、质轻、易于外饰而光洁典雅等优点,越来越多地在档次较高的建筑中采用,形成了较好的市场前景。

在现代建筑业中,石膏建材具有明显的健康生态特点。

(1)生产能耗低,仅为水泥的 22%;轻质,比砖轻 8%;耐火极限可达到 3h 以上;可加工性好,施工方便;具有呼吸功能,可吸收和释放湿气,提高居住的舒适度。

(2)环保和节能。磷石膏是生产磷铵过程中产生的一种废料,占用土地,污染环境。石膏建材以磷石膏为主要原料,废物利用,变废为宝。

(3)经济和社会效益显著。世界不同国家对石膏的消费结构不同,发达国家石膏深加工产品的消费占较大比例,其石膏消费结构为:产制品占 45%,水泥生产占 45%,其他各领域占 10%。中国的消费结构大致为:84% 用作水泥生产的缓凝剂,6.5% 用于陶瓷模具,4.0% 用于石膏制品、墙体材料,5.5% 用于化工及其他行业,随着中国水泥产量的不断增大,市场对石膏的需求相应增大。石膏整体墙的研发、规模化生产以及广泛的市场应用,有利于提高健康生态住宅的品质,减少施工中湿作业,大幅度提高劳动生产率,节约成本,推动住宅产业化进程。

✐ 复习思考题

3-1　建筑石膏和石灰在工程应用中各有什么特点和不足?

3-2　工地上使用生石灰时,为何要进行熟化处理?

3-3　试解释建筑石膏和石灰不耐水的原因。

3-4　为什么菱苦土在使用时不单独用水拌和?

3-5　水玻璃为什么可用于涂刷或浸渍含石灰材料的制品,而不宜用于石膏制品?

第四章 水 泥

📢 本章学习内容与目标

· 重点掌握硅酸盐水泥熟料矿物组成、特点、技术性质及相应的检测方法、规范要求;其他各通用水泥的特点、应用及其保管。
· 了解其他品种水泥的特点、主要技术性质及应用。

水泥是水硬性胶凝材料。粉末状的水泥与水混合成可塑性浆体,在常温下经过一系列的物理、化学作用后,逐渐凝结硬化成坚硬的水泥石状体,并能将散粒状(或块状)材料黏结成为整体。水泥浆体的硬化,不仅能在空气中进行,还能更好地在水中保持并继续增长其强度,故称之为水硬性胶凝材料。

水泥是国民经济建设的重要材料之一,是制造混凝土、钢筋混凝土、预应力混凝土构件的最基本的组成材料,也是配制砂浆、灌浆材料的重要组成部分,广泛用于建筑、交通、电力、水利、国防建设等工程,素有"建筑业的粮食"之称。

随着基本建设发展的需要,水泥品种越来越多,按其主要水硬性矿物名称,水泥可分为硅酸盐系水泥、铝酸盐系水泥、硫酸盐系水泥和硫铝酸盐系水泥、磷酸盐系水泥等。按其用途和性能,又可分为通用水泥、专用水泥、特性水泥三大类。

水泥的诸多系列品种中,硅酸盐水泥系列应用最广,该系列是以硅酸盐水泥熟料和适量的石膏及规定的混合材料制成的水硬性胶凝材料。按其所掺混合材料的种类及数量不同,硅酸盐水泥系列又分为硅酸盐水泥、普通硅酸盐水泥(简称普通水泥)、火山灰质硅酸盐水泥(简称火山灰水泥)、矿渣硅酸盐水泥(简称矿渣水泥)、粉煤灰硅酸盐水泥(简称粉煤灰水泥)、复合硅酸盐水泥(简称复合水泥)等,统称为六大通用水泥。

专用水泥是指有专门用途的水泥,如砌筑水泥、道路水泥、大坝水泥、油井水泥等。特性水泥是指其某种性能比较突出的一类水泥,如快硬硅酸盐水泥、快凝硅酸盐水泥、抗硫酸盐硅酸盐水泥、白色及彩色硅酸盐水泥、膨胀水泥等。

工程中多是依据所处的环境合理地选用水泥。就水泥的性质而言,硅酸盐水泥是最基本的。本章将对硅酸盐水泥的性质作详细的阐述,对其他常用水泥仅作一般性简要介绍。

第一节 硅酸盐水泥

我国常用水泥的主要品种有硅酸盐水泥、普通硅酸盐水泥、矿渣硅酸盐水泥、火山灰质硅酸盐水泥、粉煤灰硅酸盐水泥和复合硅酸盐水泥等。一般的命名原则是,凡以硅酸盐水泥熟料掺加一定数量的混合材料和适量石膏磨制成的水泥,则在硅酸盐水泥之前冠以所用混合材料的名称作为水泥品种的名称,如粉煤灰硅酸盐水泥。我国常用水泥的组成见表4-1。

表 4-1 我国常用水泥的组成

水泥品种	水泥代号	水泥组成		
		熟料	石膏	混合材料
Ⅰ型硅酸盐水泥	P·Ⅰ	硅酸盐水泥熟料95%~98%	天然石膏或工业副产石膏($SO_3<3.5\%$)	不掺任何混合材料
Ⅱ型硅酸盐水泥	P·Ⅱ	硅酸盐水泥熟料90%~97%	天然石膏或工业副产石膏($SO_3<3.5\%$)	掺加不超过水泥质量5%石灰石或粒化高炉矿渣混合材料
普通硅酸盐水泥(简称普通水泥)	P·O	硅酸盐水泥熟料80%~92%	天然石膏或工业副产石膏($SO_3<3.5\%$)	掺6%~15%混合材料,其中允许不超过水泥质量5%的窑灰或不超过水泥质量10%的非活性混合材料代替
矿渣硅酸盐水泥(简称矿渣水泥)	P·S	硅酸盐水泥熟料25%~78%	天然石膏或工业副产石膏($SO_3<4.0\%$)	粒化高炉矿渣掺量按质量分数为20%~70%,允许用石灰石、窑灰和火山灰质混合材料中的一种材料代替矿渣,代替数量不得超过水泥质量的8%,替代后水泥中粒化高炉矿渣不得少于20%
火山灰质硅酸盐水泥(简称火山灰水泥)	P·P	硅酸盐水泥熟料45%~78%	天然石膏或工业副产石膏($SO_3<3.5\%$)	火山灰质混合材料掺加量按质量分数计为20%~50%
粉煤灰硅酸盐水泥(简称粉煤灰水泥)	P·F	硅酸盐水泥熟料55%~78%	天然石膏或工业副产石膏($SO_3<3.5\%$)	粉煤灰掺量按质量分数计为20%~40%
复合硅酸盐水泥(简称复合水泥)	P·C	硅酸盐水泥熟料45%~83%	天然石膏或工业副产石膏($SO_3<3.5\%$)	掺两种或两种以上混合材料,总掺量按质量分数计为15%~50%,允许用不得超过8%的窑灰代替部分混合材料,掺矿渣时混合材料掺量不得与矿渣水泥重复

注:一般水泥中石膏掺量为2%~5%。

一、硅酸盐水泥生产工艺

各类水泥熟料的基本组成是硅酸钙,所以生产水泥用的原材料必须以适当的形式和比例提供钙和硅。水泥厂常用天然碳酸钙材料如石灰石、白垩、泥灰岩和贝壳作为钙的来源,常含黏土和白云石(CaCO₃·MgCO₃)主要杂质。虽然石英岩或砂岩中含有较多的 SiO_2,但其为石英化的二氧化硅,较难参与烧成反应,因此水泥厂多采用黏土或页岩作为水泥生产的硅质原材料。在黏土中一般还含有氧化铝、氧化铁、钾和钠。

水泥生产工艺流程如下:钙质原料和硅质原料按适当的比例配合,有时还加入适量的铁矿粉和矿化剂,将配合好的原材料在磨机中磨成生料,然后将生料入窑煅烧成熟料,熟料配以适量的石膏,或根据水泥品种组成要求掺入混合材料,再磨至适当细度,即制成水泥成品。整个水泥生产工艺可概括为"两磨一烧",流程示意见图4-1。

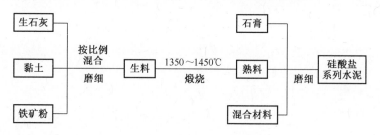

图4-1 水泥生产流程示意框图

二、硅酸盐水泥基本组成

(一)硅酸盐水泥熟料

水泥的性能主要决定于熟料质量,优质熟料应该具有合适的矿物组成和良好的岩相结构。硅酸盐水泥熟料主要矿物特性如下。

1. 硅酸三钙

硅酸三钙(C_3S)是熟料主要矿物,其含量通常为37%~67%。C_3S水化较快,粒径为40~50μm的C_3S颗粒28d的水化程度可达70%左右,所以C_3S强度发展比较快,早期强度高,且强度增进率较大,28d强度可达一年强度的70%~80%。就28d或一年的强度来说,在四种矿物中C_3S最高。C_3S水化反应快,水化热较高。

2. 硅酸二钙

硅酸二钙(C_2S)在熟料中以β型存在,其含量一般为15%~30%,是硅酸盐水泥熟料的主要矿物之一。β-C_2S水化较慢,28d龄期仅水化20%左右,凝结硬化缓慢,早期强度较低,但28d以后强度仍能较快增长,在一年后可以超过C_3S,β-C_2S水化热较小。

3. 铝酸三钙

熟料中铝酸三钙(C_3A)含量在7%~15%之间。C_3A水化迅速,放热量大,凝结时间短,如不加石膏作缓凝剂,易使水泥速凝。C_3A硬化也很快,它的强度3d就大部分发挥出来,故早期强度较高,但绝对值不高,以后几乎不再增长,甚至倒缩。C_3A含量高的水泥浆体干缩变形大,抗硫酸盐性能差。

4. 铁铝酸四钙

铁铝酸四钙实际上是熟料中铁相连续固溶体的代称,含量为10%~18%,C_4AF的水化速度在早期介于C_3A与C_3S之间,但随后的发展不如C_3S。它的强度类似铝酸三钙,但后期还能不断增长,类似于C_2S。C_4AF的抗冲击性能和抗硫酸盐性能较好,水化热较C_3A低。

以上四种水泥熟料特性可归纳为表4-2。

35

表 4-2　水泥熟料主要矿物组成及其特性

主要矿物	硅酸三钙	硅酸二钙	铝酸三钙	铁铝酸四钙
化学式	$3CaO \cdot SiO_2$	$2CaO \cdot SiO_2$	$3CaO \cdot Al_2O_3$	$4CaO \cdot Al_2O_3 \cdot Fe_2O_3$
简写	C_3S	C_2S	C_3A	C_4AF
质量分数/%	37~67	15~30	7~15	10~18
水化反应速度	快	慢	最快	快
强度	高	早期低,后期高	低	低(含量最多时对抗折强度有利)
水化热	较高	低	最高	中

由于硅酸三钙和硅酸二钙占熟料总质量的 75%~82%,是决定水泥强度的主要矿物,因此这类熟料也称为硅酸盐水泥熟料。

(二)混合材料

水泥混合材料通常分为活性混合材料和非活性混合材料两大类。

1. 活性混合材料

能与水泥水化产物的矿物成分起化学反应,生成水硬性胶凝材料,凝结硬化后具有强度并能改善硅酸盐水泥的某些性质的混合材料,称为活性混合材料。

1)粒化高炉矿渣

粒化高炉矿渣是炼铁高炉的熔融矿渣经水淬急冷形成的疏松颗粒,其粒径为 0.5~5mm。水淬粒化高炉矿渣物相组成大部分为玻璃体,具有较高的化学潜能,故在激发剂的作用下具有水硬性。高炉矿渣的化学成分主要为 CaO、Al_2O_3 和 SiO_2,其含量一般达 90%以上,另外还有 MgO、MnO、Fe_2O_3、CaS、FeS 和 TiO_2 等。

2)火山灰质混合材料

凡天然的及人工的以氧化硅、氧化铝为主要成分的矿物质原料,磨成细粉加水后并不硬化,但与石灰混合后再加水拌和,则不但能在空气中硬化,而且能在水中继续硬化者称为火山灰质混合材料。

火山灰质混合材料分为天然和人工两类。天然火山灰质混合材料又分为火山生成和沉积生成两种。火山生成主要有火山灰、火山凝灰岩、浮石等;沉积生成的主要有硅藻土、硅藻石和蛋白石等,这些物质不论其名称如何,化学成分都相似,含有大量的酸性氧化物,$SiO_2+Al_2O_3$ 含量占 75%~85%,甚至更高,而 CaO 和 Fe_2O_3 含量都较低;人工火山灰质混合材料主要有烧黏土、粉煤灰和烧页岩等,这类混合材料以黏土煅烧分解形成可溶性无定形 SiO_2 和 Al_2O_3 为主要活性成分。

硅灰也叫微硅粉或称凝聚硅灰,是铁合金在冶炼硅铁和工业硅(金属硅)时,矿热电炉内产生出大量挥发性很强的 SiO_2 和 Si 气体,气体排放后与空气迅速氧化冷凝沉淀而成,是一种比表面积很大、活性很高的火山灰质混合材料。能够填充水泥颗粒间的孔隙,同时与水化产物生成凝胶体,与碱性材料氧化镁反应生成凝胶体。在水泥基的混凝土、砂浆与耐火材料浇注料中,掺入适量的硅灰,可起到以下作用。

(1)显著提高混凝土的抗压、抗折、抗渗、防腐、抗冲击及耐磨性能。

(2)具有保水、防止离析、泌水、大幅降低混凝土泵送阻力的作用。

(3)显著延长混凝土的使用寿命。特别是在氯盐污染侵蚀、硫酸盐侵蚀、高湿度等恶劣环境下,可使混凝土的耐久性提高一倍甚至数倍。

（4）大幅度降低喷射混凝土和浇注料的落地灰,提高单次喷层厚度。

（5）是高强混凝土的必要成分,已有 C150 混凝土的工程应用。

（6）具有约 5 倍水泥的功效,在普通混凝土和低水泥浇注料中应用可降低成本,提高耐久性。

（7）有效防止发生混凝土碱骨料反应。

（8）提高浇注型耐火材料的致密性。在与 Al_2O_3 并存时,更易生成莫来石相(莫来石是铝硅酸盐在高温下生成的矿物,多用于生产高温耐火材料),使其高温强度、抗热振性增强。

3）粉煤灰

粉煤灰属于具有一定活性的火山灰质混合材料,它是燃煤发电厂电收尘器收集的细灰。由于它是比较大宗的工业废渣,且在颗粒形态和性能方面与其他火山灰质混合材料有所不同,因此单独列出加以介绍。

粉煤灰的主要化学成分为 SiO_2、Al_2O_3、Fe_2O_3 和 CaO,根据其 CaO 含量的高低可分为低钙粉煤灰和高钙粉煤灰。低钙粉煤灰的 CaO 含量低于 10%,一般是无烟煤燃烧所得的副产品;高钙粉煤灰的 CaO 含量典型的可达 15%～30%,通常是褐煤和次烟煤燃烧所得的副产品。与低钙粉煤灰相比,高钙粉煤灰通常活性较高,因为它所含的钙绝大部分是以活性结晶化合物形式存在的,所含的钙离子量使铝硅玻璃的活性得到增强。不论是高钙粉煤灰还是低钙粉煤灰,都大约含有 60%～85%玻璃体,以及 10%～30%结晶化合物和 5%左右的未燃尽碳。大部分的粉煤灰颗粒为实心玻璃球状,也有的为空心球。

国家标准《用于水泥和混凝土中的粉煤灰》(GB/T 1596—2017)规定,用于水泥的粉煤灰分Ⅰ级灰和Ⅱ级灰两种,其质量应满足表 4-3 的要求。

表 4-3 用于水泥中粉煤灰技术指标

序号	技 术 指 标	级 别	
		Ⅰ 级	Ⅱ 级
1	烧失量/%	≤5	≤8
2	含水量/%	≤1	≤1
3	三氧化硫含量/%	≤3	≤3
4	28d 抗压强度比/%	≥75	≥62

2. 非活性混合材料

磨细的石英砂、石灰石、慢冷矿渣等属于非活性混合材料。它们与水泥成分不起化学作用或化学作用很小。非活性混合材料掺入水泥中,仅起提高水泥产量、降低水泥标号、减少水化热等作用。

(三)石膏

一般水泥熟料磨成细粉与水拌和会产生速凝现象,掺入适量石膏不仅可调节凝结时间,同时还能提高早期强度,降低干缩变形,改善耐久性、抗渗性。对于掺混合材料的水泥,石膏还对混合材料起活性激发剂作用。

用于水泥中的石膏一般是二水石膏或无水石膏,所使用的石膏品质有明确的规定,天然石膏必须符合国家标准的规定,采用工业副产品石膏时,必须经过试验证明对水泥性能无害。

水泥中石膏最佳掺量与熟料的 C_3A 含量有关,并且与混合材料的种类有关。一般地说,材料中 C_3A 越多,石膏掺量越多;掺混合材料的水泥应比硅酸盐水泥掺的石膏多。石膏的掺量以水泥中 SiO_2 含量作为控制指标,国标对不同种类的水泥有具体的限量指标。石膏掺量过少,不能合适地调节水泥正常的凝结时间,掺量过多又可能导致水泥体积安定性不良。

三、硅酸盐水泥凝结与硬化

水泥与水接触时,水泥中的各组分与水的反应称为水化。水泥的水化反应受水泥的组成、细度、加水量、温度、混合材料一系列因素的影响。水泥加水拌和后,成为可塑性的水泥浆,随着水化反应的进行,水泥浆逐渐变稠失去流动性而具有一定的塑性强度,称为水泥的"凝结";随着水化进程的推移,水泥浆凝固具有一定的机械强度,并逐渐发展而成为坚固的人造石——水泥石,这一过程称为"硬化"。凝结与硬化是一个连续复杂的物理、化学过程。凝结过程较短暂,一般几小时即可完成,硬化过程是一个长期的过程,在一定温度和湿度下可持续数十年。

(一)硅酸盐水泥熟料的水化

水泥与水拌和均匀后,颗粒表面的熟料矿物开始溶解并与水发生化学反应,形成新的水化产物,放出一定的热量,固相体积逐渐增加。

熟料矿物的水化反应式为

$$2(3CaO \cdot SiO_2) + 6H_2O \Longrightarrow 3CaO \cdot SiO_2 \cdot 3H_2O + 3Ca(OH)_2$$
$$2(2CaO \cdot SiO_2) + 4H_2O \Longrightarrow 3CaO \cdot 2SiO_2 \cdot 3H_2O + 3Ca(OH)_2$$
$$3CaO \cdot Al_2O_3 + H_2O \Longrightarrow 3CaO \cdot Al_2O_3 \cdot 6H_2O$$

$$4CaO \cdot Al_2O_3 \cdot Fe_2O_3 + 7H_2O \Longrightarrow 3CaO \cdot Al_2O_3 \cdot 6H_2O + CaO \cdot Fe_2O_3 \cdot 6H_2O$$

熟料矿物中的铝酸三钙($3CaO \cdot Al_2O_3$)首先与水发生化学反应,水化反应迅速,有明显的放热现象,形成的水化铝酸钙($3CaO \cdot Al_2O_3 \cdot 6H_2O$)很快析出,使水泥产生瞬凝。为了调节凝结时间,在生产水泥时加入适量石膏(约占水泥质量 2%~5% 的天然二水石膏)后,发生二次反应,即

$$3CaO \cdot Al_2O_3 \cdot 6H_2O + 3(CaSO_4 \cdot 2H_2O) + 196H_2O \Longrightarrow 3CaO \cdot Al_2O_3 \cdot 3CaSO_4 \cdot 31H_2O$$

形成的高硫型水化硫铝酸钙($3CaO \cdot Al_2O_3 \cdot 3CaSO_4 \cdot 31H_2O$),代号 AFt,称为钙矾石,为难溶于水的物质。当石膏消耗完后,部分高硫型的水化硫铝酸钙会逐渐转变为低硫型水化硫铝酸钙($3CaO \cdot Al_2O_3 \cdot 3CaSO_4 \cdot 12H_2O$,代号 AFm),延长了水化产物的析出,从而延缓了水泥的凝结。

硅酸盐系列水泥水化后形成的主要水化产物有水化硅酸钙凝胶、氢氧化钙晶体、水化铝酸钙晶体、水化硫铝酸钙晶体(高硫型、低硫型)和水化铁酸钙凝胶。

(二)硅酸盐水泥的凝结硬化过程

水泥加水拌和均匀后,水泥颗粒分散在水中成为水泥浆。水泥颗粒的水化是从颗粒表面开始的。

在水化初期,颗粒与水接触的表面积较大,熟料矿物与水反应的速度较快,形成的水

化产物的溶解度较小,水化产物的生成速度大于水化产物向溶液中扩散的速度,因此液相很快成为水化产物的饱和或过饱和溶液,使水化产物不断地从液相中析出并聚集在水泥颗粒表面,形成以水化硅酸钙凝胶为主体的凝胶薄膜,在1h左右即在凝胶薄膜外侧及液相中形成粗短的针状钙矾石晶体。

在水化中期,约有30%的水泥已经水化,以水化硅酸钙(C—S—H)和氢氧化钙的快速形成为特征。此时水泥颗粒被水化硅酸钙凝胶形成的薄膜全部包裹,并不断向外增厚和扩展,然后逐渐在包裹膜内侧凝聚。薄膜的外侧生成钙矾石针状晶体,内侧则生成低硫型硫铝酸钙,氢氧化钙晶体在原充水空间形成。薄膜层逐渐增厚且互相连接,自由水的减少使水泥浆逐渐变稠,部分颗粒黏结在一起形成空间网架结构,开始失去流动性和可塑性,使水泥开始凝结——初凝。

在水化后期,由于新生成的水化产物的压力,水泥颗粒的凝胶薄膜破裂,使水进入未水化水泥颗粒的表面,水化反应继续进行,生成更多的水化产物,如水化硅酸钙凝胶、氢氧化钙、水化铝酸钙晶体、水化硫铝酸钙晶体、水化铁酸钙凝胶等。这些水化产物之间相互交叉连生,不断密实,固体之间的空隙不断减小,网状结构不断加强,结构逐渐紧密,使水泥浆完全失去可塑性——终凝。此时水泥浆即成为水泥石,开始具有强度。由于继续水化,水化产物不断形成,水泥石的强度逐渐提高。凝结硬化示意图见图4-2。

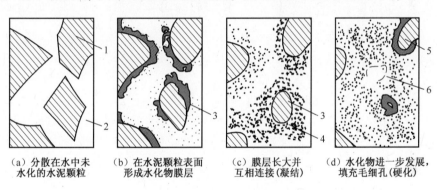

(a) 分散在水中未　　　　(b) 在水泥颗粒表面　　　(c) 膜层长大并　　　(d) 水化物进一步发展,
　水化的水泥颗粒　　　　　形成水化物膜层　　　　互相连接(凝结)　　　　填充毛细孔(硬化)

图4-2　水泥凝结硬化过程示意图

1—水泥颗粒;2—水分;3—凝胶;4—晶体;5—水泥颗粒的未水化内核;6—毛细孔。

水泥的凝结硬化速度,主要与熟料矿物的组成有关,另外还与水泥细度、加水量、硬化时的温度、湿度和养护龄期等因素有关。水泥细度越大,比表面积越大,水化速度越快,凝结就越快;一定质量的水泥,加水量越大,水泥浆越稀,凝结硬化越慢;温度越高时,水泥的水化反应加速,凝结硬化越快;温度低于0℃时,水泥的水化反应基本停止;水泥石表面长期保持潮湿,可减少水分蒸发,有利于水泥的水化,表面不易产生收缩裂纹,有利于水泥石的强度发展。

水泥强度随龄期增长而不断增长。硅酸盐系列水泥,在3~7d龄期范围内,强度增长速度快;在7~28d龄期范围内强度增长速度较快;28d以后,强度增长速度逐渐下降,但强度增长会持续很长时间。

四、影响凝结硬化的主要因素

水泥的凝结硬化过程除受本身的矿物组成影响外,还受到以下因素的影响。

1. 细度

细度即磨细程度,水泥颗粒越细,总表面积越大,与水接触的面积也越大,则水化速度越快,凝结硬化也越快。

2. 石膏掺量

水泥中掺入石膏,可调节水泥的凝结硬化速度。在磨细水泥熟料时,若不掺入石膏,则所获得的水泥浆可在很短时间内迅速凝结,这是由于铝酸三钙所电离出的三价铝离子(Al^{3+})会促进胶体凝聚。当掺入少量石膏后,石膏将与铝酸三钙作用,生成难溶的水化硫铝酸钙晶体(钙矾石),减少了溶液中的铝离子,延缓了水泥浆体的凝结速度,但石膏掺量不能过多,过多的石膏不仅缓凝作用不大,还会引起水泥体积安定性不良。

合理的石膏掺量,主要决定于水泥中铝酸三钙的含量及石膏中三氧化硫的含量。一般掺量占水泥重量的 3%~5%,具体掺量需通过试验确定。

3. 养护时间(龄期)

随着时间的延续,水泥的水化程度在不断增大,水化产物也不断增加。因此,水泥石强度的发展是随龄期而增长的,一般在 28d 内强度发展最快,28d 后显著减慢。但只要在温暖与潮湿的环境中,水泥强度的增长可延续几年,甚至几十年。

4. 温度和湿度

温度对水泥的凝结硬化有着明显的影响。提高温度可加速水化反应,通常提高温度可加速硅酸盐水泥的早期水化,使早期强度能较快发展,但后期强度反而可能有所降低。在较低温度下硬化时,虽然硬化缓慢,但水化产物较致密,所以可获得较高的最终强度。当温度降至负温时,水化反应停止,由于水分结冰会导致水泥石冻裂,破坏其结构。温度的影响主要表现在水泥水化的早期阶段,对后期影响不大。

水泥的水化反应及凝结硬化过程必须在水分充足的条件下进行。环境湿度大,水分不易蒸发,水泥的水化及凝结硬化就能够保持足够的化学用水;如果环境干燥,水泥浆中的水分蒸发过快,当水分蒸发完后,水化作用将无法进行,硬化即行停止,强度不再增长,甚至还会在制品表面产生干缩裂缝。

因此,使用水泥时必须注意养护,使水泥在适宜的温度及湿度环境中进行硬化,从而不断增长其强度。

五、水泥石的结构

水泥石主要由凝胶体、晶体、孔隙、水、空气和未水化的水泥颗粒等组成,存在固相、液相和气相。因此,硬化后的水泥石是一种多相多孔体系,如图 4-3 所示。

水泥石的结构(水化产物的种类及相对含量、孔的结构)对其性能影响最大。对于同种水泥,水泥石的性能主要取决于孔的结构,包括孔的尺寸、形状、数量和分布状态等。一定质量的水泥,水化需水量一定,其加水量越大(水灰比越大),则水化后剩余的水分越多,水泥石中毛细孔所占的比例就越大,水泥石的强度和耐久性就越低。

六、硅酸盐水泥的技术性能

(一)细度

细度是指水泥颗粒的粗细程度。如前所述,水泥颗粒的粗细对水泥的性质有很大的

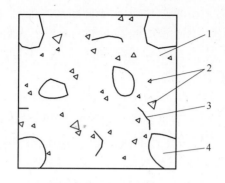

图 4-3　水泥石的结构

1—凝胶体(C—S—H 凝胶、水化铁酸钙凝胶);2—晶体(氢氧化钙、水化铝酸钙、水化硫铝酸钙);

3—孔隙(毛细孔、凝胶孔、气孔等);4—未水化的水泥颗粒。

影响,颗粒越细,水泥的表面积就越大,水化较快也较充分,水泥的早期强度和后期强度都较高。但磨制特细的水泥将消耗较多的粉磨能量,成本增高,而且在空气中硬化时收缩也较大。

水泥的细度既可用筛余量表示,也可用比表面积来表示。比表面积即单位重量水泥颗粒的总表面积。比表面积越大,表明水泥颗粒越细。

国家标准《通用硅酸盐水泥》(GB 175—2007)规定:硅酸盐水泥和普通硅酸盐水泥以比表面积表示,不小于 $300m^2/kg$;矿渣硅酸盐水泥、火山灰质硅酸水泥、粉煤灰硅酸盐水泥和复合硅酸盐水泥以筛余百分率表示,$80\mu m$ 方孔筛筛余百分率不大于 10% 或 $45\mu m$ 方孔筛筛余百分率不大于 30%。凡水泥细度不符合规定者为不合格品。

(二)标准稠度需水量

标准稠度需水量是指水泥拌制成特定的塑性状态(标准稠度)时所需的用水量(以占水泥重量的百分数表示)。由于用水量多少对水泥的一些技术性质(如凝结时间)有很大影响,所以测定这些性质必须采用标准稠度需水量,这样测定的结果才有可比性。水泥标准稠度用水量是指水泥净浆达到标准稠度时的用水量,以水占水泥重量的百分数表示。采用标准维卡仪测定时,以试杆沉入水泥净浆并距底板(6±1)mm 的净浆为"标准稠度"。

硅酸盐水泥的标准稠度需水量与矿物组成及细度有关,一般在 24%~30% 之间。

(三)凝结时间

水泥的凝结时间分为初凝时间和终凝时间。初凝时间为自水泥加水拌和时起,到水泥浆(标准稠度)开始失去可塑性时所需的时间。终凝时间为自水泥加水拌和时起,至水泥浆完全失去可塑性并开始产生强度所需的时间。

水泥的凝结时间在施工中具有重要意义。初凝的时间不宜过快,以便有足够的时间对混凝土进行搅拌、运输和浇注。当施工完毕之后,则要求混凝土尽快硬化,产生强度,以利下一步施工的进行,为此,水泥终凝时间又不宜过迟。

水泥凝结时间的测定,是以标准稠度的水泥净浆,在规定温度和湿度条件下,用维卡仪测定,从水泥加入拌和用水起,至试针沉入净浆,并距底板(4±1)mm 时所经历的时间为初凝时间;从水泥加入拌和用水起,至试针沉入净浆 0.5mm 时所经历的时间为终凝时间。国家标准《通用硅酸盐水泥》(GB 175—2007)规定:硅酸盐水泥初凝时间不小于 45min,

终凝时间不大于390min；普通硅酸盐水泥、矿渣硅酸盐水泥、火山灰质硅酸盐水泥、粉煤灰硅酸盐水泥和复合硅酸盐水泥初凝时间不小45min，终凝时间不大于600min。实际上，硅酸盐水泥的初凝时间一般为1~3h，终凝时间为5~8h。凡初凝时间不符合规定者为废品，终凝时间不符合规定者为不合格品。

(四)体积安定性(安定性)

水泥的体积安定性是指水泥在凝结硬化过程中体积变化的均匀性。如水泥硬化后产生不均匀的体积变化，即为体积安定性不良。使用安定性不良的水泥，会使构件产生膨胀性裂缝，降低工程质量，甚至引起严重事故。

引起体积安定性不良的原因是水泥中含有过多的游离氧化钙和游离氧化镁以及水泥粉末时所掺入的石膏超量。熟料中的游离氧化钙和游离氧化镁是在高温下生成的，属过烧石灰，水化很慢，在水泥已经凝结硬化后才进行水化，反应式为

$$CaO + H_2O \Longrightarrow Ca(OH)_2$$
$$MgO + H_2O \Longrightarrow Mg(OH)_2$$

水化时产生体积膨胀，破坏已经硬化的水泥石结构，出现龟裂、弯曲、酥脆和崩溃等现象。

当水泥熟料中石膏掺量过多时，在水泥硬化后，其三氧化硫离子还会继续与固态的水化铝酸钙反应生成水化硫铝酸钙，体积膨胀引起水泥石开裂。国家标准《水泥标准稠度用水量、凝结时间、安定性检验方法》(GB/T 1346—2011)规定，安定性的测定方法可以用雷氏夹法，也可用试饼法。雷氏夹法是测定水泥净浆在雷氏夹中沸煮后的膨胀值，若两个试件沸煮后的膨胀平均值不大于5mm，即认为安定性合格。试饼法是观察水泥净浆试饼沸煮后的外形变化，目测试饼未发现裂缝，也没有弯曲，即认为安定性合格。当试饼法与雷氏夹法有争议时以雷氏夹法为准。

游离氧化钙引起的安定性不良，必须采用沸煮法检验。由游离氧化镁引起的安定性不良，必须采用压蒸法才能检验出来，因为游离氧化镁的水化比游离氧化钙更缓慢。由三氧化硫造成的安定性不良，则需长期浸在常温水中才能发现。国家标准规定，水泥中氧化镁含量不得超过5.0%，三氧化硫含量不得超过3.5%，以保证水泥安定性良好。国家标准还规定，水泥安定性必须合格，安定性不良的水泥应作废品处理，不得用于工程中。

(五)强度

强度是选用水泥的主要技术指标。由于水泥在硬化过程中强度是逐渐增长的，所以常以不同龄期强度表明水泥强度的增长速率。

目前我国测定水泥强度的试验按照《水泥胶砂强度检验方法(ISO 法)》(GB/T 17671—1999)进行。该法是将水泥、标准砂及水按规定比例(水泥：标准砂=1:3，水灰比为0.5)拌制成塑性水泥胶砂，并按规定方法制成40mm×40mm×160mm的试件，在标准温度(20±1℃)的水中养护，测定其抗折及抗压强度。按国家标准《通用硅酸盐水泥》(GB 175—2007)的规定，根据3d、28d的抗折强度及抗压强度将硅酸盐水泥分为42.5、52.5和62.5三个强度等级，按早期强度大小各强度等级又分为两种类型，冠以"R"的属早强型。各强度等级、各类型水泥的各龄期强度不得低于表4-4中的数值，如有一项指标低于表中数值，则应降低强度等级使用。

(六)水化热

水泥在水化过程中所放出的热量,称为水泥的水化热。大部分的水化热是在水化初期(7d内)放出的,以后则逐步减少。水泥放热量的大小及速度,首先取决于水泥熟料的矿物组成和细度。冬季施工时,水化热有利于水泥的正常凝结硬化。对大体积混凝土工程,如大型基础、大坝、桥墩等,水化热大是不利的,因积聚在内部的水化热不易散出,常使内部温度高达50~60℃,由于混凝土表面散热很快,内外温差引起的应力可使混凝土产生裂缝。因此,对大体积混凝土工程,应采用水化热较低的水泥。

表4-4　硅酸盐水泥各龄期的强度要求(GB 175—2007)

品　种	强度等级	抗压强度/MPa		抗折强度/MPa	
		3d	28d	3d	28d
硅酸盐水泥	42.5	17.0	42.5	3.5	6.5
	42.5R	22.0	42.5	4.0	6.5
	52.5	23.0	52.5	4.0	7.0
	52.5R	27.0	52.5	5.0	7.0
	62.5	28.0	62.5	5.0	8.0
	62.5R	32.0	62.5	5.5	8.0
普通水泥	32.5	11.0	32.5	2.5	5.5
	32.5R	16.0	32.5	3.5	5.5
	42.5	16.0	42.5	3.5	6.5
	42.5R	21.0	42.5	4.0	6.5
	52.5	22.0	52.5	4.0	7.0
	52.5R	26.0	52.5	5.0	7.0

注:水泥的强度主要取决于熟料的矿物成分和细度。

(七)密度与容重

在计算组成混凝土的各项材料用量和储存运输水泥时,往往需要知道水泥的密度和容重。硅酸盐水泥的密度为3.0~3.15g/cm³,通常采用3.0g/cm³。容重除与矿物组成及粉磨细度有关外,主要取决于水泥的紧密程度,松散堆状态为1~1.1g/cm³,紧密时可达1.6g/cm³。在配制混凝土和砂浆时,水泥堆积密度可取1.2~1.3g/cm³。

(八)成分含量

1. 不溶物

水泥中不溶物主要是指煅烧过程中存留的残渣,其含量会影响水泥的黏结质量,不溶物的测定是用盐酸溶解滤去不溶残渣,经碳酸钠处理再用盐酸中和,高温灼烧到恒重后称量,不溶物质量占试样总质量的比例即为不溶物含量。Ⅰ型硅酸盐水泥不得超过0.75%,Ⅱ型硅酸盐水泥不得超过1.5%。

2. 烧失量

烧失量是检验水泥质量的一项指标,是以水泥试样在950~1000℃下灼烧15~20min冷却至室温称量,如此反复灼烧直至恒重,计算灼烧前后的质量损失率,Ⅰ型硅酸盐水泥不得超过 3.0%，Ⅱ型硅酸盐水泥不得超过 3.5%，普通水泥不得超过 5.0%。

3. 氧化镁

游离的氧化镁水化速度很慢，常在水泥硬化后才开始水化并产生体积膨胀，导致水泥石结构产生裂缝甚至破坏，是引起水泥体积安定性不良的原因之一。水泥中氧化镁的含量不宜超过 5.0%，如果经压蒸安定性试验合格，可放宽至 6.0%。

4. 三氧化硫

水泥中三氧化硫主要是在生产水泥过程中掺入石膏或者煅烧水泥时加入石膏矿化剂带入的，其含量超过一定限量后，还会继续水化并产生膨胀，使水泥性能变坏甚至导致结构物破坏。水泥中三氧化硫的含量不宜超过 3.5%。

5. 碱含量

碱含量是指水泥中 Na_2O 和 K_2O 的含量，水泥中含碱是引起混凝土产生碱骨料反应的重要条件，水泥中碱含量不宜超过 0.6%。

七、硅酸盐水泥的特性

1. 强度等级高、强度发展快

硅酸盐水泥强度等级比较高(42.5~62.5)，主要用于地上、地下和水中重要结构的高强度混凝土和预应力混凝土工程。由于这种水泥硬化较快，还适用于早期强度要求高和冬季施工的混凝土工程。这是由于决定水泥石 28d 以内强度的 C_3S 含量高，从而凝结硬化速率高，同时对水泥早期强度有利的 C_3A 含量较高。

2. 抗冻性好

水泥石的抗冻性主要取决于它的孔隙率和孔隙特征。硅酸盐水泥如采用较小水灰比(水与水泥的重量比)，并经充分养护，可获得密实的水泥石。因此，这种水泥适用于严寒地区遭受反复冻融的混凝土工程。

3. 耐腐蚀性差

硅酸盐水泥石中含有较多的氢氧化钙和水化铝酸钙，所以不宜用于受流动及压力水作用的混凝土工程，也不宜用于海水、矿物水等腐蚀性作用的工程。

4. 耐热性较差

硅酸盐水泥石的主要成分在高温下发生脱水和分解，结构遭受破坏。因此，从理论上讲，硅酸盐水泥并不是理想的防火材料。此外，水泥石经高温作用后，氢氧化钙已经分解，如再受水润湿或长期置放时，由于石灰重新熟化，水泥石随即破坏。但应指出，在受热温度不高时(10~250℃)，强度反而有所提高，因此时尚存有游离水，水化可继续进行，并且凝胶发生脱水，使得水泥石进一步密实。在实际受到火灾时，因混凝土热导率较小，仅表面受到高温作用，内部温度仍很低，所以在时间很短的情况下，不致破坏。

5. 水化热高

硅酸盐水泥中 C_3S 及 C_3A 含量较多，它们的放热大，因而不宜用于大体积混凝土工程。

八、硅酸盐水泥的腐蚀

硅酸盐水泥硬化后，在通常的使用条件下有较高的耐久性。有些 100~150 年以前建造的水泥混凝土建筑,至今仍无丝毫损坏的迹象。长龄期试验结果表明,30~50 年后,水泥混凝土的抗压强度比 28d 时会提高 34% 左右,有的甚至更高。但是,在某些介质中,水泥石中的各种水化产物会与介质发生各种物理、化学作用,导致混凝土强度降低,甚至遭到破坏。

(一)水泥石的腐蚀

1. 软水侵蚀(溶出性侵蚀)

软水是指暂时硬度较小的水。暂时硬度是以每升水中重碳酸盐含量来计算,当含量为 10mg(按 CaO 计)时,称为 1 度。暂时硬度低的水称为软水,如雨水、雪水、工厂冷凝水及含重碳酸盐少的河水和湖水等。

水泥是水硬性胶凝材料,有足够的抗水能力。但当水泥石长期与软水相接触时,其中一些水化物将按照溶解度的大小,依次逐渐被水溶解。在各种水化物中,氢氧化钙的溶解度最大(25℃时约为 1.2g/L),所以首先被溶解。如在静水及无水压的情况下,由于周围的水迅速被溶出的氢氧化钙所饱和,溶出作用很快终止,所以溶出仅限于表面,影响不大。但在流动水中,特别是在有水压作用而且水泥石的渗透性又较大的情况下,水流不断将氢氧化钙溶出并带走,降低了周围氢氧化钙的浓度,随氢氧化钙浓度的降低,其他水化产物,如水化硅酸钙、水化铝酸钙等也将发生分解,使水泥石结构遭到破坏,强度不断降低,最后引起整个建筑物的毁坏。

研究发现,当氢氧化钙溶出 5% 时,强度下降 7%;溶出 27% 时,强度下降 29%。

当环境水的水质较硬,即水中重碳酸盐含量较高时,可与水泥石中的氢氧化钙起作用,生成几乎不溶于水的碳酸钙,反应式为

$$Ca(OH)_2 + Ca(HCO_3)_2 = 2CaCO_3 + 2H_2O$$

生成的碳酸钙积聚在水泥石的孔隙内,形成密实的保护层,阻止介质水的渗入。所以,水的暂时硬度越高,对水泥腐蚀性越小;反之,水质越软,腐蚀性越大。对密实性高的混凝土来说,溶出性侵蚀一般是发展很慢的。

2. 硫酸盐腐蚀

在一般的河水和湖水中,硫酸盐含量不多。但在海水、盐沼水、地下水及某些工业污水中常含有钠、钾、铵等的硫酸盐,它们对水泥石有侵蚀作用。现以硫酸钠为例,硫酸钠与水泥石中氢氧化钙作用,生成硫酸钙,反应式为

$$Ca(OH)_2 + Na_2SO_4 \cdot 10H_2O = CaSO_4 \cdot 2H_2O + NaOH + 8H_2O$$

然后,所生成的硫酸钙与水化铝酸钙作用,生成水化硫铝酸钙,反应式为

$$3CaO \cdot Al_2O_3 \cdot 6H_2O + 3CaSiO_4 \cdot 2H_2O + 19H_2O = 3CaO \cdot Al_2O_3 \cdot 3CaSO_4 \cdot 31H_2O$$

生成的水化硫铝酸钙含有大量结晶水,其体积比原有体积增加 1.5 倍,由于是在已经固化的水泥石中发生上述反应,因此对水泥石产生巨大的破坏作用。水化硫铝酸钙呈针状结晶,故常称为"水泥杆菌"。

需要指出的是,为了调节凝结时间而掺入水泥熟料中的石膏,也会生成水化硫铝酸钙。但它是在水泥浆尚有一定的可塑性时,并且往往是在溶液中形成,故不致引起破坏作用。因此,水化硫铝酸钙的形成是否会引起破坏作用,要依其反应时所处的条件而定。

当水中硫酸盐浓度较高时,生成的硫酸钙也会在水泥石的孔隙中直接结晶成二水石膏。二水石膏结晶时体积也增大,同样会产生膨胀应力,导致水泥石破坏。

3. 镁盐腐蚀

在海水及地下水中常含有大量镁盐,主要是硫酸镁及氯化镁。它们与水泥石中的氢氧化钙起置换作用,反应式为

$$MgSO_4 + Ca(OH)_2 + 2H_2O = CaSO_4 \cdot 2H_2O + Mg(OH)_2$$

$$MgCl_2 + Ca(OH)_2 = CaCl_2 + Mg(OH)_2$$

生成的氢氧化镁松软而无胶结能力,氯化钙易溶于水,二水石膏则引起上述的硫酸盐破坏作用。

镁盐侵蚀的强烈程度,除决定于 Mg^{2+} 含量外,还与水中 SO_4^{2-} 含量有关,当水中同时含有 Mg^{2+}、SO_4^{2-} 两种离子时,将产生镁盐与硫酸盐两种侵蚀,故显得特别严重。

4. 碳酸性腐蚀

在大多数的天然水中通常总有一些游离的二氧化碳及其盐类,这种水对水泥没有侵蚀作用,但若游离的二氧化碳过多时,将会起到破坏作用。首先,硬化水泥石中的氢氧化钙受到碳酸的作用,生成碳酸钙,反应式为

$$Ca(OH)_2 + CO_2 + H_2O = CaCO_3 + 2H_2O$$

由于水中含有较多的二氧化碳,它与生成的碳酸钙按下列可逆反应作用,即

$$CaCO_3 + CO_2 + H_2O = Ca(HCO_3)_2$$

由于天然水中总有一些重碳酸钙,水中部分的二氧化碳与这些重碳酸钙保持平衡,这部分二氧化碳无侵蚀作用。当水中含有较多的二氧化碳,并超过平衡浓度时,上式反应向右进行,则水泥石中的氢氧化钙通过转变为易溶的重碳酸钙而溶失。随着氢氧化钙浓度的降低,还会导致水泥石中其他水化物的分解,使腐蚀作用进一步加剧。

5. 一般酸性腐蚀

在工业废水、地下水、沼泽水中,常含有无机酸和有机酸。各种酸类对水泥石有不同程度的腐蚀作用。它们与水泥石中的氢氧化钙作用后生成的化合物,或溶于水或体积膨胀,而导致破坏。

例如,盐酸与水泥石中的氢氧化钙作用,反应式为

$$2HCl + Ca(OH)_2 = CaCl_2 + 2H_2O$$

生成的氯化钙易溶于水。

硫酸与水泥石中的氢氧化钙作用,反应式为

$$H_2SO_4 + Ca(OH)_2 = CaSO_4 \cdot 2H_2O$$

生成的二水石膏或者直接在水泥石孔隙中结晶发生膨胀,或者再与水泥石中的水化铝酸钙作用,生成水化硫铝酸钙,其破坏作用更大。环境水中酸的氢离子浓度越大,即 pH 值越小时,侵蚀性越严重。

上述各类型侵蚀作用,可以概括为下列三种破坏形式:溶解浸析主要是介质将水泥石中某些组分逐渐溶解带走,造成溶失性破坏;离子交换侵蚀性介质与水泥石的组分发生离子交换反应,生成容易溶解或是没有胶结能力的产物,破坏了原有的结构;形成膨胀组分在侵蚀性介质的作用下,所形成的盐类结晶长大时体积增加,产生有害的内应力,导致膨胀性破坏。

值得注意的是,在实际工程中,环境介质的影响往往是多方面的,很少只是单一因素造成的,而是几种腐蚀同时存在、互相影响。产生水泥石腐蚀的基本内因有二:一是水泥

石中存有易被腐蚀的组分,即 $Ca(OH)_2$ 和水化铝酸钙;二是水泥石本身不密实,有很多毛细孔通道,侵蚀性介质易于进入其内部。

(二)水泥石的防腐

根据以上腐蚀原因的分析,可采取下列防腐措施。

1. 根据侵蚀环境特点合理选用水泥品种

水泥石中引起腐蚀的组分主要是氢氧化钙和水化铝酸钙。当水泥石遭受软水等侵蚀时,可选用水化产物中氢氧化钙含量较少的水泥。水泥石如处在硫酸盐的腐蚀环境中,可采用铝酸三钙含量较低的抗硫酸盐水泥。在硅酸盐水泥熟料中掺入某些人工或天然矿物材料(混合材料)可提高水泥的抗腐蚀能力。

2. 提高水泥石的密实程度

尽量提高水泥石的密实度,是阻止侵蚀介质深入内部的有力措施。水泥石越密实,抗渗能力越强,环境的侵蚀介质也越难进入。许多工程因水泥混凝土不够密实而过早破坏。而在有些场合,即使所用的水泥品种不甚理想,但由于高度密实,也能使腐蚀减轻。值得提出的是,提高水泥石的密实性对于抵抗软水侵蚀具有更为明显的效果。

3. 加做保护层

当侵蚀作用较强,采用上述措施也难以防止腐蚀时,可在水泥制品的表面加做一层耐腐蚀性高且不透水的保护层。一般可用耐酸石料、耐酸陶瓷、玻璃、塑料、沥青等。

九、水泥的选用

水泥的选用应根据其成分和特性以及所处的环境来确定,常用的六种水泥(硅酸盐水泥、普通水泥、矿渣水泥、火山灰水泥、粉煤灰水泥和复合水泥)的主要特性和适用范围见表4-5。

表4-5 常用水泥的特性及适用范围

品种	主 要 特 性		适 用 范 围	
	优点	缺点	适用于	不适用于
硅酸盐水泥	(1)强度等级高; (2)快硬、早强; (3)抗冻性、耐磨性和不透水性强	(1)水化热高; (2)耐热性较差; (3)耐蚀性较差	(1)配制高强度混凝土; (2)生产预制构件; (3)道路、低温下施工的工程	(1)大体积混凝土; (2)地下工程; (3)受化学侵蚀的工程
普通水泥	与硅酸盐水泥性能基本相似,有以下特点: (1)早期强度略低; (2)抗冻性、耐磨性稍有下降; (3)低温凝结时间有所延长; (4)抗硫酸盐侵蚀能力有所增强		适用性较强,如无特殊要求的工程都可以使用,是应用最广泛的水泥品种之一	
矿渣水泥	(1)水化热较低; (2)抗硫酸盐侵蚀性好; (3)蒸汽养护适应性好; (4)耐热性较好	(1)早期强度较低,后期强度增长较快; (2)保水性差; (3)抗冻性较差	(1)地面、地下和水中的混凝土工程; (2)高温车间建筑; (3)采用蒸汽养护的预制构件	需要早强和受冻融循环、干温交替的工程

(续)

品种	主 要 特 性		适 用 范 围	
	优点	缺点	适用于	不适用于
火山灰水泥	(1)保水性较好; (2)水化热低; (3)抗硫酸盐侵蚀能力强	(1)早期强度较低,后期强度增长较快; (2)需水性大、干缩性大; (3)抗冻性差	(1)地下、水下工程和大体积混凝土; (2)一般工业与民用建筑	需要早强和受冻融循环、干湿交替的工程
粉煤灰水泥	(1)水化热低; (2)抗硫酸盐侵蚀性好; (3)保水性好; (4)需水性和干缩性较小	(1)早期强度比矿渣水泥低; (2)其余同火山灰水泥	(1)大体积混凝土和地下工程; (2)一般工业与民用建筑	(1)对早期强度要求较高的工程; (2)低温环境下施工而无保温措施的工程
复合水泥	(1)早期强度较高; (2)和易性较好; (3)易于成型	(1)需水性较大; (2)耐久性不及普通水泥混凝土	(1)一般混凝土工程; (2)配制砌筑、抹面砂浆等	需要早强和受冻融循环、干湿交替的工程

第二节　掺合料硅酸盐水泥

一、普通硅酸盐水泥

根据国家标准《通用硅酸盐水泥》(GB 175—2007),凡由硅酸盐水泥熟料、6%～15%混合材料、适量石膏磨细制成的水硬性胶凝材料,称为普通硅酸盐水泥(简称普通水泥),代号 P·O。普通水泥中混合材料掺加量按质量分数计。

掺活性混合材料时,不得超过15%,其中允许用不超过水泥质量5%的窑灰(水泥回转窑窑尾废气中收集的粉尘)或不超过水泥质量10%的非活性混合材料来代替(掺非活性混合材料时,最大掺量不得超过水泥质量的10%)。

普通硅酸盐水泥强度等级分为 32.5/32.5R、42.5/42.5R、52.5/52.5R 等三个等级两种类型(普通型和早强型)。对各种强度等级水泥在不同龄期的强度要求均不得低于表4-4所列数值。

普通水泥细度用筛析法检验,要求 0.080mm 方孔筛筛余量不得超过 10.0%。普通水泥初凝时间不得早于 45min,终凝时间不得迟于 10h。对体积安定性要求与硅酸盐水泥相同。

在普通硅酸盐水泥中掺入少量混合材料的作用,主要是调节水泥强度等级,有利于合理选用。由于混合材料掺加量较少,其矿物组成的比例仍在硅酸盐水泥范围内,所以其性能、应用范围与同强度等级硅酸盐水泥相近。但普通硅酸盐水泥早期硬化速度稍慢,其3d 强度较硅酸盐水泥稍低,抗冻性及耐磨性也较硅酸盐水泥稍差。

普通硅酸盐水泥被广泛应用于各种混凝土工程中,是我国主要水泥品种之一。

二、矿渣硅酸盐水泥

凡由硅酸盐水泥熟料和粒化高炉矿渣、适量石膏磨细制成的水硬性胶凝材料称为矿渣硅酸盐水泥（简称矿渣水泥），代号 P·S。根据国家标准《通用硅酸盐水泥》（GB 175—2007），矿渣硅酸盐水泥中粒化高炉矿渣掺加量按质量分数计为 20%～70%，允许用火山灰质混合材料（包括粉煤灰）、石灰石、窑灰来替代矿渣，但替代的数量不得超过水泥质量的 8%，替代后水泥中的粒化高炉矿渣不得少于 20%。

矿渣水泥加水后，其水化反应分两步进行。首先是水泥熟料矿物与水作用，生成氢氧化钙、水化硅酸钙和水化铝酸钙等水化产物，这一过程与硅酸盐水泥水化时基本相同，而后，生成的氢氧化钙与矿渣中的活性氧化硅和活性氧化铝进行二次反应，生成水化硅酸钙和水化铝酸钙。

矿渣水泥中加入的石膏，一方面可调节水泥的凝结时间，另一方面又是激发矿渣活性的激发剂。因此，石膏的掺加量可比硅酸盐水泥稍多些。矿渣水泥中 SO_3 的含量不得超过 4%。

矿渣水泥的密度一般在 $3.0～3.1g/cm^3$ 之间，对于细度、凝结时间和体积安定性的技术要求与硅酸盐水泥相同。

矿渣水泥是我国产量最大的水泥品种，分三个强度等级：32.5/32.5R、42.5/42.5R、52.5/52.5R。各强度等级水泥不同龄期的强度要求不得低于表 4-6 所列数值。

表 4-6　矿渣硅酸盐水泥各龄期的强度要求（GB 175—2007）

强度等级	抗压强度/MPa		抗折强度/MPa	
	3d	28d	3d	28d
32.5	10.0	32.5	2.5	5.5
32.5R	15.0	32.5	3.5	5.5
42.5	15.0	42.5	3.5	6.5
42.5R	19.0	42.5	4.0	6.5
52.5	21.0	52.5	4.0	7.0
52.5R	22.0	52.5	4.5	7.0

与硅酸盐水泥相比，矿渣水泥具有以下特点。

1. 早期强度低、后期强度高

矿渣水泥的水化首先是熟料矿物水化，然后生成的氢氧化钙才与矿渣中的活性氧化硅和活性氧化铝发生反应。同时，由于矿渣水泥中含有粒化高炉矿渣，相应熟料含量较少，因此凝结稍慢，早期（3d、7d）强度较低，但在硬化后期，28d 以后的强度发展将超过硅酸盐水泥。一般矿渣掺入量越多，早期强度越低，后期强度增长率越大，为了保证其强度不断增长，应长时间在潮湿环境下养护。

此外，矿渣水泥受温度影响的敏感性较硅酸盐水泥大，在低温下硬化很慢，显著降低早期强度，采用蒸汽养护等湿热处理方法，则能加快硬化速度，并且不影响后期强度的发展。

矿渣水泥适用于采用蒸汽养护的预制构件，而不宜用于早期强度要求高的混凝土工程。

2. 具有较强的抗溶出性侵蚀及抗硫酸盐侵蚀的能力

由于水泥熟料水化产物中的氢氧化钙与矿渣中的活性氧化硅和活性氧化铝发生二次反应，使水泥中易受腐蚀的氢氧化钙大为减少。同时因掺入矿渣而使水泥中易受硫酸盐侵蚀的铝酸三钙含量也相对降低，因而矿渣水泥抗溶出性侵蚀能力及抗硫酸盐侵蚀能力较强。

矿渣水泥可用于受溶出性侵蚀，以及受硫酸盐侵蚀的水工及海工混凝土。

3. 水化热低

矿渣水泥中硅酸三钙和铝酸三钙的含量相对较少，水化速度较慢，故水化热也相应较低。此种水泥适用于大体积混凝土工程。

三、火山灰质硅酸盐水泥

凡由硅酸盐水泥熟料和火山灰质混合材料、适量石膏磨细制成的水硬性胶凝材料称为火山灰质硅酸盐水泥（简称火山灰水泥），代号 P·P。根据国家标准《通用硅酸盐水泥》（GB 175—2007），水泥中火山灰质混合材料掺加量按质量分数计为 20%~50%。

火山灰水泥各龄期的强度要求与矿渣水泥相同（表4-6）。细度、凝结时间及体积安定性的要求与硅酸盐水泥相同。火山灰水泥标准稠度需水量较大。

火山灰水泥加水后，其水化反应和矿渣水泥一样，也是分两步进行的。

火山灰水泥和矿渣水泥在性能方面有许多共同点，如早期强度较低、后期强度增长率较大、水化热低、耐蚀性较强、抗冻性差等。

火山灰水泥常因所掺混合材料的品种、质量及硬化环境的不同而有其本身的特点。

1. 抗渗性及耐水性高

火山灰水泥颗粒较细，泌水性小，当处在潮湿环境中或在水中养护时，火山灰质混合材料和氢氧化钙作用，生成较多的水化硅酸钙胶体，使水泥石结构致密，因而具有较高的抗渗性和耐水性。

2. 在干燥环境中易产生裂缝

火山灰水泥在硬化过程中干缩现象较矿渣水泥更显著，当处在干燥空气中时，形成的水化硅酸钙胶体会逐渐干燥，产生干缩裂缝。在水泥石的表面，由于空气中的二氧化碳能使水化硅酸钙凝胶分解成碳酸钙和氧化硅的粉状混合物，使已经硬化的水泥石表面产生"起粉"现象。因此，在施工时，应特别注意加强养护，需要较长时间保持潮湿状态，以免产生干缩裂缝和起粉。

3. 耐蚀性较强

火山灰水泥耐蚀性较强的原理与矿渣水泥相同。但如果混合材料中活性氧化铝含量较高时，在硬化过程中氢氧化钙与氧化铝相互作用生成水化铝酸钙，在此种情况下则不能很好地抵抗硫酸盐侵蚀。

火山灰水泥除适用于蒸汽养护的混凝土构件、大体积工程、抗软水和硫酸盐侵蚀的工程外，特别适用于有抗渗要求的混凝土结构。不宜用于干燥地区及高温车间，也不宜用于有抗冻要求的工程。由于火山灰水泥中所掺的混合材料种类很多，所以必须区别出不同混合材料所产生的不同性能，使用时加以具体分析。

四、粉煤灰硅酸盐水泥

凡由硅酸盐水泥熟料和粉煤灰、适量石膏磨细制成的水硬性胶凝材料称为粉煤灰硅酸盐水泥(简称粉煤灰水泥),代号 P·F。根据国家标准《通用硅酸盐水泥》(GB 175—2007),水泥中粉煤灰掺加量按质量分数计为20%~40%。

粉煤灰水泥各龄期的强度要求与矿渣水泥和火山灰水泥相同(表4-7)。细度、凝结时间、体积安定性的要求与硅酸盐水泥相同。粉煤灰本身就是一种火山灰质混合材料,

表4-7　常用水泥的选用

混凝土工程特点及所处环境条件			优先选用	可以选用	不宜选用
普通混凝土	1	在一般气候环境中的混凝土	普通水泥	矿渣水泥、火山灰水泥、粉煤灰水泥、复合水泥	
	2	在干燥环境中的混凝土	普通水泥	矿渣水泥	火山灰水泥、粉煤灰水泥
	3	在高温环境中或长期处于水中的混凝土	矿渣水泥、火山灰水泥、粉煤灰水泥、复合水泥	普通水泥	
	4	厚大体积的混凝土	矿渣水泥、火山灰水泥、粉煤灰水泥、复合水泥	普通水泥	硅酸盐水泥
有特殊要求的混凝土	1	要求快硬、高强(>C40)的混凝土	硅酸盐水泥	普通水泥	矿渣水泥、火山灰水泥、粉煤灰水泥、复合水泥
	2	严寒地区的露天混凝土、寒冷地区处于水位升降范围内的混凝土	普通水泥	矿渣水泥(强度等级>32.5)	火山灰水泥、粉煤灰水泥
	3	严寒地区处于水位升降范围内的混凝土	普通水泥(强度等级>42.5)		矿渣水泥、火山灰水泥、粉煤灰水泥、复合水泥
	4	有抗渗要求的混凝土	普通水泥、火山灰水泥		矿渣水泥
	5	有耐磨性要求的混凝土	硅酸盐水泥、普通水泥	矿渣水泥(强度等级>32.5)	火山灰水泥、粉煤灰水泥
	6	受侵蚀性介质作用的混凝土	矿渣水泥、火山灰水泥、粉煤灰水泥、复合水泥		硅酸盐水泥、普通水泥

实质上粉煤灰水泥就是一种火山灰水泥。

粉煤灰水泥凝结硬化过程及性质与火山灰水泥极为相似,但由于粉煤灰的化学组成和矿物结构与其他火山灰质混合材料有所差异,因而构成了粉煤灰水泥的特点。

1. 早期强度低

粉煤灰呈球形颗粒,表面致密,内比表面积小,不易水化。粉煤灰活性的发挥在后期,所以这种水泥早期强度发展速率比矿渣水泥和火山灰水泥更低,但后期可明显地超过硅酸盐水泥。

2. 干缩小、抗裂性高

由于粉煤灰表面呈致密球形,吸水能力弱,与其他掺混合材料的水泥比较,标准稠度需水量较小,干缩性也小,因而抗裂性较高。但球形颗粒的保水性差,泌水较快,若处理不当易引起混凝土产生失水裂缝。

由上述可知,粉煤灰水泥适用于大体积水工混凝土工程及地下和海港工程,对承受荷载较迟的工程更为有利。

五、水泥的选用

根据混凝土施工环境、特点的不同,水泥按表4-7选用。

第三节 特 性 水 泥

一、高铝水泥

高铝水泥又称为矾土水泥,是以铝矾土和石灰石为原料,经高温煅烧得到以铝酸钙为主要成分的熟料,经磨细而成的水硬性胶凝材料,属于铝酸盐系列水泥。高铝水泥的主要矿物成分为铝酸一钙($CaO \cdot Al_2O_3$,简写为 CA)和二铝酸一钙($CaO \cdot Al_2O_3$,简写为 CA_2),此外还有少量硅酸二钙和其他铝酸盐。

高铝水泥水化,当温度低于20℃时,主要是铝酸一钙的水化过程,一般认为其水化反应随温度不同而不同,主要水化产物为水化铝酸一钙($CaO \cdot Al_2O_3 \cdot 10H_2O$,简写为 CAH_{10});温度在20～30℃时,主要水化产物为水化铝酸二钙($2CaO \cdot Al_2O_3 \cdot 8H_2O$,简写为 C_2AH_8);当温度大于30℃时,主要水化产物为水化铝酸三钙($3CaO \cdot Al_2O_3 \cdot 6H_2O$,简写为 C_3AH_6)。此外,还有氢氧化铝凝胶($Al_2O_3 \cdot 3H_2O$)。

国家标准《抗硫酸盐硅酸盐水泥》(GB 748—2005)规定,高铝水泥的细度要求为0.080mm 方孔筛筛余不得超过10%,其初凝不得早于40min,终凝不得迟于10h。高铝水泥的强度要求见表4-8。

表4-8 高铝水泥各龄期强度值

水泥标号	抗压强度/MPa		抗折强度/MPa	
	1d	3d	1d	3d
425	36.0	42.5	4.0	4.5
525	46.0	52.5	5.0	5.5
625	56.0	62.5	6.0	6.5
725	66.0	72.5	7.0	7.5

高铝水泥的主要特性如下。

（1）快凝早强，1d 强度可达最高强度的 80% 以上，后期强度增长不显著。

（2）水化热大，且放热量集中，1d 内即可放出水化热总量的 70%～80%。

（3）抗硫酸盐性能很强，但抗碱性极差。

（4）耐热性好，高铝水泥混凝土在 1300℃时还能保持约 53% 的强度。

（5）长期强度略有降低的趋势。

高铝水泥主要用于紧急军事工程（如筑路、桥）、抢修工程（如堵漏）等；也可用于配制耐热混凝土，如高温窑炉炉衬和用于寒冷地区冬季施工的混凝土工程。高铝水泥不宜用于大体积混凝土工程，也不能用于长期承重结构及高温高湿环境中的工程。此外，高铝水泥制品不能用蒸汽养护，不经过试验，高铝水泥不得与硅酸盐水泥或石灰相混，以免引起闪凝和强度下降现象。

二、膨胀水泥

通常，硅酸盐水泥在空气中硬化时会产生不同程度的收缩，从而导致水泥混凝土构件内部产生微裂缝，有损混凝土的整体性，同时使混凝土的一系列性能变坏。然而，膨胀水泥在硬化过程中不仅不收缩，反而有一定程度的膨胀，可以克服或改善普通水泥混凝土的上述缺点。

根据膨胀水泥的基本组成，可分为以下四个品种。

（1）硅酸盐膨胀水泥，以硅酸盐水泥为主，外加高铝水泥和石膏配制而成。

（2）铝酸盐膨胀水泥，以高铝水泥为主，外加石膏配制而成。

（3）硫铝酸盐膨胀水泥，以无水硫铝酸钙和硅酸二钙为主要成分，外加石膏配制而成。

（4）铁铝酸钙膨胀水泥，以铁相、无水硫铝酸钙和硅酸二钙为主要成分，外加石膏配制而成。

以上四种膨胀水泥的膨胀都源于水泥石中所形成的钙矾石的膨胀，通过调整各种组成的配合比例，就可得到不同膨胀值的膨胀水泥。

膨胀水泥适用于配制收缩补偿混凝土，用于构件的接缝及管道接头，混凝土结构的加固和修补，防渗堵漏工程，机器底座及地脚螺栓的固定等。

另外，由于膨胀水泥的膨胀，会在限制条件下使水泥混凝土受到压应力，即自应力。因此，按自应力大小，膨胀水泥可分为两类，自应力值大于或等于 2.0MPa 时，称为自应力水泥；自应力值小于 2.0MPa 时（通常约 0.5MPa），称为膨胀水泥。自应力水泥适用于制造自应力钢筋混凝土压力管及其配件。

三、白色硅酸盐水泥

白色水泥的主要矿物组成仍是硅酸盐，只是水泥中着色物质（氧化铁、氧化锰、氧化钛、氧化铬等）的含量极少。白色水泥的性能与硅酸盐水泥基本相同，根据国家标准《白色硅酸盐水泥》（GB/T 2015—2005）规定，白色水泥的细度要求为 0.080mm 方孔筛筛余量不得超过 10%；其初凝时间不得早于 45min，终凝时间不得迟于 12h；强度符合表 4-9 的要求。白色水泥对红、绿、蓝三原色的反射率与氧化镁标准白板的反射率之比值称为白度，白色水泥的白度根据表 4-10 的白度数值分为四级。

表 4-9　白水泥各龄期的强度

水泥标号	抗压强度/MPa			抗折强度/MPa		
	3d	7d	28d	3d	7d	28d
325	14.0	20.5	32.5	2.5	3.5	5.5
425	18.0	26.5	42.5	3.5	4.5	6.5
525	23.0	33.5	52.5	4.0	5.5	7.0
625	28.0	42.0	62.5	5.0	6.0	8.0

表 4-10　白水泥的等级

白水泥等级	白度级别	白度/%	标号
优等品	特级	≥86	625,525
一等品	一级	≥84	525,425
	二级	≥80	525,425
合格品	二级	≥80	325
	三级	75	425,325

四、彩色硅酸盐水泥

生产彩色硅酸盐水泥有三种方法：一是在水泥生料中混入着色物质，烧成彩色熟料再粉磨成彩色水泥；二是将白色水泥熟料或硅酸盐水泥熟料、适量石膏和碱性着色物质共同磨细制成彩色水泥；三是将干燥状态的着色物质掺入白水泥或硅酸盐水泥中。

白色和彩色硅酸盐水泥在装饰工程中，常用于配制各类彩色水泥浆、彩色砂浆和彩色混凝土，用以制造各种水磨石、水刷石、斩假石等饰面及雕塑和装饰部件等制品。

第四节　水泥的储存与保管

一、通用水泥的验收

水泥是一种有效期短，质量极容易变化的材料，同时又是工程结构最重要的胶凝材料，水泥质量对建筑工程的安全有十分重要的意义。因此，对进入施工现场的水泥必须进行验收，以检测水泥是否合格，确定水泥是否能够用于工程中。水泥的验收包括包装标志和数量的验收、检查出厂合格证和试验报告、复试、仲裁检验几个方面。

（一）包装标志和数量的验收

1. 包装标志的验收

水泥的包装方法有袋装和散装两种。散装水泥一般采用散装水泥输送车运输至施工现场，采用气动输送至散装水泥储仓中储存。散装水泥与袋装水泥相比，免去了包装，可减少纸或塑料的使用，符合绿色环保，且能节约包装费用、降低成本。散装水泥直接由水泥厂供货，质量容易保证。

袋装水泥采用多层纸袋或多层塑料编织袋进行包装。在水泥包装袋上应清楚地标明产品名称、代号、净含量、强度等级、生产许可证编号、生产者名称和地址、出厂编号、执行标准号、包装年月日等主要包装标志。掺火山灰质混合材料的普通硅酸盐水泥,必须在包装上标明"掺火山灰"字样。包装袋两侧应印有水泥名称和强度等级。硅酸盐水泥和普通硅酸盐水泥的印刷采用红色,矿渣硅酸盐水泥的印刷采用绿色,火山灰质硅酸盐水泥、粉煤灰硅酸盐水泥和复合硅酸盐水泥的印刷采用黑色。

散装水泥在供应时必须提交与袋装水泥标志相同内容的卡片。

2. 数量的验收

袋装水泥每袋净含量为50kg,且不得少于标志质量的98%;随机抽取20袋总质量不得少于1000kg。其他包装形式由供需双方协商确定,但有关袋装质量要求,必须符合上述原则规定。

(二)质量的验收

1. 检查出厂合格证和出厂检验报告

水泥出厂应有水泥生产厂家的出厂合格证,合格证内容包括厂别、品种、出厂日期、出厂编号和试验报告。试验报告内容应包括相应水泥标准规定的各项技术要求及试验结果,助磨剂、工业副产品石膏、混合材料的名称和掺加量,属旋窑或立窑生产。水泥厂应在水泥发出之日起7d内寄除28d强度以外的各项试验结果。28d强度数值,应在水泥发出日起32d内补报。

水泥交货时的质量验收可抽取实物试样以其检验结果为依据,也可以水泥厂同编号水泥的试验报告为依据。采用何种方法验收由买卖双方商定,并在合同或协议中注明。

以水泥厂同编号水泥的试验报告为验收依据时,在发货前或交货时,买方在同编号水泥中抽取试样,双方共同签封后保存三个月;或委托卖方在同编号水泥中抽取试样,签封后保存三个月。在三个月内,买方对质量有疑问时,则买卖双方应将签封的试样送交有关监督检验机构进行仲裁检验。

以抽取实物试样的检验结果为验收依据时,买卖双方应在发货前或交货地共同取样和签封。取样方法按《水泥取样方法》(GB/T 12573—2008)进行,取样数量为20kg,缩分为二等份。一份由卖方保存40d,另一份由买方按相应标准规定的项目和方法进行检验。在40d以内,买方检验认为产品质量不符合相应标准要求,而卖方又有异议时,则双方应将卖方保存的另一份试样送交有关监督检验机构进行仲裁检验。

2. 复验

按照《混凝土结构工程施工质量验收规范》(GB 50204—2015)以及工程质量管理的有关规定,用于承重结构的水泥,用于使用部位有强度等级要求的混凝土用水泥,或水泥出厂超过三个月(快硬硅酸盐水泥为超过一个月)和进口水泥,在使用前必须进行复验,并提供试验报告。水泥的抽样复验应符合见证取样送检的有关规定。

水泥复验的项目,在水泥标准中作了规定,包括不溶物、氧化镁、三氧化硫、烧失量、细度、凝结时间、安定性、强度和碱含量等九个项目。水泥生产厂家在水泥出厂时已经提供了标准规定的有关技术要求的试验结果,通常复验项目只检测水泥的安定性、凝结时间和胶砂强度三个项目。

3. 仲裁检验

水泥出厂后三个月内,如购货单位对水泥质量提出疑问或施工过程中出现与水泥质量有关的问题需要仲裁检验时,用水泥厂同一编号水泥的封存样进行检验。

若用户对体积安定性、初凝时间有疑问要求现场取样仲裁时,生产厂应在接到用户要求后,7d内会同用户共同取样,送水泥质量监督检验机构检验。生产厂在规定时间内不去现场,用户可单独取样送检,结果同等有效。仲裁检验由国家指定的省级以上水泥质量监督机构进行。

二、废品与不合格品

1. 废品

凡氧化镁、三氧化硫、初凝时间、安定性中有一项不符合相应标准规定的通用水泥,均为废品。废品水泥严禁用于工程中。

2. 不合格品

对于通用水泥,凡有下列情况之一的均为不合格品。

(1)硅酸盐水泥、普通水泥,凡不溶物、烧失量、细度、终凝时间中任一项不符合标准规定者;矿渣水泥、火山灰水泥、粉煤灰水泥、复合水泥,凡细度、终凝时间中有一项不符合标准规定者。

(2)掺混合材料的硅酸盐水泥,混合材料掺量超过最大限值或强度低于商品强度等级规定的指标者。

(3)水泥出厂的包装标志中,水泥品种、强度等级、工厂名称和出厂编号不全者。

三、水泥的保管

水泥进入施工现场后,必须妥善保管,一方面不使水泥变质,使用后能够确保工程质量;另一方面可以减少水泥的浪费,降低工程造价。保管时需注意以下几个方面。

1. 不同品种和不同强度等级的水泥要分别存放,并应用标牌加以明确标示

由于水泥品种不同,其性能差异较大,如果混合存放,容易导致混合使用,水泥性能可能会大幅度降低。

2. 防水防潮,做到"上盖下垫"

水泥临时库房应设置在通风、干燥、屋面不渗漏、地面排水通畅的地方。袋装水泥平放时,离地、离墙200mm以上堆放。

3. 堆垛不宜过高

一般不超过10袋,场地狭窄时最多不超过15袋。袋装水泥一般采用平放并叠放,堆垛过高,则上部水泥重力全部作用在下面的水泥上,容易使包装袋破裂而造成水泥浪费。

4. 储存期不能过长

通用水泥储存期不超过三个月,储存期若超过三个月,水泥会受潮结块,强度大幅度降低,从而影响水泥的使用。过期水泥应按规定进行取样复验,并按复验结果使用,但不允许用于重要工程和工程的重要部位。

第五节 水硬性胶凝材料的发展动态

原始水泥可追溯到五千年前。古埃及、古希腊和古罗马时代人们用石灰掺砂制成混

合砂浆,用于砌筑石块和砖块,这种用于砌筑的胶凝材料称为原始水泥。虽然按今天的眼光来看,它们只不过是黏土、石膏、气硬性石灰和火山灰,但就是这些原始的发现为现代水泥的发明奠定了基础。

现代水泥的发明是一个渐进的过程,它经历了从水硬性石灰、罗马水泥、英国水泥到波特兰水泥(硅酸盐水泥)几个重要的发展时期,它是许多技术人员汗水与智慧的结晶。1824 年,英国建筑工人 J·阿斯普丁(J. Aspdin)发明了一种将石灰石和黏土混合后加以煅烧来制造水泥的方法,并获得专利权(即波特兰水泥)。此后,欧洲各地不断地对水泥进行改进,1856 年德国建起了水泥厂,并普及到美国。1870 年以后,水泥作为一种新型工业在世界许多国家和地区得以发展和应用。

我国的水泥工业起步较晚,1876 年在河北唐山成立了启新洋灰公司,以后又相继建立了大连、上海、广州等水泥厂。新中国成立前的历史最高年产量只有 229 万 t(1942年)。新中国成立后 50 多年的发展,特别是改革开放以来,我国的水泥工业迅猛发展,自1985 年产量位居世界第一以来,连续 20 多年雄踞世界首位,1998 年我国水泥年产量达5.36 亿 t,2003 年达 8.47 亿 t,2008 年水泥产量超过 14 亿 t,达到 14.5 亿 t,2018 年水泥产量达到 22.1 亿 t。在提高水泥产量的同时,我国的水泥质量也不断提高,产品标准不断更新,并逐步与国际接轨。

当今世界各国都在研究和发展专用水泥及特种水泥。水泥已从单一的含硅酸盐矿物的品种发展到由各种化学成分矿物组成、性能与应用范围不同的多品种。到目前为止,我国已成功研制了特种水泥及专用水泥 100 余种,经常生产的有 30 余种,约占水泥总产量的 25%。

水泥的生产技术随着社会生产力的发展,也在不断进步、成熟、完善。水泥的生产过程被人们形象地概括为"两磨一烧",其中烧是关键。回顾水泥发展的近 200 年的历史,水泥生产先后经历了仓窑、立窑、干法回转窑、湿法回转窑和新型干法回转窑等发展阶段,最终形成现代的预分解窑新型干法。

预分解窑新型干法作为当今世界上最先进的水泥生产方法,取得了以下几方面的技术进展:①节省电耗;②节省热耗;③增强与环境的相融;④实行电子计算机生产控制和企业管理。

水泥生产技术的进步是与社会发展同步的。现代预分解窑新型手法就是现阶段人类信息社会的产物。随着社会进步、生产力水平的提高,水泥的生产技术必将向前发展。

复习思考题

4-1　硅酸盐水泥熟料主要矿物组分是什么? 这些熟料矿物有何特性?

4-2　试述我国常用的六大品种水泥的基本材料组成与适用范围。

4-3　试述硅酸盐水泥水化过程与主要水化产物。

4-4　水泥石如何防腐?

第五章　混凝土

📢 **本章学习内容与目标**

· 掌握水泥混凝土对组成材料的技术要求。
· 掌握水泥混凝土的主要技术性质及其影响因素、主要技术性能的检测方法、评价指标和混凝土的配合比设计。
· 其他品种混凝土的主要性质及其发展动态和应用。

第一节　混凝土的定义与分类

一、混凝土的定义

混凝土是由胶凝材料、粗细骨料("骨料"又称为"集料")、水(必要时掺入适量外加剂和矿物掺合料)按适当比例配合,经拌和成型和硬化而成的一种人造石材。在土木建筑工程中使用最多的是以水泥为胶凝材料,以砂、石为骨料,加水并掺入适量外加剂和掺合料拌制的混凝土,称为普通水泥混凝土,简称普通混凝土。

普通混凝土广泛应用于工业与民用建筑工程、水利工程、地下工程、公路、铁路、桥涵及国防建设等工程中,是当今世界上用途最广、用量最大的人造建筑工程材料,而且是重要的建筑结构材料。

二、混凝土的分类

混凝土品种繁多,其分类方法也各不相同。

1. 按体积密度分类

按体积密度分可分为重混凝土($\rho_0 > 2600\text{kg/m}^3$)、普通混凝土($\rho_0$ 介于 2000～2500kg/m³ 之间,一般在 2400kg/m³ 左右)、轻混凝土($\rho_0 < 1900\text{kg/m}^3$)。

2. 按所用胶凝材料分类

按所用胶凝材料分可分为水泥混凝土、沥青混凝土、水玻璃混凝土、聚合物混凝土和树脂混凝土等。

3. 按用途分类

按用途分可分为结构混凝土、装饰混凝土、水工混凝土、道路混凝土、耐热混凝土、耐酸混凝土、大体积混凝土、防辐射混凝土和膨胀混凝土等。

4. 按生产和施工工艺分类

按生产和施工工艺分可分为现场搅拌混凝土、预拌混凝土(商品混凝土)、泵送混凝土、喷射混凝土、碾压混凝土、挤压混凝土、离心混凝土和灌浆混凝土等。

此外,混凝土还可按其抗压强度(f_{cu})分为低强混凝土($f_{cu} \leqslant 30MPa$)、中强混凝土(f_{cu}介于 30~55MPa 之间)、高强混凝土($f_{cu} \geqslant 60MPa$)和超高强混凝土($f_{cu} \geqslant 100MPa$);按其配筋方式又可分为素混凝土(无筋混凝土)、钢筋混凝土、钢丝网混凝土、纤维混凝土和预应力混凝土等。

三、混凝土的特点

近百年来,混凝土结构主宰了土木建筑业,混凝土在土木工程中得以广泛应用是由于它具有以下优点。

1. 抗压强度高

传统的混凝土抗压强度为 20~40MPa,近 30 年来,混凝土向高强度方向发展,60~80MPa 的混凝土已经广泛地应用于工程中,135MPa 的混凝土也已用于工程中,实验室可配制出抗压强度超过 300MPa 的混凝土,因此能满足现代土木工程对材料强度的要求。

2. 可根据不同要求配制出不同性能的混凝土

在一定范围内,通过调整混凝土的配合比,可以很方便地配制出具有不同强度、不同流动性和不同抗渗性等性能的混凝土。

3. 凝结前具有良好的可塑性

可以浇注成各种形状和尺寸的构件或结构物,与现代施工机械及施工工艺具有良好的适应性。

4. 与钢筋有牢固的黏结力

与钢材有基本相同的线膨胀系数,混凝土与钢筋二者复合成钢筋混凝土,利用钢材抗拉强度的优势弥补混凝土脆性弱点,利用混凝土的碱性保护钢筋不生锈,从而大大扩展了混凝土的应用范围。

5. 原料丰富、成本低廉

水泥混凝土组成材料中,砂、石等地方材料占 80% 左右,符合就地取材和经济性原则。

6. 具有良好的耐久性

木材易腐朽,钢材易生锈,而混凝土在自然环境下使用的耐久性比木材和钢材优越得多。

7. 生产能耗低、维修费用少

其能源消耗较烧土制品和金属材料低,且使用中一般不需维护保养,故维修费用少。

8. 耐火性好

普通混凝土的耐火性远比木材、钢材和塑料好,可耐数小时的高温作用而保持其力学性能。

9. 有利于环境保护

混凝土可以充分利用工业废料,如粉煤灰、磨细矿渣粉、硅粉等,降低环境污染。

四、混凝土的缺点

1. 抗拉强度小

一般混凝土的抗拉强度只有抗压强度的 1/15～1/10,属于一种脆性材料,很多情况下,须配有钢筋才能使用。

2. 自重大

混凝土及其构件自重大,不利于提高有效承载能力,也给施工安装带来一定困难。

3. 施工周期长

混凝土施工,要较长时间的养护,从而延长了施工期。

第二节　混凝土的组成材料

普通混凝土的组成材料有水泥、砂子、石子、水,此外还常加入适量的外加剂和矿物掺合料。在混凝土中,砂、石起骨架作用,水泥和水组成水泥浆,包裹在粗、细骨料表面并填充在骨料空隙中,在混凝土硬化前,水泥浆起润滑作用,赋予混凝土拌合物流动性,便于施工;在混凝土硬化后起胶结作用,把砂、石骨料胶结成为整体,使混凝土产生强度,成为坚硬的人造石材。普通混凝土的组成结构示意图见图 5-1。

硬化前的混凝土拌合物与硬化后混凝土的主要性能,取决于组成材料的性质和数量,同时也与施工工艺(配料、搅拌、成型、养护等)有关。因此,首先必须了解混凝土原材料的性质、作用和质量要求,以达到合理选用原材料、保证混凝土质量、降低成本的目的。

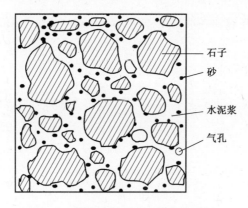

图 5-1　普通混凝土的组成结构示意图

一、水泥

水泥是混凝土中很重要的组分,其技术性质要求详见第四章有关内容,这里只讨论如何选用。对于水泥的合理选用包括两个方面内容。

1. 水泥品种的选择

配制混凝土时,应根据工程性质、部位、施工条件、环境状况等,按各品种水泥的特性做出合理的选择。六大常用水泥的选用原则见第四章第二节。

2. 水泥强度等级的选择

水泥强度等级的选择,应与混凝土的设计强度等级相适应。若用低强度等级的水泥配制高强度等级混凝土,不仅会使水泥用量过多,还会对混凝土产生不利影响;反之,用高强度等级的水泥配制低强度等级混凝土,若只考虑强度要求,会使水泥用量偏少,从而影响耐久性能;若水泥用量兼顾了耐久性等要求,又会导致超强而不经济。因此,根据经验一般以选择水泥强度等级标准值为混凝土强度等级标准值的 1.5~2.0 倍为宜。

二、细骨料——砂

普通混凝土用细骨料是指粒径在 0.15~4.75mm 之间的岩石颗粒,称为砂。砂按产源分为天然砂和人工砂两类。天然砂是由自然风化,水流搬运和分选、堆积形成的,包括河砂、湖砂、山砂和淡化海砂四种。人工砂是经除土处理的机制砂(由机械破碎、筛分制成)和混合砂(由机制砂和天然砂混合制成)的统称。按技术要求,砂又分为Ⅰ类、Ⅱ类、Ⅲ类。其中Ⅰ类宜用于 C60 以上的混凝土,Ⅱ类宜用于 C30~C60 及抗冻、抗渗或其他要求的混凝土,Ⅲ类宜用于 C30 以下的混凝土和建筑砂浆。国家标准《建筑用砂》(GB/T 14684—2011)对混凝土用砂提出了明确的技术质量要求。

1. 表观密度、堆积密度、空隙率

砂的表观密度、堆积密度、空隙率应符合:表观密度 ρ >2500kg/m³;松散堆积密度 ρ' >1350kg/m³;空隙率 P<47%。

2. 含泥量、石粉含量和泥块含量

含泥量是指天然砂中粒径小于 75μm 的颗粒含量。石粉含量是指人工砂中粒径小于 75μm 的颗粒含量。泥块含量是指砂中原粒径大于 1.18mm,经水浸洗、手捏后小于 60μm 的颗粒含量。

砂中的泥和石粉颗粒极细,会黏附在砂粒表面,阻碍水泥石与砂子的胶结,降低混凝土的强度及耐久性。而砂中的泥块在混凝土中会形成薄弱部分,对混凝土的质量影响更大。因此,对砂中含泥量、石粉含量和泥块含量必须严格限制。天然砂中含泥量和泥块含量限值指标见表 5-1,人工砂中石粉含量和泥块含量见表 5-2。

表 5-1　天然砂中含泥量和泥块含量限值指标

指标名称	Ⅰ类	Ⅱ类	Ⅲ类
含泥量(按质量计)/%	<1.0	<3.0	<5.0
泥块含量(按质量计)/%	0	<1.0	<2.0

3. 有害物质含量

砂中不应混有草根、树叶、树枝、塑料等杂物,其他有害物质主要是云母、轻物质、有机物、硫化物及硫酸盐、氯化物等。云母为表面光滑的小薄片,轻物质指体积密度小于 2000kg/m³ 的物质(如煤屑、炉渣等),它们会黏附在砂粒表面,与水泥浆黏结差,影响砂的强度及耐久性。有机物、硫化物及硫酸盐对水泥石有侵蚀作用,而氯化物会导致混凝土中的钢筋锈蚀。有害物质含量指标见表 5-3。

表 5-2　人工砂中石粉含量和泥块含量指标

亚甲蓝试验项目		Ⅰ类	Ⅱ类	Ⅲ类
MB<1.40 或合格	石粉含量(按质量计)/%	<3.0	<3.0	<7.0
	泥块含量(按质量计)/%	0	<1.0	<2.0
MB≥1.40 或不合格	石粉含量(按质量计)/%	<1.0	<3.0	<5.0
	泥块含量(按质量计)/%	0	<1.0	<2.0
注:MB 为亚甲蓝试验中的检测试验值。				

表 5-3　砂中有害物质含量指标

指标名称	Ⅰ类	Ⅱ类	Ⅲ类	指标名称	Ⅰ类	Ⅱ类	Ⅲ类
云母含量(按质量计)/%	<1.0	<2.0	<2.0	氯化物含量(按氯离子质量计)/%	<0.01	<0.02	<0.06
轻物质含量(按质量计)/%	<1.0	<1.0	<1.0	硫化物及硫酸盐含量(按 SO_3 质量计)/%	<0.5	<0.5	<0.5
有机物,比色法	合格	合格	合格				

4. 颗粒级配

颗粒级配是指砂中不同粒径颗粒的搭配比例情况。在砂中,砂粒之间的空隙由水泥浆填充,为达到节约水泥和提高混凝土强度的目的,应尽量降低砂粒之间的空隙。从图 5-2 可以看出,采用相同粒径的砂,空隙率最大(图 5-2(a))两种粒径的砂搭配起来,空隙率减小(图 5-2(b));三种粒径的砂搭配,空隙率就更小(图 5-2(c))。因此,要减少砂的空隙率,就必须采用大小不同的颗粒搭配,即良好的颗粒级配砂。

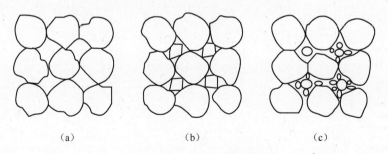

（a）　　　　　　　　（b）　　　　　　　　（c）

图 5-2　骨料的颗粒级配

砂的颗粒级配采用筛分析法来测定。用一套孔径为 4.75mm、2.36mm、1.18mm、600μm、300μm、150μm 的标准筛,将抽样后经缩分所得 500g 干砂由粗到细依次过筛,然后称取各筛上的筛余量,并计算出分计筛余百分率 a_1、a_2、a_3、a_4、a_5、a_6(各筛筛余量与试样总量之比)及累计筛余百分率 A_1、A_2、A_3、A_4、A_5、A_6(该号筛的筛余百分率与该号筛以上各筛筛余百分率之和)。分计筛余百分率与累计筛余百分率的关系见表 5-4。

表 5-4 分计筛余百分率与累计筛余百分率的关系

筛孔尺寸/mm	分计筛余百分率/%	累计筛余百分率/%	筛孔尺寸/μm	分计筛余百分率/%	累计筛余百分率/%
4.75	a_1	$A_1 = a_1$	600	a_4	$A_4 = a_1+a_2+a_3+a_4$
2.36	a_2	$A_2 = a_1+a_2$	300	a_5	$A_5 = a_1+a_2+a_3+a_4+a_5$
1.18	a_3	$A_3 = a_1+a_2+a_3$	150	a_6	$A_6 = a_1+a_2+a_3+a_4+a_5+a_6$

砂的颗粒级配用级配区表示,应符合表 5-5 的规定。

表 5-5 砂的颗粒级配

筛孔尺寸 累计筛余 百分率/% 级配区	9.50mm	4.75mm	2.36mm	1.18mm	600μm	300μm	150μm
1	0	10~0	35~5	65~35	85~71	95~80	100~90
2	0	10~0	25~0	50~10	70~41	92~70	100~90
3	0	10~0	15~0	25~0	40~16	85~55	100~90

注:1. 砂的实际颗粒级配与表中所列数字相比,除 4.75mm 和 600μm 筛挡外,其余可略有超出,但超出总量应小于 5%;

2. 1 区人工砂中 150μm 筛孔累计筛余百分率可以放宽到 100%~85%,2 区人工砂中 150μm 筛孔累计筛余百分率可以放宽到 100%~80%,3 区人工砂中 150μm 筛孔累计筛余百分率可以放宽到 100%~75%。

为了方便应用,将表 5-5 中的数值绘制成砂级配图,即以累计筛余为纵坐标,以筛孔尺寸为横坐标,画出砂的 1、2、3 三个区的级配曲线,如图 5-3 所示。使用时以级配区或级配区曲线图判定砂级配的合格性。普通混凝土用砂的颗粒级配只要处于表 5-5 中的任何一个级配区中均为级配合格,或将筛分析试验所计算的累计筛余百分率标注到级配区曲线图中,观察此筛分结果曲线,只要落在三个区的任何一个区内即为合格。

配制混凝土宜优先选用 2 区砂。当采用 1 区砂时,应适当提高砂率,并保证足够的水泥用量,以满足混凝土和易性要求。当采用 3 区砂时,宜适当降低砂率,以保证混凝土强度。

5. 规格

砂按细度模数 M_x 分为粗砂、中砂和细砂三种规格,其细度模数分别如下。

粗砂:M_x 为 3.7~3.1

中砂:M_x 为 3.0~2.3

细砂:M_x 为 2.2~1.6

细度模数 M_x 是衡量砂粗细程度的指标,按下式进行计算,即

$$M_x = \frac{(A_2+A_3+A_4+A_5+A_6)-5A_1}{100-A_1} \qquad (5-1)$$

式中:A_1、A_2、A_3、A_4、A_5、A_6 分别为 4.75mm、2.36mm、1.18mm、600μm、300μm、150μm 筛的累计筛余百分率。

细度模数描述的是砂的粗细,即总表面积的大小。在配制混凝土时,在相同用砂量条

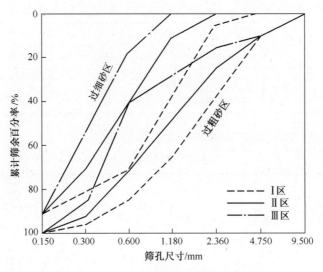

图 5-3　砂的级配曲线

件下采用细砂则总表面积较大,而粗砂则总表面积较小。砂的总表面积越大,则混凝土中需要包裹砂粒表面的水泥浆越多,当混凝土拌合物的和易性要求一定时,显然较粗的砂所需的水泥浆量就比较细的砂要小。但砂过粗,易使混凝土拌合物产生离析、泌水等现象,影响混凝土和易性。因此,用于混凝土的砂不宜过粗,也不宜过细。砂的细度模数不能反映砂的级配优劣,细度模数相同的砂,其级配可以很不相同。因此,在配制混凝土时,必须同时考虑砂的颗粒级配和细度模数。

【例题】　用 500g 烘干砂进行筛分析试验,各筛上的筛余量见表 5-6。试分析此砂样的粗细程度和级配情况。

表 5-6　500g 烘干砂样各筛上的筛余量

筛孔尺寸	分计筛余		累计筛余 百分率/%	筛孔尺寸	分计筛余		累计筛余 百分率/%
	筛余量/g	筛余百分数/%			筛余量/g	筛余百分率/%	
4.75mm	27			300μm	102		
2.36mm	43			150μm	82		
1.18mm	47			150μm 以下	8		
600μm	191						

【解】根据表 5-6 给定的各筛上筛余量的克数,计算出各筛上的分计筛余百分率及累计百分筛余率,填入表 5-6 内,见表 5-7。

表 5-7　500g 烘干砂样各筛上的分计筛余百分率及累计筛余百分率

筛孔尺寸	分计筛余		累计筛余 百分率/%	筛孔尺寸	分计筛余		累计筛余 百分率/%
	筛余量 /g	筛余百分率/%			筛余量 /g	筛分百分率/%	
4.75mm	27	5.4	5.4	300μm	102	20.4	82.0
2.36mm	43	8.6	14.0	150μm	82	16.4	98.4
1.18mm	47	9.4	23.4	150μm 以下	8	1.6	100
600μm	191	38.2	61.6				

计算细度模数：

$$M_x = \frac{(A_2 + A_3 + A_4 + A_5 + A_6) - 5A_1}{100 - A_1} = \frac{(14.0 + 23.4 + 61.6 + 82.0 + 98.4) - 5 \times 5.4}{100 - 5.4}$$

$$\approx 2.67$$

结果评定：由计算所得 $M_x \approx 2.67$，在 $2.3 \sim 3.0$ 之间，该砂样为中砂。将表 5-7 中累计筛余百分率(%)与表 5-5 或图 5-3 的级配范围比较，得出各筛上的累计筛余百分率均在级配 2 区范围内，因此，该砂样级配良好。

如果砂子的细度和级配不符合要求，可采用两种或两种以上砂掺配来改善，使其达到要求。

6. 颗粒形状及表面特征

细骨料的颗粒形状及表面特征会影响其与水泥的黏结及拌合物的流动性，若为河砂、海砂，因其颗粒多为圆球形，且表面光滑，故用此种细骨料拌制的混凝土拌合物流动性较好，但与水泥的黏结较差；反之若为山砂，因其颗粒多具有棱角且表面粗糙，故用此种细骨料拌制的混凝土拌合物流动性较差，但与水泥的黏结较好，进而混凝土强度较高。

7. 砂的坚固性

砂的坚固性用硫酸钠溶液进行检验，经五次循环后其质量损失率应符合表 5-8 的规定。对于有抗疲劳、耐磨、抗冲击要求的混凝土用砂或有腐蚀介质作用或经常处于水位变化区的地下结构混凝土用砂，其坚固性质量，损失率应小于 8%。

表 5-8　砂的坚固性指标

混凝土所处的环境条件	循环后的质量损失率/%
在严冬及寒冷地区室外使用并经常处于潮湿或干湿交替状态下的混凝土	≤8
其他条件下使用的混凝土	≤10

三、粗骨料——石子

粒径大于 4.75mm 的骨料称粗骨料。混凝土常用的粗骨料有卵石与碎石两种。卵石又称砾石，是自然风化、水流搬运和分选、堆积形成的岩石颗粒。按其产源可分为河卵石、海卵石、山卵石等几种，其中以河卵石应用最多。碎石是由天然岩石或卵石经机械破碎、筛分制成的岩石颗粒。按技术要求，碎石、卵石又可分为Ⅰ类、Ⅱ类、Ⅲ类。其中，Ⅰ类宜用于强度等级大于 C60 的混凝土，Ⅱ类宜用于强度等级为 C30～C60 及抗冻、抗渗或其他要求的混凝土，Ⅲ类宜用于强度等级小于 C30 的混凝土。为保证混凝土质量，国家标准《建筑用卵石、碎石》(GB/T 14685—2011)对其质量提出了具体要求，主要内容有七方面。

(一)表观密度、堆积密度、空隙率

表观密度、堆积密度、空隙率应符合：表观密度 $\rho' > 2500 \text{kg/m}^3$，松散堆积密度 $\rho'_0 > 1350 \text{kg/m}^3$，空隙率小于 47%。

(二)含泥量和泥块含量

含泥量是指卵石、碎石中粒径小于 $75\mu\text{m}$ 颗粒的含量。泥块含量是指卵石、碎石中粒径大于 4.75mm，经水洗、手捏后变成小于 2.36mm 颗粒的含量。

卵石、碎石中的含泥量和泥块含量对混凝土的危害与在砂中的相同。按标准要求,卵石、碎石中的泥和泥块含量见表 5-9。

表 5-9　卵石、碎石中含泥量和泥块含量

项　目	指　标		
	Ⅰ类	Ⅱ类	Ⅲ类
含泥量(按质量计)/%	<0.5	<1.0	<1.5
泥块含量(按质量计)/%	0	<0.5	<0.7

(三)针、片状颗粒含量

岩石颗粒的长度大于该颗粒所属粒级的平均粒径的 2.4 倍者为针状颗粒,厚度小于平均粒径 0.4 倍者为片状颗粒。平均粒径指该粒级上、下限粒径的平均值。针、片状颗粒本身易折断,而且会增加骨料的空隙率,使混凝土拌合物和易性变差,强度降低,其含量应符合表 5-10 中的规定。

表 5-10　卵石、碎石针、片状颗粒含量指标

指标名称	Ⅰ类	Ⅱ类	Ⅲ类
针、片状颗粒含量(按质量计)/%	<5	<15	<25

(四)有害物质含量

卵石、碎石中不应混有草根、树叶、树枝、塑料、炉渣、煤块等杂物,并且骨料中所含硫化物、硫酸盐和有机物等的含量要符合表 5-11 的规定。

表 5-11　卵石、碎石有害物质含量指标

指标名称	Ⅰ类	Ⅱ类	Ⅲ类
有机物	合格	合格	合格
硫化物及硫酸盐(按 SO_3 质量计)/%	<0.5	<1.0	<1.0

(五)强度

为保证混凝土的强度要求,粗骨料必须质地致密,具有足够的强度。粗骨料的强度有岩石立方体强度和压碎指标两种表示方法。岩石立方体强度是将岩石切割制成边长为 50mm×50mm×50mm 的立方体,或钻取直径与高度均为 50mm 的圆柱体,在饱水状态下(浸水 48h),测试其抗压强度。压碎指标是将一定质量风干状态下 9.50~19.50mm 的颗粒装入一定规格的圆筒,在压力机上按一定的加荷速度(1kN/s)加荷至 200kN 稳定一定时间(5s)后卸荷,用孔径为 2.36mm 筛筛除被压碎的细粒,称量剩留在筛上的试样重量,按下式计算压碎指标值,即

$$Q_e = \frac{G_1 - G_2}{G_1} \times 100\% \tag{5-2}$$

式中：Q_e 为压碎指标值(%)；G_1 为试样的质量(g)；G_2 为压碎试验后筛余的试样质量(g)。

压碎指标值越小,表示骨料抵抗受压碎裂的能力越强。压碎指标应符合表 5-12 的规定。

表 5-12　普通混凝土用卵石、碎石压碎指标值

指标名称	I类	II类	III类
碎石压碎指标/%	<10	<20	<30
卵石压碎指标/%	<12	<16	<16

(六)最大粒径

粗骨料中公称粒级的上限称为该骨料的最大粒径。当骨料粒径增大时,其总表面积减小,因此包裹它表面所需的水泥浆数量相应减少,可节约水泥,所以在条件许可的情况下,粗骨料最大粒径应尽量用得大些。选择石子最大粒径主要从以下三个方面考虑。

1. 从结构方面考虑

石子最大粒径应考虑建筑结构的截面尺寸及配筋疏密。根据《混凝土结构工程施工质量验收规范》(GB 50204—2015)的规定,混凝土用的粗骨料的最大粒径不得超过结构截面最小尺寸的 1/4,同时不得大于钢筋间最小净距的 3/4;对于混凝土实心板,骨料的最大粒径不宜超过板厚的 1/3,且不得超过 40mm。

2. 从施工方面考虑

对于泵送混凝土,骨料最大粒径与输送管内径之比,一般用混凝土碎石不宜大于1:3,卵石不宜大于 1:2.5,高层建筑宜控制在 1:3~1:4 之间,超高层建筑宜控制在1:4~1:5 之间。石子粒径过大,对运输和搅拌都不方便,易造成混凝土离析、分层等质量问题。

3. 从经济方面考虑

试验表明,最大粒径小于 80mm 时,水泥用量百分数随最大粒径减小而增加;最大粒径大于 150mm 后节约水泥效果不明显,见图 5-4。因此,从经济方面考虑,最大粒径不宜超过 150mm。此外,对于高强度混凝土,从强度方面来说,当最大粒径超过 40mm 后,由于减少用水量获得的强度提高,被大粒径造成的较小黏结面积和不均匀性的不利影响有所抵消,所以并无多大好处。

(七)颗粒级配

粗骨料与细骨料一样,也要求有良好的颗粒级配,以减少空隙率,改善混凝土拌合物和易性及提高混凝土强度,特别是配制高强度混凝土,粗骨料级配尤为重要。

粗骨料的级配也是通过筛分析试验来测定的。其标准筛的孔径为 2.36mm、4.75mm、9.50mm、16.0mm、19.0mm、26.5mm、31.5mm、37.5mm、53.0mm、63.0mm、75.0mm、90.0mm 等 12 个筛。试样筛析时,可按需要选用筛号。根据国家标准《建筑用卵石、碎石》(GB/T 14685—2011)的规定,建筑用卵石和碎石的颗粒级配见表 5-13。

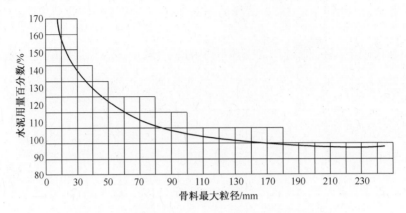

图 5-4　骨料最大粒径与水泥用量百分数关系曲线

表 5-13　卵石和碎石的颗粒级配

筛孔尺寸(方孔筛) /mm 累计筛余 百分率/% 公称粒径/mm		2.36	4.75	9.50	16.0	19.0	26.5	31.5	37.5	53.0	63.0	75.0	90.0
连续级配	5~16	95~100	85~100	30~60	0~10	0							
	5~20	95~100	90~100	40~80	—	0~10	0						
	5~25	95~100	90~100	—	30~70	—	0~5	0					
	5~31.5	95~100	90~100	70~90	—	15~45	—	0~5	0				
	5~40	—	90~100	70~90	0	30~65	—	—	0~5	0			
单粒级配	5~10	95~10	90~100	0~15	0~15								
	10~16		95~100	80~100									
	10~20		—	85~100	55~70	0~15	0						
	16~25		95~100	95~100	85~100	25~40	0~10	25~40					
	16~31.5							0~10	0		0	0	0
	20~40			95~100	80~100			0~10	0				
	40~80				95~100		70~100			30~60	0~10	0	

粗骨料的级配有连续级配和间断级配两种。连续级配是石子由小到大连续分级(5~D_{max})。建筑工程中多采用连续级配的石子,如天然卵石。间断级配是指用小颗粒的粒级直接和大颗粒的粒级相配,中间为不连续的级配。例如,将 5~20mm 和 40~80mm 的两个

粒级相配,组成 5~80mm 的级配中缺少 20~40mm 的粒级,这时大颗粒的空隙直接由比它小得多的颗粒去填充,这种级配可以获得更小的空隙率,从而可节约水泥,但混凝土拌合物易产生离析现象,增加了施工难度,故工程中应用较少。单粒级宜用于组合成具有所要求级配的连续粒级,也可与连续粒级配合使用,以改善骨料级配或配成较大粒度的连续粒级。工程中不宜采用单一的单粒粒级配制混凝土。如必须使用,应作经济分析,并应通过试验证明不会发生离析等影响混凝土质量的问题。

四、骨料验收与堆放

骨料出厂时,供需双方在厂内验收产品,生产厂应提供产品质量合格证书,其内容包括类别、规格、生产厂名、批量编号及供货数量、检验结果、日期及执行标准编号、合格证编号及发放日期、检验部门及检验人员签章。每批骨料的检验项目主要是颗粒级配、细度模数、含泥量及泥块含量、针状颗粒含量、片状颗粒含量和强度等。骨料应按类别、规格分别运输和堆放,严防人为碾压及污染产品。骨料在运输过程中或在仓库保管过程中会有损耗,其损耗率一般为 0.4%~4%,主要是根据骨料种类和运输工具有所不同。

五、混凝土拌和及养护用水

混凝土拌和和养护用水按水源不同分为饮用水、地表水、地下水和经适当处理的工业用水。混凝土用水的基本质量要求是:不影响混凝土的凝结和硬化,无损于混凝土强度发展及耐久性,不加快钢筋锈蚀,不引起预应力钢筋脆断,不污染混凝土表面。《混凝土用水标准》(JG J63—2006)规定的混凝土用水的物质含量限值见表 5-14。

表 5-14　混凝土用水的物质含量限值

项目	预应力混凝土	钢筋混凝土	素混凝土	项目	预应力混凝土	钢筋混凝土	素混凝土
pH 值	>4	>4	>4	氯化物(以 Cl^- 计)/(mg/L)	<500	<1200	<3500
不溶物/(mg/L)	<2000	<2000	<5000	硫酸盐(以 SO_4^{2-} 计)/(mg/L)	<600	<2700	<2700
可溶物/(mg/L)	<2000	<5000	<10000	硫化物(以 S^{2-} 计)/(mg/L)	<100	—	—

注:使用钢丝或经热处理的预应力混凝土氯化物含量小于 350mg/L。

六、掺合料与外加剂

(一)掺合料

混凝土掺合料是指在配制混凝土拌合物过程中,直接加入的具有一定活性的矿物细粉材料。这些活性矿物掺合料绝大多数来自工业固体废渣,主要成分为 SiO_2 和 Al_2O_3,在碱性或兼有硫酸盐成分存在的液相条件下,可发生水化反应,生成具有固化特性的胶凝物质。所以,掺合料也称为混凝土的"第二胶凝材料"或辅助胶凝材料。

掺合料用于混凝土中不仅可以取代水泥,节约成本,而且可以改善混凝土拌合物和硬化混凝土的各项性能。目前,在调配混凝土性能,配制大体混凝土、高强混凝土和高性能混凝土等方面,掺合料已成为不可缺少的组成材料。另外,掺合料的应用对改善环境、减少二次污染、推动可持续发展的绿色混凝土,具有十分重要的意义。

常用的混凝土掺合料有粉煤灰、硅灰和沸石粉。

1. 粉煤灰

粉煤灰或称飞灰,是煤燃烧排放出的一种黏土类火山灰质材料。我国粉煤灰绝大多数来自电厂,按粉煤灰中氧化钙含量,可分为低钙灰和高钙灰。根据《用于水泥和混凝土中的粉煤灰》(GB/T 1596—2017)规定,低钙粉煤灰按技术要求分为三个等级,见表5-15。

表 5-15 粉煤灰的技术指标和分级

技 术 指 标	级 别		
	I	II	III
细度为45μm方孔筛筛余百分率/%	≤12.0	≤20.0	≤45.0
需水量比/%	≤95	≤105	≤115
烧失量/%	≤5.0	≤8.0	≤10.0
含水量/%	≤1.0		
三氧化硫含量/%	≤3.0		

1)粉煤灰三大效应

(1)形态效应。粉煤灰颗粒的玻璃小微珠形粒完整,表面光滑,质地致密,这种形态在混凝土中起减水作用、致密作用、匀质作用、促进初期水泥水化的解絮作用,改变拌合物的流变性质,尤其对泵送混凝土起到良好的润滑作用。

(2)火山灰效应。粉煤灰中的活性二氧化硅和三氧化二铝,与水泥水化反应生成的氢氧化钙发生二次水化反应,生成水化硅酸钙和水化铝酸钙胶凝等物质,起到增强作用和堵塞混凝土毛细组织,提高混凝土抗腐蚀能力。

(3)微集料效应。粉煤灰中粒径很小的微珠和碎屑,在水泥石中可以相当于未水化的水泥颗粒,极细小的微珠相当于活泼的纳米材料,能明显改善和增强混凝土的强度,提高匀质性和致密性。

2)粉煤灰对混凝土的作用

(1)改善混凝土拌合物的和易性。掺加适量的粉煤灰可以改善混凝土拌合料的流动性、黏聚性和保水性,使混凝土拌和料易于泵送、浇筑成型,并可减少坍落度的经时损失。

(2)降低混凝土温度。掺加粉煤灰后可减少水泥用量,且粉煤灰水化放热量很少,从而减少了水化放热量,因此施工时混凝土的温升降低,可明显减少温度裂缝,这对大体积混凝土工程特别有利。

(3)提高混凝土的耐久性。由于二次水化作用,混凝土的密实度提高,界面结构得到改善,同时由于二次反应使得易受腐蚀的氢氧化钙数量降低,因此掺加粉煤灰后可提高混凝土的抗渗性及抗硫酸盐腐蚀性及抗镁盐腐蚀性等,同时由于粉煤灰比表面积巨大,吸附能力强,因而粉煤灰颗粒可以吸附水泥中的碱,并与碱发生反应而消耗其数量。游离碱数量的减少可以抑制或减少碱集料反应。

（4）减少混凝土的变形。粉煤灰混凝土的徐变低于普通混凝土。粉煤灰的减水效应使得粉煤灰混凝土的干缩及早期塑性干裂比普通混凝土略低。

（5）提高混凝土的耐磨性。粉煤灰的强度和硬度较高,因而粉煤灰混凝土的耐磨性优于普通混凝土。但要求养护良好。

（6）降低混凝土的成本。掺加粉煤灰在等强度等级的条件下,可以减少水泥用量约10%~15%,因而可降低混凝土的成本。

3）粉煤灰对混凝土的影响

（1）强度发展较慢、早期强度较低。由于粉煤灰的水化速度小于水泥熟料,故掺加粉煤灰后混凝土的早期强度低于普通混凝土,且粉煤灰掺量越高早期强度越低。但对于高强混凝土,掺加粉煤灰后混凝土的早期强度降低相对较小。粉煤灰混凝土的强度发展相对较慢,故为保证强度的正常发展,需将养护时间延长至14d以上。

（2）抗碳化性、抗冻性有所降低。粉煤灰的二次水化使得混凝土中氢氧化钙的数量降低,因而不利于混凝土的抗碳化性和钢筋的防锈。而粉煤灰的二次水化使混凝土的结构更加致密,又有利于保护钢筋。因此,粉煤灰混凝土的钢筋锈蚀性能并没有比普通混凝土差很多。许多研究结果也不完全一致,有的认为钢筋锈蚀加剧,有的则认为钢筋锈蚀减缓。无论什么结果,掺加粉煤灰时,如果同时使用减水剂则可有效地减缓掺加粉煤灰所带来的抗碳化性减弱,从而提高对钢筋的保护能力。

目前,粉煤灰混凝土已被广泛应用于土木、水利建筑工程,以及预制混凝土制品和构件等方面。例如,大坝、道路、隧道、港湾,工业和民用建筑的梁、板、柱、地面、基础、下水道,钢筋混凝土预制桩、管等。

2. 硅灰

硅灰又称硅粉,是电弧炉冶炼硅金属或硅铁合金时的副产品,是极细的球形颗粒,主要成分为无定形 SiO_2,颗粒呈极细的玻璃球状,活性较强,常用硅灰的技术要求见表5-16。

表5-16　硅灰的技术指标

烧失量/%	SiO_2 含量 /%(质量分数)	细度为 45μm 方孔筛的筛余百分率/%	比表面积 /(m²/kg)	含水率 /%	活性指数(28d) /%
≤6	≥85	≤10	≥1500000	≤3	≥85

3. 沸石粉

沸石粉又称 F 矿粉,是天然沸石磨细而成,其主要成分与粉煤灰基本相同(SiO_2 含量为 66%~70%,Al_2O_3 含量为 11%~13%),蕴藏量大、分布面广、开采加工简便,是一种经济有效的混凝土掺合料。

混凝土中掺入沸石粉不仅能配制抗渗性、和易性良好的混凝土,而且还能配制高强混凝土和泵送混凝土。

（二）外加剂

混凝土外加剂是指在拌制混凝土过程中掺入的用以改善混凝土性能的物质,其掺量一般不大于水泥质量的 5%(特殊情况除外)。混凝土外加剂按其主要功能,一般分为四类。

① 改善混凝土拌合物流动性能的外加剂,如减水剂、引气剂、泵送剂等。

② 调节混凝土凝结时间和硬化性能的外加剂,如缓凝剂、早强剂等。

③ 改善混凝土耐久性的外加剂,如防水剂、阻锈剂、抗冻剂等。

④ 提供特殊性能的外加剂,如加气剂、膨胀剂、着色剂等。

1. 减水剂

减水剂是指在混凝土拌合物坍落度基本相同的条件下,能减少拌和用水量的外加剂。

减水剂是一种表面活性剂,即其分子是由亲水基团和憎水基团两部分构成(图5-5)。当水泥加水拌和后,若无减水剂,则由于水泥颗粒之间分子凝聚力的作用,使水泥浆形成絮凝结构,如图5-6(a)所示,将一部分拌和用水(游离水)包裹在水泥颗粒的絮凝结构内,从而降低混凝土拌合物的流动性。如在水泥浆中加入减水剂,则减水剂的憎水基团定向吸附于水泥颗粒表面,使水泥颗粒表面带有相同的电荷,在电性斥力作用下,使水泥颗粒分开,如图5-6(b)所示,从而将絮凝结构内的游离水释放出来。另外,减水剂还能在水泥颗粒表面形成一层溶剂水膜,如图5-6(c)所示,在水泥颗粒间起到很好的润滑作用。减水剂的吸附—分散和湿润—润滑作用使混凝土拌合物在不增加用水量的情况下,增加了流动性。

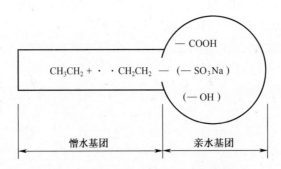

图 5-5　表面活性剂分子构造示意图

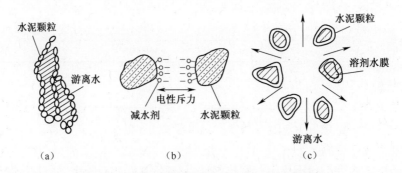

图 5-6　水泥浆的絮凝结构和减水剂作用示意图

常用减水剂按化学成分分类主要有木质素系、萘系、树脂系等几类;按效果分类主要有普通减水剂和高效减水剂两类;按凝结时间分类主要可分成标准型、早强型和缓凝型三种;按是否引气可分为引气型和非引气型两种。

混凝土中掺入减水剂后,若不减少拌和用水量,能明显提高拌合物的流动性;当减水而不减少水泥时,则能提高混凝土强度;若减水时,同时适当减少水泥,则能节约水泥用量。

2. 引气剂

引气剂是一种在搅拌混凝土过程中能引入大量均匀分布、稳定而封闭的微小气泡的外加剂。

引气剂是一种表面活性剂,对混凝土性能有以下几种影响。

(1)改善混凝土拌合物的和易性。如图 5-7 所示,封闭的气泡犹如滚珠,减少了水泥颗粒间的摩擦,从而提高流动性,同时,气泡薄膜的形成也起到了保水作用。

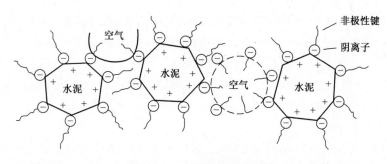

图 5-7　引气剂作用示意图

(2)提高抗掺性和抗冻性。引气剂引入的封闭气孔能有效隔断毛细孔通道,并能减小泌水造成的孔隙,从而提高抗渗性。另外,封闭气孔的引入对水结冰时的膨胀能起缓冲作用,从而提高抗冻性。

(3)强度降低。一般混凝土中含气量增加 1%,抗压强度将降低 4%~6%,所以引气剂的掺量必须适当。

混凝土引气剂有松香树脂类、烷基磺酸盐类、脂肪醇磺酸盐类、蛋白盐及石油磺酸盐等多种。其中,松香树脂类应用最广泛。

3. 早强剂

早强剂是指能加速混凝土早期强度发展的外加剂。

早强剂分为无机的(如氮化物系、硫酸盐系等)、有机的(如三乙醇胺、三异丙醇胺、乙酸钠等)和无机-有机复合三大类。

早强剂的特性是能促进水泥的水化和硬化,提高早期强度,缩短养护周期,从而增加模板和场地的周转率,加快施工进度。早强剂特别适用于冬季施工(最低气温不低于-5℃)和紧急抢修工程。

4. 缓凝剂

缓凝剂是指能延缓混凝土凝结时间,而不显著影响混凝土后期强度的外加剂。

缓凝剂种类很多,有木质素磺酸盐类、糖类、无机盐类和有机酸类等。最常用的是木质素磺酸钙和糖蜜。其中,糖蜜的缓凝效果最佳。

缓凝剂适用于要求延缓时间的施工中,如在气温高、运距长的情况下,可防止混凝土拌合物发生过早坍落度损失;又如分层浇注的混凝土,为了防止出现裂缝,常加缓凝剂。另外,在大体积混凝土中,为了延长放热时间,也可加入缓凝剂。

第三节　普通混凝土的主要技术性能

一、混凝土的和易性

(一)和易性的概念

混凝土各组成材料,按一定比例配合,搅拌而成的尚未凝固的材料称为混凝土拌合物,又称新拌混凝土。和易性是指混凝土拌合物在施工过程中,保持其成分均匀,不发生分层、离析、泌水等现象的性能。

混凝土拌合物的和易性是一项综合技术性能,包括流动性、黏聚性和保水性等三方面的含义。流动性是指混凝土拌合物在自重或机械振捣作用下,能产生流动,并均匀密实地填满模板的性能。黏聚性是指混凝土拌合物在施工过程中,其组成材料之间有一定的黏聚力,不致发生分层和离析的现象。保水性是指混凝土拌合物在施工过程中,具有一定的保水能力,不致产生严重的泌水现象。

(二)和易性的评定

由于混凝土和易性内涵较复杂,因而目前尚不能全面反映混凝土拌合物和易性的测定方法和指标。通常是测定混凝土拌合物的流动性,辅以其他方法或经验,并结合直观观察来评定混凝土拌合物的和易性。

新拌混凝土流动性用坍落度和维勃稠度来表示。

混凝土拌合物根据其坍落度和维勃稠度分级,见表5-17和表5-18。

表5-17　混凝土按坍落度的分级

级别	名称	坍落度/mm
T_1	低塑性混凝土	10~40
T_2	塑性混凝土	50~90
T_3	流动性混凝土	100~150
T_4	大流动性混凝土	≥160

表5-18　混凝土按维勃稠度的分级

级别	名称	维勃稠度/s
V_0	超干硬性混凝土	≥31
V_1	特干硬性混凝土	30~21
V_2	干硬性混凝土	20~11
V_3	半干硬性混凝土	10~5

(三)流动性(坍落度)的选择

工程中选择混凝土拌合物的坍落度(流动性),要根据结构构件截面尺寸大小、配筋疏密和施工捣实方法等来确定。当构件截面尺寸较小或钢筋较密,或采用人工插捣时,坍落度可选择大些;反之,构件截面尺寸较大或钢筋较疏,或者采用振动器振捣时,坍落度可选择小些。在不妨碍施工操作并能保证振捣密实的条件下,尽可能采用较小的坍落度,可以节约水泥并获得质量较高的混凝土。混凝土浇筑时的坍落度宜按表5-19选用。

表 5-19　混凝土浇筑时的坍落度

结　构　种　类	坍落度/mm
基础或地面等的垫层、无配筋的大体积结构(挡土墙、基础等)或配筋稀疏的结构	10~30
板、梁或大型及中型截面的柱子等	30~50
配筋密列的结构(薄壁、斗仓、筒仓、细柱等)	50~70
配筋特密的结构	70~90

表 5-19 中数值是采用机械振捣混凝土时的坍落度,当采用人工捣实混凝土时其值可适当增大。对于轻集料混凝土的坍落度,宜比表中数值减少 10~20mm。

(四)影响和易性的主要因素

1. 用水量

用水量是决定混凝土拌合物流动性的基本因素。显然,增加用水量可提高混凝土流动性,但用水量过多,将使混凝土拌合物的黏聚性和保水性降低,产生分层离析,影响硬化后混凝土的强度和耐久性。为了防止因增加用水量而影响混凝土强度及耐久性,工程中应在保持水灰比(水与水泥的质量比)不变的条件下,在增加用水量的同时增加水泥用量来提高混凝土的流动性。

2. 水灰比

在水泥用量、骨料用量均不变的情况下,水灰比增大,水泥浆自身流动性增加,故拌合物流动性增大;反之则减小。但水灰比过大,会造成拌合物黏聚性和保水性不良;水灰比过小,会使拌合物流动性过低,影响施工,故水灰比不能过大或过小,一般应根据混凝土强度和耐久性要求合理选用。应当注意到,无论是水泥浆数量影响还是水灰比影响,实际上都是用水量的影响。因此,影响新拌混凝土和易性的决定性因素是单位体积用水量多少。根据试验,在采用一定骨料的情况下,如果单位用水量一定,在一定范围内其他材料的量的波动对混凝土拌合物流动性影响并不明显,坍落度大体上保持不变,这一规律通常称为固定用水量定则。这个定则用于混凝土配合比设计,是相当方便的,它可以通过固定单位用水量,变化水灰比,而得到既满足拌合物和易性要求,又满足混凝土强度要求的设计。

3. 砂率

砂率是指细骨料含量占骨料总量的质量分数。砂率对拌合物的和易性有很大影响。图 5-8 所示为砂率对坍落度的影响关系。

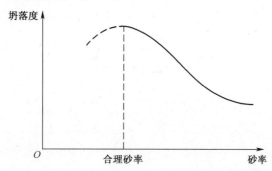

图 5-8　坍落度与砂率的关系(水和水泥用量一定)

砂率影响混凝土拌合物流动性的原因有两个方面：一方面是砂形成的砂浆可减少粗骨料之间的摩擦力，在拌合物中起润滑作用，所以在一定的砂率范围内随砂率增大，润滑作用越加显著，流动性提高；另一方面在砂率增大的同时，骨料的总表面积必随之增大，需要润湿的水分增多，在一定用水量的条件下，拌合物流动性降低，所以当砂率增大超过一定范围后，流动性反而随砂率增加而降低。另外，砂率不宜过小；否则还会使拌合物黏聚性和保水性变差，产生离析、流浆等现象。因此，应在用水量和水泥用量不变的情况下，选取可使拌合物获得所要求的流动性和良好的黏聚性与保水性的合理砂率。

4. 水泥

水泥对拌合物和易性的影响主要是对水泥品种和水泥细度的影响。需水性大的水泥比需水性小的水泥配制的拌合物，在其他条件相同的情况下，流动性变小，但其黏聚性和保水性较好。

5. 骨料

骨料对拌合物和易性的影响主要包括骨料级配、颗粒形状、表面特征及粒径。一般来说，级配好的骨料，其拌合物流动性较大，黏聚性与保水性较好；表面光滑的骨料，如河砂、卵石，其拌合物流动性较大；骨料的粒径增大，总表面积减小，拌合物流动性就增大。

6. 外加剂

外加剂对拌合物的和易性有较大影响。加入减水剂或引气剂可明显提高拌合物的流动性，引气剂还可有效地改善拌合物的黏聚性和保水性。

7. 温度和时间的影响

混凝土拌合物的流动性随温度的升高而降低，如图 5-9 所示。这是由于温度升高可加速水泥的水化，增加水分的蒸发，所以夏季施工时，为了保持一定的流动性，应当提高拌合物的用水量。

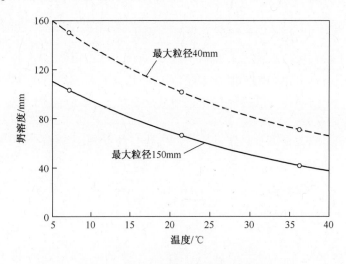

图 5-9　温度对拌合物坍落度的影响

混凝土拌合物随时间的延长而变干稠，流动性降低，这是由于拌合物中一些水分被骨料吸收，一些水分蒸发，一些水分与水泥进行水化反应变成水化产物结合水。图 5-10 所示为拌合物坍落度随存放时间变化的关系。

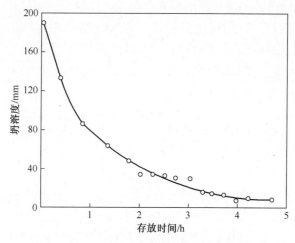

图 5-10 拌合物坍落度随存放时间变化的关系

二、混凝土的强度

普通混凝土一般均用作结构材料,故其强度是最主要的技术性质。混凝土在抗拉、抗压、抗弯、抗剪强度中,抗压强度最大,故混凝土主要用来承受压力作用。混凝土的抗压强度与各种强度及其他性能之间有一定的相关性,因此混凝土的抗压强度是结构设计的主要参数,也是混凝土质量评定的指标。

(一)混凝土的抗压强度与强度等级

我国以立方体抗压强度为混凝土强度的特征值。按照国家标准《普通混凝土力学性能试验方法》(GB/T 50081—2002),混凝土立方体抗压强度(常简称为混凝土抗压强度)是指按标准方法制作的边长为 150mm 的立方体试件,在标准养护条件下(温度为(20±3)℃,相对湿度在 90% 以上),养护至 28d 龄期,以标准方法测试、计算得到的抗压强度值,称为混凝土立方体的抗压强度。国家标准还规定,对非标准尺寸的立方体试件,可采用折算系数折算成标准试件的强度值。换算系数见表 5-20,试件尺寸越大,测得的抗压强度值越小。

表 5-20 混凝土试件按不同尺寸的强度换算系数

骨料最大粒径/mm	试件尺寸/mm×mm×mm	换算系数
≤31.5	100×100×100	0.95
≤40	150×150×150	1.00
≤63	200×200×200	1.05

我国把普通混凝土按立方体抗压强度标准值划分为 C10、C15、C20、C25、C30、C35、C40、C45、C50、C55、C60、C65、C70、C75、C80 等 15 个强度等级。混凝土立方体抗压强度标准值是指按标准方法制作养护的边长为 150mm 的立方体试件,在 28d 龄期,用标准试验方法测得的具有 95% 保证率的立方体抗压强度。强度等级表示中的"C"为混凝土强度符号,"C"后面的数值,即为混凝土立方体抗压强度标准值。

在结构设计中,考虑到受压构件常是棱柱体(或圆柱体)而不是立方体,所以采用棱柱体试件能比立方体试件更好地反映混凝土的实际受压情况。由棱柱体试件测得的抗压强度称为棱柱体抗压强度,又称轴心抗压强度。我国目前采用150mm×150mm×300mm的棱柱体进行抗压强度试验,若采用非标准尺寸的棱柱体试件,其高 h 与宽 a 之比应在 $2\sim3$ 范围内。轴心抗压强度 f_{cp} 比同截面面积的立方体抗压强度 f_{cu} 要小,当标准立方体抗压强度在 $10\sim50MPa$ 范围内时,两者之间的换算关系为

$$f_{cp} = (0.7 \sim 0.8)f_{cu} \tag{5-3}$$

(二)影响混凝土抗压强度的主要因素

1. 水泥强度等级和水灰比的影响

水泥强度等级和水灰比是影响混凝土抗压强度的最主要因素,也可以说是决定性因素。因为混凝土的强度主要取决于水泥石的强度及其与骨料间的黏结力,而水泥石的强度及其与骨料间的黏结力,又取决于水泥的强度等级和水灰比的大小。由于拌制混凝土拌合物时,为了获得必要的流动性,常需要加入较多的水,多余的水所占空间在混凝土硬化后成为毛细孔,使混凝土密实度降低、强度下降(图5-11)。

试验证明,在水泥强度等级相同的条件下,水灰比越小,水泥石的强度越高,胶结力越强,从而使混凝土强度也越高。

大量试验结果表明,在原材料一定的情况下,混凝土28d龄期抗压强度 f_{cu} 与水泥实际强度 f_{ce} 及水灰比 W/C 之间的关系为

$$f_{cu} = \alpha_a \cdot f_{ce}\left(\frac{C}{W} - \alpha_b\right) \tag{5-4}$$

式中: f_{cu} 为混凝土28d龄期的抗压强度(MPa); α_a 、 α_b 为回归系数,采用碎石, $\alpha_a = 0.46$ 、 $\alpha_b = 0.07$,采用卵石, $\alpha_a = 0.48$ 、 $\alpha_b = 0.33$; $\dfrac{C}{W}$ 为灰水比; f_{ce} 为水泥28d抗压强度实测值(MPa)。

当无28d抗压强度实测值时, f_{ce} 可按下式进行计算,即

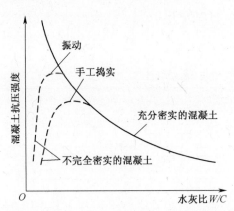

图5-11　混凝土强度与水灰比的关系

$$f_{ce} = \gamma_c f_{ce,g} \tag{5-5}$$

式中: γ_c 为水泥强度等级富余系数,应按各地区实际统计资料确定; $f_{ce,g}$ 为水泥强度等级值(MPa)。

2. 骨料的影响

骨料本身的强度一般都比水泥石的强度高(轻集料除外),所以不会直接影响混凝土的强度,但若骨料经风化等作用而强度降低时,则用其配制的混凝土强度也较低。骨料表面粗糙,则与水泥石黏结力较大,但达到同样流动性时,需水量大,随着水灰比变大,强度降低。因此,在水灰比小于0.4时,用碎石配制的混凝土比用卵石配制的混凝土强度约高38%,但随着水灰比增大,两者差别就不显著了。

3. 龄期与强度的关系

混凝土在正常养护条件下,其强度将随龄期的增长而增长,如图5-12所示。

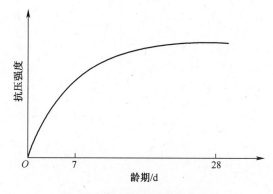

图5-12　混凝土强度增长曲线

由图5-10可见,在标准养护条件下,混凝土强度的发展大致与龄期的对数成正比关系(龄期不小于3d),可按下式进行推算,即

$$f_n = f_{28} \frac{\lg n}{\lg 28} \tag{5-6}$$

式中:f_{28} 为28d龄期的混凝土抗压强度;f_n 为 nd 龄期时的混凝土抗压强度,$n \geqslant 3$。

式(5-6)仅适用于正常条件下硬化的中等强度等级的普通混凝土,且实际情况要复杂得多,式(5-6)为一经验公式,作为参考。

4. 养护湿度及温度的影响

为了获得质量良好的混凝土,混凝土成型后必须进行适当的养护,以保证水泥水化过程的正常进行。养护过程需要控制的参数为湿度和温度。

由于水泥的水化反应只能在充水的毛细孔内发生,在干燥环境中,强度会随水分蒸发而停止发展,因此养护期必须保湿。图5-13所示为潮湿养护对混凝土强度的影响关系。

一般情况下,使用硅酸盐水泥、普通水泥和矿渣水泥时,浇水养护时间应不少于7d,使用火山灰水泥和粉煤灰水泥时,应不少于14d。在夏季,由于蒸发较快更应特别注意浇水。

养护温度对混凝土强度发展也有很大影响。图5-14所示为混凝土在不同温度的水中养护时强度的发展规律。由图5-14可看出,养护温度高时,可以加快初期水化速度,使混凝土早期强度得以提高。

(三)提高混凝土强度的措施

(1)采用高强度等级的水泥或早强型水泥。

(2)采用低水灰比的干硬性混凝土。

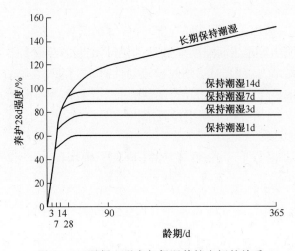

图 5-13　混凝土强度与保湿养护之间的关系

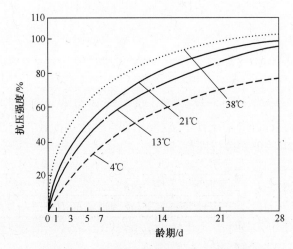

图 5-14　养护温度对混凝土强度的影响

（3）采用湿热养护混凝土(蒸汽或蒸压养护)。

（4）采用机械搅拌和振捣。

（5）掺入混凝土外加剂和活性矿物掺合料。

三、混凝土的耐久性

用于构筑物的混凝土,不仅要具有能安全承受荷载的强度,还应具有耐久性,即要求混凝土在长期使用环境条件的作用下,能抵抗内、外不利影响,而保持其使用性能。

耐久性良好的混凝土,对延长结构使用寿命、减少维修保养费用、提高经济效益等具有重要的意义。下面介绍几种常见的耐久性问题。

1. 抗渗性

混凝土的抗渗性是指其抵抗水、油等压力液体渗透作用的能力。它对混凝土的耐久性起着重要作用,因为环境中的各种侵蚀介质只有通过渗透才能进入混凝土内部产生破坏作用。

混凝土的抗渗性以抗渗等级表示。采用标准养护 28d 的标准试件,按规定方法进行试验,以其所能承受最大水压力来计算其抗渗等级,分 P4、P6、P8、P10 和 P12 等五级,相应表示混凝土能抵抗 0.4MPa、0.6MPa、0.8MPa、1.0MPa 和 1.2MPa 水压力而不渗水。

提高混凝土抗渗性的关键是提高密实度,改善混凝土的内部孔隙结构。具体措施有:降低水灰比,掺加减水剂、引气剂,选用致密、干净、级配良好的骨料,加强养护等。

2. 抗冻性

混凝土的抗冻性是指混凝土含水时抵抗冻融循环作用而不破坏的能力。混凝土的冻融破坏原因是混凝土中水结冰后发生体积膨胀,当膨胀力超过其抗拉强度时,便使混凝土产生微细裂缝,反复冻融使裂缝不断扩展,导致混凝土强度降低直至破坏。

混凝土的抗冻性以抗冻等级表示。抗冻等级是以龄期 28d 的试块在吸水饱和后于 −15~20℃ 反复冻融循环,用抗压强度下降不超过 25%,且质量损失率不超过 5% 时,所能承受的最大冻融循环次数来表示。分以下 9 个抗冻等级:F10、F15、F25、F50、F100、F150、F200、F250 和 F300,分别表示混凝土能够承受反复冻融循环次数不少于 10 次、15 次、25 次、50 次、100 次、150 次、200 次、250 次和 300 次。

以上是用慢冻法确定抗冻等级,对于抗冻要求高的混凝土,也可用快冻法,即用同时满足相对弹性模量值不小于 60%,质量损失率不超过 5% 时的最大循环次数来表示其抗冻性指标。

提高混凝土抗冻性的关键也是提高密实度。措施是减小水灰比、掺加引气剂或减水型引气剂等。

3. 抗侵蚀性

环境介质对混凝土的化学侵蚀主要是对水泥石的侵蚀,提高混凝土的抗侵蚀性主要在于选用合适的水泥品种,以及提高混凝土的密实度。

4. 混凝土的碳化

混凝土的碳化是指环境中的 CO_2 和水与混凝土内水泥石中的 $Ca(OH)_2$ 反应,生成碳酸钙和水,从而使混凝土的碱度降低(也称为中性化)的现象。碳化对混凝土的作用利少弊多,由于中性化,使混凝土中的钢筋因失去碱性保护而锈蚀,碳化收缩会引起微细裂缝,使混凝土强度降低。碳化对混凝土的性能也有有利的影响,表层混凝土碳化时生成的碳酸钙,可填充水泥石的孔隙,提高密实度,对防止有害介质的侵入具有一定的缓冲作用。

影响混凝土碳化的因素有以下几个。

(1)水泥品种。使用普通硅酸盐水泥要比使用早强硅酸盐水泥碳化稍快些,而使用掺混合材料的水泥则比普通硅酸盐水泥碳化要快。

(2)水灰比。水灰比越小,碳化速度越慢。

(3)环境条件。常置于水中或干燥环境中的混凝土,碳化也会停止。只有相对湿度在 50%~70% 时碳化速度最快。

在工程中,为减少碳化对钢筋混凝土结构的不利影响,可采取以下措施。

(1)在可能的情况下,应尽量降低混凝土的水灰比,采用减水剂,以达到提高混凝土密实度的目的。

(2)根据环境和使用条件,合理选用水泥品种。

(3)对于钢筋混凝土构件,必须保证有足够的混凝土保护层,以防钢筋锈蚀。

（4）在混凝土表面抹刷涂层（如抹聚合物砂浆、刷涂料等）或黏贴面层材料（如贴面砖等），以防二氧化碳侵入。

5. 混凝土的碱-骨料反应

碱-骨料反应是指混凝土内水泥中的碱性氧化物（Na_2O 和 K_2O）与骨料中的活性二氧化硅发生化学反应，生成碱-硅酸凝胶，这种凝胶吸水后会产生很大的体积膨胀（体积增大可达 3 倍以上），从而导致混凝土产生膨胀开裂而破坏。

混凝土发生碱-骨料反应必须具备以下三个条件。

（1）水泥中碱含量高。碱含量大于 0.6%。

（2）砂、石骨料中含有活性二氧化硅成分。含活性二氧化硅成分的矿物有蛋白石、玉髓、石英等，它们常存在于流纹岩、安山岩、凝灰岩等天然岩石中。

（3）有水存在。在无水情况下，混凝土不可能发生碱-骨料反应。

混凝土碱-骨料反应进行缓慢，通常要经若干年后才会出现且难以修复，故对重要工程的混凝土所使用的粗、细骨料，应进行碱活性检验。当检验判定骨料为有潜在危害时，应采取下列措施：使用含碱量小于 0.6%的水泥或采用能抑制碱-骨料反应的掺合料（如火山灰质混合材料）；当使用含钾、钠离子的混凝土外加剂时，必须进行专门试验；防止水分侵入，设法使混凝土处于干燥状态。

6. 提高混凝土耐久性的措施

混凝土的密实度是影响其耐久性的关键，其次是原材料的品质和施工质量，提高混凝土耐久性的措施主要有以下五个方面。

（1）选用适当品种的水泥。

（2）严格控制水灰比。

严格控制水灰比并保证有足够的水泥用量，这是保证混凝土密实度，具有必要的耐久性的最重要措施。为此，在《普通混凝土配合比设计规程》（JGJ 55—2011）中规定了在进行混凝土配合比设计时，混凝土最大水灰比和最小水泥用量限值，见表 5-21。对化学性

表 5-21　混凝土的最大水灰比和最小水泥用量

环境条件		结构物类别	最大水灰比			最小水泥用量/（kg/m³）		
			素混凝土	钢筋混凝土	预应力混凝土	素混凝土	钢筋混凝土	预应力混凝土
干燥环境		正常的居住或办公房屋内部件	不作规定	0.65	0.60	200	260	300
潮湿环境	无冻害	高湿度的室内部件 室外部件 在非侵蚀性土和（或）水中的部件	0.70	0.60	0.60	225	280	300
	有冻害	经受冻害的室外部件 非侵蚀性土（或）水中且经受冻害的部件 高湿度且经受冻害的室内部件	0.55	0.55	0.55	250	280	300
有冻害和除冰剂的潮湿环境		经受冻害和除冰剂作用的室内和室外部件	0.50	0.50	0.50	300	300	300

注：1. 当用活性掺合料取代部分水泥时，本表所指水泥用量及水灰比值均指取代前的值；
　　2. 配制 C15 级及其以下等级混凝土，可不受本表限制。

侵蚀环境(如近海地区、侵蚀性大气、侵蚀性水和土)中结构物的混凝土水灰比和水泥用量,应按相关标准的规定进行控制。

（3）选用品质良好、级配合格的骨料。

（4）掺用减水剂、引气剂等外加剂。掺用减水剂、引气剂等外加剂,以提高混凝土密实度。对长期处于潮湿和严寒环境中的混凝土,应掺加引气剂,其掺量应使掺用后的混凝土含气量不低于表5-22的规定,但也不宜高于7%。

表 5-22　长期处于潮湿和严寒环境中混凝土的最小含气量

粗骨料最大粒径/mm	≥31.5	16	10
最小含气量值/%	4	5	6

（5）保证混凝土施工质量,即要搅拌均匀、浇捣密实、加强养护、避免产生次生裂缝。

第四节　普通混凝土的配合比设计

混凝土的配合比是指混凝土中各组成材料的质量比例。确定配合比的工作称为配合比设计。配合比设计优劣与混凝土性能有着直接、密切的关系。

一、混凝土配合比设计基本要点

1. 配合比的表示方法

配合比的表示方法通常有以下两种。

（1）以 1m³ 混凝土中各组成材料的用量表示,如水泥 320kg、砂 730kg、石子 1220kg、水 175 kg。

（2）以各组成材料相互之间的质量比来表示,其中以水泥质量为 1 计,将上例换算成质量比,水泥:砂:石=1:2.28:3.81,$W/C=0.55$。

2. 配合比设计的基本要求

混凝土配合比设计必须达到以下四项基本要求。

（1）满足混凝土结构设计要求的强度等级。

（2）满足混凝土施工所要求的和易性。

（3）满足工程所处环境对混凝土耐久性的要求。

（4）符合经济原则,即节约水泥、降低混凝土成本。

二、配合比设计的三个重要参数

水灰比 W/C、单位用水量 m_w、砂率 β_s 是混凝土配合比设计的三个重要参数,它们与混凝土各项性能之间有着非常密切的关系。配合比设计要正确地确定出这三个参数,才能保证配制出满足四项基本要求的混凝土。水灰比、单位用水量、砂率三个参数的确定原则如下。

（1）在满足混凝土强度和耐久性的基础上,确定混凝土水灰比。

（2）在满足混凝土施工要求的和易性基础上,根据粗骨料的种类和规格确定混凝土的单位用水量。

（3）砂率应以填充石子空隙后略有富余的原则来确定。

三、配合比设计的资料准备

混凝土所用各种原材料的品质直接关系着混凝土的各项技术性能,当原材料改变时混凝土的配合比也应随之变动;否则不能保证混凝土达到与原来相同的技术性能。为此,在设计混凝土配合比之前,一定要做好调查研究工作,预先掌握下列基本资料。

（1）了解工程设计要求的混凝土强度等级,以便确定混凝土配制强度。

（2）了解工程所处环境对混凝土耐久性的要求,以便确定所配混凝土的最大水灰比和最小水泥用量。

（3）了解结构构件断面尺寸及钢筋配置情况,以便确定混凝土骨料的最大粒径。

（4）了解混凝土施工方法,以便选择混凝土拌合物坍落度。

（5）掌握各原材料的性能指标。例如,水泥的品种、强度等级、密度,砂、石骨料品种规格、表观密度、级配,石子最大粒径以及拌和用水的水质情况,外加剂品种、性能、适宜掺量等。

四、配合比设计的方法步骤

配合比设计采用的是计算与试验相结合的方法,按以下三步进行。

(一)初步配合比计算

1. 确定混凝土配制强度

在工程配制混凝土时,如果混凝土的配制强度 $f_{cu,0}$ 等于设计强度 $f_{cu,k}$,这时混凝土强度保证率只有50%。因此,为了保证工程混凝土具有设计所要求的95%强度保证率,在进行混凝土配合比设计时,必需要使混凝土的配制强度大于设计强度。根据《普通混凝土配合比设计规程》(JGJ 55—2011)规定,混凝土配制强度按下式进行计算,即

$$f_{cu,0} \geqslant f_{cu,k} + 1.645\sigma \tag{5-7}$$

式中: $f_{cu,0}$ 为混凝土的配制强度(MPa); $f_{cu,k}$ 为混凝土的设计强度等级值(MPa); σ 为混凝土强度标准差(MPa)。

按《混凝土结构工程施工质量验收规范》(GB 50204—2015)规定,混凝土强度标准差 σ 可根据施工单位近期(统计周期不超过三个月,预拌混凝土厂和预制混凝土构件厂统计周期可取一个月)的同一品种混凝土强度资料按下式进行计算,即

$$\sigma = \sqrt{\dfrac{\sum\limits_{i=1}^{n} f_{cu,i}^2 - n\bar{f}_{cu}^2}{n-1}} \tag{5-8}$$

式中: σ 为混凝土强度标准差(MPa); $f_{cu,i}$ 为第 i 组试件的混凝土强度值(MPa); $\bar{f}_{cu}$ 为 n 组试件混凝土强度平均值(MPa); n 为混凝土试件组数, $n \geqslant 25$。

当混凝土强度等级为C20或C25时,如计算所得 $\sigma < 2.5$ MPa,取 $\sigma = 2.5$ MPa;当混凝土强度等级高于C25时,如计算所得 $\sigma < 3.0$ MPa,取 $\sigma = 3.0$ MPa。当施工单位不具有近期的同一品种混凝土的强度资料时, σ 值可按表5-23取值。

表 5-23　混凝土强度等级标准差 σ 值

混凝土设计强度等级	σ /MPa
<C20	4.0
C20~C35	5.0
>C35	6.0

配制强度计算式(式(5-7))中,">"符号的使用条件为:现场条件与实验室条件有显著差异时或 C30 级及其以上强度等级的混凝土,用非传统方法评定时采用。

2. 确定水灰比 W/C

当混凝土强度等级小于 C60 时,水灰比按鲍罗米公式计算,即

$$\frac{W}{C} = \frac{\alpha_a f_{ce}}{f_{cu,0} + \alpha_a \alpha_b f_{ce}} \tag{5-9}$$

式中:α_a、α_b 为回归系数,采用碎石,$\alpha_a = 0.46$、$\alpha_b = 0.07$,采用卵石,$\alpha_a = 0.48$、$\alpha_b = 0.33$;f_{ce} 为水泥 28d 抗压强度实测值(MPa),当无实测值时,f_{ce} 可按 $f_{ce} = \gamma_c f_{ce,g}$ 计算,值也可根据 3d 强度或快测强度推定 28d 强度关系式推定得出。

以上按强度公式计算出的水灰比,还应复核其耐久性,使计算所得的水灰比值不大于表 5-21 中规定的最大水灰比值。若计算值大于表中规定的最大水灰比值,应取规定的最大水灰比值。

当混凝土强度等级不小于 C60 时,水灰比按现有试验资料确定,然后通过试配予以调整。

3. 确定单位用水量 m_{w0}

1)干硬性和塑性混凝土单位用水量

根据骨料品种、粒径及施工要求的拌合物稠度(流动性),按表 5-24 和表 5-25 选取。

表 5-24　干硬性混凝土的用水量　　　　　　(kg/m³)

拌合物维勃稠度	卵石最大粒径/mm			碎石最大粒径/mm		
/s	10	20	40	16	20	40
16~20	175	160	145	180	170	155
11~15	180	165	150	185	175	160
5~10	185	170	155	190	180	165

表 5-25　塑性混凝土的用水量　　　　　　(kg/m³)

拌合物坍落度/mm	卵石最大粒径/mm				碎石最大粒径/mm			
	10	20	31.5	40	16	20	31.5	40
10~30	190	170	160	150	200	185	175	165
35~50	200	180	170	160	210	195	185	175
55~70	210	190	180	170	220	205	195	185
75~90	215	195	185	175	230	215	205	195

注:1. 本表用水量系采用中砂时的平均值。采用细砂时,每立方米混凝土用水量可增加 5~10kg;采用粗砂时,则可减少 5~10kg。
　　2. 掺用外加剂时,用水量应相应调整。
　　3. 本表适用于混凝土水灰比在 0.40~0.80 范围,当 $W/C<0.40$ 时,混凝土用水量应通过试验确定。

2) 流动性和大流动性混凝土用水量

按下列步骤计算。

第一步:以表 5-25 中坍落度 90mm 的用水量为基础,按坍落度每增大 20mm 用水量增加 5kg,计算出未掺加外加剂时的混凝土用水量。

第二步:掺加外加剂的混凝土用水量按下式进行计算,即

$$m_{wa} = m_{w0}(1 - \beta) \tag{5-10}$$

式中: m_{wa} 为掺加外加剂混凝土每立方米用水量(kg); m_{w0} 为未掺加外加剂混凝土每立方米用水量(kg); β 为外加剂的减水率(%),由试验确定。

4. 计算水泥用量

水泥根据已确定混凝土用水量 m_{w0} 和水灰比 W/C 值,可由下式计算出水泥用量 m_{c0},并复核耐久性。

$$m_{c0} = \frac{m_{w0}}{\dfrac{W}{C}} \tag{5-11}$$

计算所得的水泥用量 m_{c0} 应不小于表 5-21 中规定的最小水泥用量值。若计算值小于规定值,应取表中规定的最小水泥用量值。

5. 确定合理砂率

坍落度为 10~60mm 混凝土的合理砂率,可按表 5-26 选取。

表 5-26　混凝土的砂率

最大粒径 /mm 砂率/% 水灰比(W/C)	卵　石			碎　石		
	10	20	40	16	20	40
0.4	26~32	25~31	24~30	30~35	29~34	27~32
0.5	30~35	29~34	28~33	33~38	32~37	30~35
0.6	33~38	32~37	31~36	36~41	35~40	33~38
0.7	36~41	35~40	34~39	39~44	38~43	36~41

注:1. 本表的数值系中砂的选用砂率,对细砂或粗砂,可相应地减少或增大砂率;

　　2. 只用一个单粒级粗骨料配制混凝土时,砂率应适当增大;

　　3. 对薄壁构件,砂率取偏大值。

坍落度大于 60mm 的混凝土砂率,可在表 5-26 的基础上,按坍落度每增大 20mm,砂率增大 1% 的幅度予以调整。坍落度小于 10mm 的混凝土,其砂率应经试验确定。

6. 计算砂、石用量

砂、石用量可用质量法或体积法求得。

1) 质量法

当原材料情况比较稳定,所配制的混凝土拌合物的体积密度将接近一个固定值,这样可以先假定一个混凝土拌合物的体积密度,按下式计算砂、石的用量,即

$$\begin{cases} m_{c0} + m_{g0} + m_{s0} + m_{w0} = m_{cp} \\ \beta_s = \dfrac{m_{s0}}{m_{g0} + m_{s0}} \times 100\% \end{cases} \tag{5-12}$$

式中：m_{c0} 为水泥质量（kg）；m_{g0} 为石子质量（kg）；m_{s0} 为砂子质量（kg）；m_{w0} 为水的用量（kg）；m_{cp} 为混凝土拌合物的假定体积密度，一般取值为 $2350 \sim 2450 kg/m^3$；β_s 为砂率（%）。

2）体积法

假定混凝土拌合物的体积等于各组成材料绝对体积及拌合物中所含空气的体积之和，按下式计算 $1m^3$ 混凝土砂、石用量，即

$$\begin{cases} \dfrac{m_{c0}}{\rho_c} + \dfrac{m_{g0}}{\rho'_g} + \dfrac{m_{s0}}{\rho'_s} + \dfrac{m_{w0}}{\rho_w} + 0.01\alpha = 1 \\ \beta_s = \dfrac{m_{s0}}{m_{g0} + m_{s0}} \times 100\% \end{cases} \tag{5-13}$$

式中：ρ_c 为水泥密度（kg/m^3）；ρ'_s、ρ'_g 为砂、石的表观密度（kg/m^3）；ρ_w 为水的密度（kg/m^3），取 $1000kg/m^3$；α 为混凝土的含气百分数，在不使用引气剂时，α 可取 1。

7. 计算混凝土外加剂的掺量

由于外加剂掺量 m_{j0} 是以占水泥质量分数计，故在已知水泥用量 m_{c0} 及外加剂适宜掺量 γ 时，按下式计算，即

$$m_{j0} = m_{c0}\gamma \tag{5-14}$$

式中：m_{j0} 为外加剂的质量（kg）；m_{c0} 为水泥的质量（kg）；γ 为外加剂适宜掺量（%）。

通过以上七个计算步骤可将水泥、水、砂和石子的用量全部求出，从而得到初步配合比。

(二)实验室配合比的确定

初步配合比是利用经验公式和经验资料获得的，由此配制的混凝土有可能不符合实际要求，所以需要对其进行试配、调整与确定。

1. 试配与调整

混凝土试配时应采用工程中实际使用的原材料，混凝土的搅拌方法也宜与生产时使用的方法相同。

试配时，每盘混凝土的量应不少于表 5-27 的规定值。当采用机械搅拌时，拌合物量应不小于搅拌机额定搅拌量的 1/4。

表 5-27　混凝土试配用最小拌合物量

粗骨料最大粒径/mm	≤31.5	40
最小拌合物量/L	15	25

混凝土配合比试配调整的主要工作如下。

1）混凝土拌合物和易性调整

按初步配合比进行试拌，以检验拌合物的性能。如试拌得出的拌合物坍落度或维勃稠度不能满足要求，或黏聚性和保水性能不好时，则应在保证水灰比不变的条件下相应调整用水量或砂率，直到符合要求为止（据经验，每增（减）坍落度 10mm，需增（减）水泥浆 2%~5%）。然后提出供混凝土强度试验用的基准配合比。

2）混凝土强度复核

混凝土强度试验时至少应采用三个不同的配合比，其中一个为基准配合比，另外两个配合比的水灰比值，较基准配合比分别增加和减少 0.05，其用水量与基准配合比基本相同（调整水泥用量），砂率值可分别增加和减小 1%。若发现不同水灰比的混凝土拌合物坍落度与要求值相差超过允许偏差时，可适当增、减用水量进行调整。

制作混凝土强度试件时，还应检验混凝土的坍落度或维勃稠度、黏聚性、保水性及拌合物体积密度，并以此结果作为代表这一配合比的混凝土拌合物的性能。

为检验混凝土强度等级，每种配合比应至少制作一组（三块）试件，并经标准养护 28d 试压。需要时，可同时制作几组试件，供快速检验或较早龄期试压，以便提前确定出混凝土配合比供施工使用。但应以标准养护 28d 强度的检验结果为依据调整配合比。

2. 实验室配合比（理论配合比）的确定

1）混凝土各材料用量

根据测出的混凝土强度与相应灰水比作图或计算，求出与混凝土配制强度、与相对应的灰水比值，并按下列原则确定每立方米混凝土各材料用量。

（1）用水量 m_w。取基准配合比中用水量，并根据制作强度试件时测得的坍落度或维勃稠度值，进行调整。

（2）水泥用量 m_c。以用水量乘以选定的灰水比计算而定。

（3）粗、细骨料用量 m_g、m_s。取基准配合比中的粗、细骨料用量，并按定出的水灰比做适当调整。

2）混凝土体积密度的校正

经强度复核之后的配合比，还应根据混凝土体积密度的实测值 $\rho_{c,t}$ 进行校正，其方法为：计算出混凝土拌合物的计算表观密度 $\rho_{c,c}$，当混凝土表观密度实测值 $\rho_{c,t}$ 与计算值 $\rho_{c,c}$（$\rho_{c,c} = m_c + m_g + m_s + m_w$）之差的绝对值不超过计算值的2%时，由以上定出的配合比即为确定的实验室配合比；当二者之差超过计算值的2%时，应将配合比中的各项材料用量均乘以校正系数 δ $\left(\delta = \dfrac{\rho_{c,t}}{\rho_{c,c}} \right)$，即为确定的混凝土实验室配合比。

（三）混凝土施工配合比的确定

混凝土实验室配合比中，砂、石是以干燥状态（砂子含水率小于0.5%，石子含水率小于0.2%）计算的，实际工地上存放的砂、石都含有一定的水分。因此，现场材料的实际称量按工地砂、石的含水情况对实验室配合比进行修正，修正后的1m³混凝土各材料用量称为施工配合比。

设工地砂的含水率为 $a\%$，石子的含水率为 $b\%$，并设施工配合比中，1m³混凝土各材料用量分别为 m_c'、m_s'、m_g'、m_w'（kg），则1m³混凝土施工配合比中各材料的用量为

$$m_c' = m_c$$
$$m_s' = m_s(1 + a\%)$$

$$m'_g = m_g(1 + b\%)$$

$$m'_w = m_w - m_s \times a\% - m_g \times b\%$$

施工现场骨料的含水率是经常变动的,因此在混凝土施工中应随时测定砂、石骨料的含水率,并及时调整混凝土配合比,以免因骨料含水量的变化而导致混凝土水灰比的波动,从而导致混凝土的强度、耐久性等性能降低。

五、混凝土配合比设计实例

【题目】　试设计钢筋混凝土桥 T 形梁用混凝土配合比。

【原始资料】　已知混凝土的设计强度等级为 C30,无强度历史统计资料,要求混凝土拌合物坍落度为 35~50mm,桥梁所在地区为温暖干燥地区。

组成材料:可供应强度等级为 42.5 的硅酸盐水泥,密度 $\rho_c = 3.15 \times 10^3 \text{kg/m}^3$,经胶砂试验测得实际强度为 49.3 MPa;砂为中砂,表观密度 $\rho_s = 2.65 \times 10^3 \text{kg/m}^3$;碎石最大粒径为 31.5mm,表观密度 $\rho_s = 2.70 \times 10^3 \text{kg/m}^3$;现场砂子的含水率为 5%,石子的含水率为 1%。

设计要求如下:

① 根据以上资料,计算出初步配合比。

② 按初步配合比在实验室进行试拌调整,得出实验室配合比。

③ 根据现场含水率,计算施工配合比。

【设计步骤】

以下计算结果,没有特别说明均保留小数点后两位数。

1. 计算初步配合比

(1) 确定混凝土的配制强度。

根据题意可知,设计要求混凝土强度 $f_{cu,k} = 30\text{MPa}$,无历史资料,查表 5-23,取 $\sigma = 5.0\text{MPa}$,按下式计算混凝土配制强度:

$$f_{cu,0} = f_{cu,k} + 1.645\sigma = 30 + 1.645 \times 5.0 = 38.23(\text{MPa})$$

(2) 计算水灰比。

已知水泥的实际强度 $f_{ce} = 49.3\text{MPa}$,由于本单位没有混凝土强度回归系数统计资料,回归系数采用碎石 $\alpha_a = 0.46$,$\alpha_b = 0.07$,按下式计算水灰比:

$$\frac{W}{C} = \frac{\alpha_a f_{ce}}{f_{cu,0} + \alpha_a \alpha_b f_{ce}} = \frac{0.46 \times 49.3}{38.2 + 0.46 \times 0.07 \times 49.3} = 0.57$$

(3) 确定单位体积用水量。

根据题意,所需配制的混凝土的坍落度为 35~50mm,碎石最大粒径为 31.5 mm,由表 5-24可得单位体积用水量 $m_{w0} = 185(\text{kg/m}^3)$。

(4) 计算水泥用量。

由单位体积用水量和水灰比可得

$$m_{c0} = \frac{m_{w0}}{W/C} = \frac{185}{0.57} = 325.56(\text{kg/m}^3)$$

(5) 检验混凝土的耐久性。

根据混凝土所处环境条件温暖干燥地区，查表5-21，允许最大水灰比为0.65，最小水泥用量为260 kg/m³。由以上的计算可以看出，此配合比满足耐久性要求。

（6）确定砂率。

按已知条件，骨料采用碎石，最大粒径31.5mm，水灰比$W/C=0.57$。查表5-26，选定混凝土砂率$\beta_s=33\%$。

（7）计算砂石用量。

由于已知原材料的密度，为了计算精确，采用体积法确定砂石用量（当然也可以采用质量法，然后在试拌时，通过测定拌合料的表观密度来修正配合比），将各数据代入得

$$\begin{cases} \dfrac{325.56}{3.15\times10^3}+\dfrac{m_{g0}}{2.70\times10^3}+\dfrac{m_{s0}}{2.65\times10^3}+\dfrac{185}{1\times10^3}+0.01\alpha=1 \\[3mm] \dfrac{m_{s0}}{m_{g0}+m_{s0}}=0.33 \end{cases}$$

计算得：$m_{s0}=621.76\text{kg/m}^3$，$m_{g0}=1262.17\text{kg/m}^3$。

至此混凝土初步配合比已得出，即：$m_{c0}=324.56\text{kg/m}^3$，$m_{s0}=621.76\text{kg/m}^3$，$m_{g0}=1262.17\text{kg/m}^3$，$m_{w0}=185.0\text{kg/m}^3$。

2. 计算基准配合比

为了验证配合比的正确性，必须进行试拌，对混凝土混合料的工作性进行检验。

（1）计算试拌材料用量。

按计算的初步配合比，试拌0.015m²混凝土混合料，首先计算出各种材料的试拌用量。

水泥　324.56×0.015＝4.87kg。

砂　　621.76×0.015＝9.33kg。

碎石　1262.17×0.015＝18.93kg；

水　　185.0×0.015＝2.78kg。

（2）调整组分。

按计算材料用量拌制混凝土拌和物，测定其坍落度为20mm，未满足题目的施工和易性要求。为此，保持水灰比不变，增加5%水泥浆，再经拌和测定，其坍落度为40mm，黏聚性和保水性也良好，满足施工和易性要求。此时混凝土拌合物各组成材料实际用量为：

水泥　4.87×（1+5%）＝5.11kg；

水　　2.78×（1+5%）＝2.92kg。

混凝土拌合物中各种原材料的比例为：

水泥：砂：石：水＝5.12：9.33：18.93：2.92＝1：1.83：3.70：0.57。

（3）基准配合比。

各种材料单位体积的用量由下式计算，即

$$\frac{m_{c1}}{3.15\times10^3}+\frac{m_{g1}}{2.70\times10^3}+\frac{m_{s1}}{2.65\times10^3}+\frac{m_{w1}}{1\times10^3}+0.01\alpha=1$$

$$\frac{m_{c1}}{3.15\times10^3}+\frac{3.68m_{c1}}{2.70\times10^3}+\frac{1.84m_{c1}}{2.65\times10^3}+\frac{0.57m_{c1}}{1\times10^3}+0.01\alpha=1$$

计算结果保留一位小数,得:$m_{c1}=336.2\text{kg/m}^3$,$m_{s1}=618.6\text{kg/m}^3$,$m_{g1}=1237.2\text{kg/m}^3$,$m_{w1}=191.6\text{kg/m}^3$。

3. 计算实验室配合比

(1) 制作强度试件。

采用水灰比分别为$(W/C)_A=0.52$、$(W/C)_B=0.57$和$(W/C)_C=0.62$,拌制三组混凝土拌合物。用水量保持不变,砂、碎石用量仍由体积法确定。

经测试,除初步配合比一组外,其他两组坍落度、黏聚性和保水件均属合格。

(2) 测试强度。

三组配合比经拌制成型为强度试件,在标准条件养护28d后,按规定方法测定其立方体抗压强度值分别为:

A组:水灰比0.52,灰水比1.92,28d立方体抗压强度$f_{cu,28}=48.0\text{MPa}$;

B组:水灰比0.57,灰水比1.75,28d立方体抗压强度$f_{cu,28}=39.3\text{MPa}$;

C组:水灰比0.62,灰水比1.61,28d立方体抗压强度$f_{cu,28}=32.0\text{MPa}$。

(3) 确定水灰比。

根据强度试验结果,绘制抗压强度$f_{cu,28}$与灰水比C/W的关系曲线,如图5-15所示。

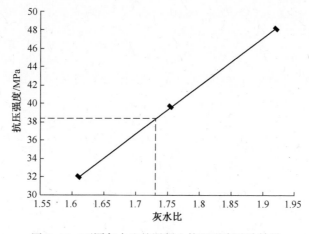

图5-15　不同灰水比的混凝土抗压强度试验结果

由图5-15可知,相应混凝土配制强度$f_{cu,28}=38.20\text{MPa}$的灰水比$C/W=1.73$,即$W/C=0.58$,这就是所需配制的混凝土的水灰比。

(4) 确定砂石用量。

按强度试验结果修正配合比,各材料用量为:

用水量$m_{w2}=m_{w1}=191.60\text{kg/m}^3$。

水泥用量$m_{c2}=m_{w2}/(W/C)=191.6/0.58=330.34\text{kg/m}^3$。

砂、石用量按体积法确定,即

$$\begin{cases}\dfrac{330.34}{3.15\times10^3}+\dfrac{m_{g2}}{2.70\times10^3}+\dfrac{m_{s2}}{2.65\times10^3}+\dfrac{196.10}{1\times10^3}+0.01=1\\[3mm]\dfrac{m_{s2}}{m_{g2}+m_{s2}}=0.33\end{cases}$$

计算得：$m_{s2} = 620.31 kg/m^3$，$m_{g2} = 1259.23 kg/m^3$。

（5）测试混凝土拌合物的表观密度，计算实验室配合比。

以上混凝土拌合物表观密度的计算值为：$191.6 + 330.34 + 620.31 + 1259.23 = 2401.48 kg/m^3$。

按以上配合比配制混凝土拌合物，测定其体积密度为 $2427 kg/m^3$。

则修正系数 $\delta = 2427/2401.48 = 1.011$，所以，此混凝土的实验室配合比如下：

$m_{c2} = 330.34 × 1.011 = 333.97 kg/m^3$；

$m_{s2} = 620.31 × 1.011 = 627.13 kg/m^3$；

$m_{g2} = 1259.23 × 1.011 = 1273.08 kg/m^3$；

$m_{w2} = 191.6 × 1.011 = 193.7 kg/m^3$。

（注：实测密度与计算密度相差小于2%（1.9%），也可不进行修正。）

4. 计算施工配合比

由于现场砂石料中含有一定量的水，因此在使用石时也引入了一部分水，使实际的砂石量不足，同时添加水时应扣除砂石所引入的水分，因此需要根据材料含水率对实验室配合比进行修正。

水泥用量 $m_{c3} = m_{c2} = 333.97 kg/m^3$。

砂的用量 $m_{s3} = m_{s2} × (1 + 5\%) = 637.13 × (1 + 5\%) = 668.99 kg/m^3$；

石子用量 $m_{g3} = m_{g2} × (1 + 1\%) = 1273.08 × (1 + 1\%) = 1285.81 kg/m^3$；

用水量 $m_{w3} = m_{w2} - m_{s2} × 5\% - m_{g2} × 1\% = 149.62 kg/m^3$。

施工配合比为：

水泥用量 $m_{c3} = 333.97 kg/m^3$；

砂的用量 $m_{s3} = 668.99 kg/m^3$；

石子用量 $m_{g3} = 1285.81 kg/m^3$；

用水量 $m_{w3} = 149.62 kg/m^3$

水泥：砂：石：水 $= 333.97：668.99：1285.81：149.62$

$= 1：2.0：3.85：0.45$。

（注意，这里的 0.45 不是水灰比，这里用水量里减去了砂石里的那一部分水。）

以上就是例题所需的混凝土的施工配合比。

第五节　混凝土质量控制

混凝土的质量是影响混凝土结构可靠性的重要因素，在实际工程中，由于原材料、施工条件和试验条件等许多复杂因素的影响，必然会造成混凝土质量的波动。为保证建筑结构的可靠性和安全性，必须从混凝土原材料到混凝土施工过程（搅拌、运输、浇捣、养护）及养护后全过程进行必要的质量检验和控制。

一、混凝土监督制度

搞好混凝土全过程质量控制，首先要有制度保证和组织保证。

（1）建立健全混凝土质量控制和监督制度。制订各项质量控制程序,明确各部门岗位职责,明确质量监督范围、组织体系、保证体系。

（2）要建立混凝土监督人员网络,明确各级职责,组织培训,开展检查验收工作。

二、混凝土原材料质量控制

（1）对原材料供应商应做好资质审查、产地（品）调查,所购材料必须符合设计及标准要求。

（2）所购进的每批材料必须具备有效的出厂合格证,并按规定进行复验。

（3）原材料要按不同品种、规格、出厂日期分别堆放,做好必要的防潮措施。

（4）原材料发放要严格把关,防止错发、错用。

对复验不合格的原材料的处理要进行监督,防止不合格品用于工程中。

三、混凝土施工过程中的质量控制

计量装置必须由计量部门定期检定,每盘混凝土投料称量误差应符合表 5-28 的要求。

表 5-28　混凝土原材料称量的允许误差

材料名称	水泥、掺合料	粗、细骨料	水、外加剂
允许误差/%	±2	±3	±2

（1）骨料含水量应经常测定,雨天施工应增加测定次数。

（2）在拌制和浇注过程中,对组成材料的质量检查每一工作班不应少于一次。

（3）拌制和浇注地点坍落度的检查每一工作班至少两次。

（4）混凝土拌和时间应符合规范要求,随时检查。

（5）混凝土配合比由于外界影响而有变动时,应及时检查调整。

四、混凝土养护后的质量控制

对养护后混凝土的质量控制,主要是检验混凝土的抗压强度。因为混凝土质量波动直接反映在强度上,通过对混凝土强度的管理就能控制住整个混凝土工程质量。对混凝土的强度检验有两种方法,即预留试块检测（破损检测）和在结构本体上进行检测（非破损检测）。

（一）预留试块检测（破损检测）

预留试块检测是根据边长为 150mm 的标准立方体试块在标准条件（(20±3)℃的温度和相对湿度 90%以上）下养护 28d 的抗压强度来确定。评定强度的试块应在浇注处或制备处随机抽样制成,不得挑选。现行规范规定的试件留置组数如下。

① 每拌制 100 盘且不超过 $100m^3$ 的同配合比的混凝土,取样不少于一次。

② 每工作班拌制的同配合比的混凝土不足 100 盘时,取样不得少于一次。

③ 对现浇混凝土结构,每一楼层同一配合比的混凝土,其取样不得少于一次;当一次连续浇注超过 $1000m^3$ 时,同一配合比的混凝土每 $200m^3$ 取样不得少于一次。

④ 每次取样应至少留置一组标准养护试件,若有其他需要（如拆模、出池、出厂、吊

装、张拉等),还应留置与结构或构件同条件养护的试件,试件组数按实际需要确定。每组三个试件应在同盘混凝土取样制作,其检测方法后文有述。

混凝土强度应分批验收,根据《混凝土强度检验评定标准》(GB/T 50107—2010)的规定,混凝土强度评定可分为统计方法和非统计方法两种。前者适用于预拌混凝土厂、预制混凝土构件厂和采用现场集中搅拌混凝土的施工单位,后者适用于零星生产的预制构件厂或现场搅拌批量不大的混凝土。

1. 统计方法评定

由于混凝土生产条件不同,混凝土强度的稳定性也不同,统计方法评定又分为标准差已知和标准差未知两种评定方法。

1) 标准差已知时的统计评定方法

当混凝土的生产条件较长时间内能保持一致,且同一品种混凝土的强度变异性能保持稳定,每批的强度标准差可按常数考虑。

强度评定应由连续的三组试件组成一个验收批,其强度应同时满足下列要求。

$$\bar{f}_{cu} \geq f_{cu,k} + 0.7\sigma_0$$

$$f_{cu,min} \geq f_{cu,k} - 0.7\sigma_0$$

式中:$\bar{f}_{cu}$ 为同一验收批混凝土立方体抗压强度的平均值(MPa);$f_{cu,k}$ 为混凝土立方体抗压强度标准值(MPa);$f_{cu,min}$ 为同一验收批混凝土立方体抗压强度的最小值(MPa);σ_0 为验收批混凝土立方体抗压强度的标准差(MPa)。

当混凝土强度等级不高于 C20 时,其强度的最小值还应满足以下要求,即

$$f_{cu,min} \geq 0.85\sigma_0$$

当混凝土强度等级高于 C20 时,其强度的最小值还应满足下式的要求,即

$$f_{cu,min} \geq 0.90\sigma_0$$

验收批混凝土立方体抗压强度的标准差 σ_0,应根据前一个检验期内同一品种混凝土试件的强度数据,按下式进行计算,即

$$\sigma_0 = \frac{0.59}{m}\sum_{i=1}^{m}\Delta f_{cu,i} \tag{5-15}$$

式中:$\Delta f_{cu,i}$ 为第 i 批试件立方体抗压强度最大值与最小值之差;m 为用以确定验收批混凝土立方体抗压强度标准差的数据总组数。

上述检验期不应超过三个月,该期内强度数据的总批数不得少于 15 批。

2) 标准差未知时的统计评定方法

当混凝土的生产条件在较长时间内不能保持一致,且混凝土强度变异性不能保持稳定时,检验评定只能直接根据每一验收批抽样的强度数据确定。

强度评定时,应由不少于 10 组的试件组成一个验收批,其强度应同时满足下列要求,即

$$\bar{f}_{cu} - \lambda_1 S_{fcu} \geq 0.9f_{cu,k}$$

$$f_{cu,min} \geq \lambda_2 f_{cu,k}$$

式中:S_{fcu} 为同一验收批混凝土立方体抗压强度标准差(MPa),当计算值小于 $0.06f_{cu,k}$

时,取 $S_{fcu} = 0.06f_{cu,k}$;λ_1、λ_2 为合格判定系数,按表5-29取用。

表5-29 合格判定系数

试件组数\合格判定系数	10~14	15~24	≥25
λ_1	1.70	1.65	1.60
λ_2	0.90	0.85	0.85

验收批混凝土强度的标准差 S_{fcu} 按下式进行计算,即

$$S_{fcu} = \sqrt{\frac{\sum_{i=1}^{n} f_{cu,i}^2 - n\bar{f}_{cu}^2}{n-1}} \qquad (5-16)$$

式中:$f_{cu,i}$ 为第 i 组试件的立方体抗压强度(MPa);n 为一个验收批混凝土试件的组数。

2. 非统计方法评定

对零星生产预制构件的混凝土或现场搅拌批量不大的混凝土,可按非统计方法评定。其强度应同时满足下列要求,即

$$\bar{f}_{cu} \geq 1.5f_{cu,k}$$

$$f_{cu,min} \geq 0.95f_{cu,k}$$

当混凝土检验结果能满足以上评定方法中的任一种要求时,则该批混凝土判为合格;否则,该批混凝土判为不合格。由不合格批次混凝土制成的结构或构件,应进行鉴定,对不合格的结构和构件必须及时处理。

(二)非破损检测

当对混凝土试件强度评定不合格或试件与结构中混凝土质量不一致或供检验用的试件数量不足时,可采用非破损检测方法或从结构、构件中钻取芯样的方法,并按国家现行有关标准,对结构构件中的混凝土强度进行推定,作为判断结构是否需要处理的依据。目前,这类非破损检测混凝土质量的方法有回弹法、拔出法、超声波法、反射波法、红外线法、电位差法、射线照相法、雷达波法等,但这些方法不能代替混凝土标准试件作为混凝土强度的合格评定,也就是说,目前对混凝土非破损检测还达不到代替破损检测的可靠要求。

1. 回弹法(表面硬度法)

这是一种测量混凝土表面硬度的方法。混凝土强度与硬度有密切关系,回弹仪是用冲击动能测量回弹锤撞击混凝土表面后的回弹量,确定混凝土表面硬度,用试验方法建立表面硬度与混凝土强度的关系曲线,从而推断混凝土的强度值。这种方法受混凝土的表面状况影响较大,如混凝土的碳化情况、干湿情况,甚至粗骨料对表面的影响都很大,所以测出的强度需要进行校准。我国现行的回弹仪测试混凝土强度的技术标准为《回弹法检测混凝土抗压强度技术规程》(JCJ/T 23—2011)。

2. 拔出法(半破损法)

拔出法用拔出仪拉拔埋在混凝土表层内的锚杆,根据混凝土的拉拔强度推算混凝土抗压强度。这种方法是直接测定混凝土的力学特性,所以测出的数据比较可靠。埋在混

凝土表层内的锚杆,可以是预埋的,也可以是后埋的,后埋法使用方便、灵活,但在钻孔、埋入锚杆等作业时,会损伤混凝土,或埋件不当会影响测定值。粗骨料对拔出法的测定值也有影响。

拔出法对混凝土表面有一定损坏,属于局部破损方法之一。其他还有射钉法、针贯入法、取芯法等。射钉法是使用一种火药发射装置,将一根一定长度的合金尖钉射入混凝土中,测定其外露长度,通过试验建立射入度与混凝土强度关系曲线,以此推算混凝土的强度。这种方法的优点是测量速度快、方便,且受混凝土表面影响小,但受粗骨料和混凝土含水率的影响较大。针贯入法是与射钉法类似的一种方法,即以弹簧作用力将金属针打入混凝土,打入深度为 4~8mm。这种方法只深入混凝土的砂浆层,受表面状况的影响小,基本上不受粗骨料的影响。取芯法是从混凝土构件中钻取一块芯样,直径为 100mm 或 150mm,通过力学试验确定混凝土的强度,同时可以查看混凝土的密实性。这种方法简便、直观、精度高,是国内应用较多的一种方法,但对构件的破损范围比拔出法大,而且有的构件配筋较多,不易取样,不能作为普遍使用的方法,可以作为其他非破损检测方法的检验补充。

3. 超声波法(声波法)

用超声发射仪从一侧发射一列超声脉冲波进入混凝土中,在另一侧接收经过混凝土介质传送的超声脉冲波,同时测定其声速、振幅、频率等参数,判断混凝土的质量。超声波法可以测定混凝土的强度。混凝土的强度与声速的相关性受混凝土组成材料的品种、骨料粒径、湿度等影响,需要用该种混凝土的试件或取芯法的芯样来确定强度与声波的关系。超声波法还可以探测混凝土内部的缺陷、裂缝、灌浆效果、结合面质量等,是目前检测混凝土缺陷使用最普遍的方法。

超声波与回弹法结合评定混凝土强度,称为超声回弹综合法。这两种方法的结合,可以减少或抵消某些影响因素对单一方法测定强度的误差,从而提高测试精度,这种方法应用较广。

五、混凝土的质量管理图

为了掌握分析混凝土质量波动情况,及时分析发现的问题,以便采取措施,保证混凝土质量,可将水泥强度、混凝土坍落度、水灰比、混凝土强度等质量指标检查结果绘成图,称为质量管理图。下面以混凝土强度质量控制图(图 5-16)为例来说明其应用。

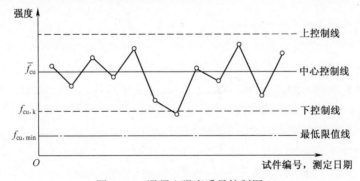

图 5-16　混凝土强度质量控制图

质量控制图的纵坐标表示试件强度的测定值,横坐标表示试件编号和测定日期。中心控制线为强度平均值 f_{cu}（也是混凝土配制强度 $f_{cu,0}$）,下控制线为混凝土设计强度等级 $f_{cu,k}$,最低限值线 $f_{cu,min} = f_{cu,k} - 0.7\sigma_0$。

把每次试验结果逐日填画在图上,从质量管理图的变动趋势可以判断混凝土质量是否正常。如果强度测定值全部落在上、下控制线内,其排列是随机的,没有异常情况,说明生产过程处于正常稳定状态;如果强度测定值落在下控制线以下,就要引起注意并及时查明原因予以纠正;如果强度测定值落在 $f_{cu,min}$ 线以下,则混凝土质量有问题,不能验收。

第六节　特殊品种的混凝土

一、高强度混凝土

混凝土强度类别在不同时代和不同国家有不同的划分。目前许多国家工程技术人员的习惯是把 C10~C50 强度等级的混凝土称为普通强度混凝土,C60~C90 的称为高强混凝土,C100 以上的称为超高强混凝土。

采用高强或超高强混凝土取代普通混凝土可大幅度减少混凝土构件体积和钢筋用量。

目前,国际上配制高强、超高强混凝土实用的技术路线是:高品质通用水泥+高性能外加剂+特殊掺合料。高强度混凝土配合比设计原则如下。

(一)原材料基本要求

1. 水泥

应选用硅酸盐水泥或普通硅酸盐水泥,其标号不宜低于 42.5 级。

2. 粗骨料

粗骨料的最大粒径不应超过 31.5mm,针片状颗料含量不宜超过 5%,含泥量不应超过 1%,所用粗骨料除进行压碎指标试验外,对碎石还应进行立方体强度试验,其检验结果应符合现行国家标准《建筑用卵石、碎石》(GB/T 14685—2011)的规定。因为高强混凝土破坏时骨料往往也被压裂,因此骨料的强度对混凝土的强度有相当大的影响。

3. 细骨料

宜采用中砂,其细度模数宜大于 2.6,含泥量不应超过 2%。

4. 混合材料

配制超高强混凝土一般需掺入硅灰等活性掺合料或专用的特殊掺合料。由于硅灰资源少且价格昂贵,多采用超细矿渣或超细粉煤灰作为超高强混凝土特殊掺合料。目前国内工程上多采用专用的特殊掺合料配制高强混凝土,专用特殊掺合料已作为独立的产品在市场上销售。高性能混凝土特殊掺合料已工业化生产,并在工程中推广应用。

5. 外加剂

宜选用非引气、坍落度损失小的高效减水剂。

(二)配合比设计要点

高强、超高强混凝土配合比计算方法、步骤与普通混凝土基本相同,但应注意以下几点。

（1）基准配合比的水灰比，不宜用普通混凝土水灰比公式计算。C60以上的混凝土一般按经验选取基准配合比的水灰比；试配时选用的水灰比间距宜为0.02~0.03。

（2）外加剂和掺合料的掺量及其对混凝土性能的影响，应通过试验确定。

（3）配合比中砂率可通过试验建立坍落度-砂率关系曲线，以确定合理的砂率值。

（4）混凝土中胶凝材料用量不宜超过600kg/m³。

（5）配制C70以上等级的混凝土，须掺用硅灰或专用特殊掺合料。

二、轻混凝土

表观密度小于1900kg/m³的混凝土称为轻混凝土，轻混凝土又可分为轻集料混凝土、多孔混凝土及无砂混凝土三类。

（一）轻集料混凝土

凡是用轻粗集料、轻细集料（或普通砂）、水泥和水配制而成的轻混凝土，称为轻集料混凝土。由于轻集料种类繁多，故混凝土常以轻集料的种类命名，如粉煤灰陶粒混凝土、浮石混凝土等。轻骨料按来源可分为三类：①工业废渣轻骨料（如粉煤灰陶粒、煤渣等）；②天然轻骨料（如浮石、火山渣等）；③人工轻骨料（如页岩陶粒、黏土陶粒、膨胀珍珠岩等）。

轻骨料混凝土强度等级与普通混凝土相对应，按立方体抗压标准强度划分为CL5.0、CL7.5、CL10、CL15、CL20、CL25、CL30、CL35、CL40、CL45和CL50等。轻骨料混凝土的应变值比普通混凝土大，其弹性模量为同强度等级普通混凝土的50%~70%。轻骨料混凝土的收缩和徐变约比普通混凝土相应大20%~60%。

许多轻骨料混凝土具有良好的保温性能，当其表观密度为1000kg/m³时，热导率为0.28W/(m·K)；表观密度为1800kg/m³时，热导率为0.87W/(m·K)。可用作保温材料、结构保温材料或结构材料。

（二）多孔混凝土

多孔混凝土是一种不用骨料的轻混凝土，内部充满大量细小封闭的气孔，孔隙率极大，一般可达混凝土总体积的85%。它的表观密度一般在300~1200kg/m³之间，热导率为0.08~0.29W/(m·K)。因此，多孔混凝土是一种轻质多孔材料，兼有结构及保温、隔热等功能，同时容易切削和锯解，握钉性好。多孔混凝土可制作屋面板、内外墙板、砌块和保温制品，广泛地用于工业及民用建筑和管道保温。

根据气孔产生的方法不同，多孔混凝土可分为加气混凝土和泡沫混凝土。加气混凝土在生产上比泡沫混凝土具有更多的优越性，所以生产和应用发展较快。

1. 加气混凝土

加气混凝土是用含钙材料（水泥、石灰）、含硅材料（石英砂、粉煤灰、矿渣、页岩等）和加气剂为原料，经磨细、配料、浇注、切割和压蒸养护等工序而成。

加气剂一般采用铝粉，它与含钙材料中的氢氧化钙反应放出氢气，形成气泡，使料浆成为多孔结构。

加气混凝土的抗压强度一般为0.5~1.5MPa。

2. 泡沫混凝土

泡沫混凝土是将水泥浆和泡沫剂拌和后形成的多孔混凝土。其表观密度多在300~500kg/m³之间，强度不高，仅为0.5~0.7MPa。

通常用氢氧化钠加水拌入松香粉(碱∶水∶松香=1∶2∶4),再与溶化的胶液(皮胶或骨胶)搅拌制成松香胶泡沫剂。将泡沫剂加温水稀释,用力搅拌即成稳定的泡沫。然后加入水泥浆(也可掺入磨细的石英砂、粉煤灰、矿渣等硅质材料)与泡沫拌匀,成型后蒸养或压蒸养护即成泡沫混凝土。

(三)无砂大孔混凝土

无砂混凝土是以粗骨料、水泥、水配制而成的一种轻混凝土,表观密度为 500~1000kg/m³,抗压强度为 3.5~10MPa。

无砂大孔混凝土中因无细骨料,水泥浆仅将粗骨料胶结在一起,所以是一种大孔材料。它具有导热性低、透水性好等特点,也可作绝热材料及滤水材料。水工建筑中常用作排水暗管、井壁滤管等。

三、抗渗混凝土

抗渗混凝土又称为防水混凝土,它是通过各种方法提高自身密实度与抗渗性能,以达到防水要求的混凝土。其抗渗性能是以抗渗标号和渗透系数来表示。抗渗混凝土不仅要满足强度要求,而且要满足抗渗要求,一般是指抗渗等级不低于 P6 的混凝土。

(一)抗渗混凝土种类

目前抗渗混凝土按其配制方法大致可分为以下几类。

1. 骨料级配法抗渗混凝土

骨料级配法抗渗混凝土是将三种或三种以上不同级配的砂、石按一定比例混合配制,使砂、石级配达到较密实的程度以满足混凝土最大密实度的要求,从而提高抗渗性能,达到防水的目的。

2. 富水泥浆抗渗混凝土

富水泥浆抗渗混凝土的原理是适当加大混凝土中的水泥用量,以提高砂浆填充粗骨料空隙的程度,从而提高混凝土的密实性。这种配制方法对骨料级配无特殊要求,所以施工简便,易为施工人员接受。

3. 掺外加剂法抗渗混凝土

上述两种方法的缺点后者是水泥用量多、不经济;前者对骨料级配要求太严,往往实际难以满足。使用外加剂可克服上述缺点,改善混凝土内部结构,提高抗渗性。

用于抗渗混凝土的外加剂有各类减水剂、膨胀剂和防水剂等。各类外加剂改善混凝土抗渗性能的机理大致有以下几个方面。

(1)减水效果。降低水灰比,提高混凝土密实度。

(2)微膨胀或收缩补偿效果。使混凝土自密实并且抗裂性能获得改善。

(3)形成胶状产物,堵塞渗水孔隙。

(4)形成憎水性产物,阻止水渗透。

另外,采用膨胀水泥、收缩补偿水泥可配制高密实度的抗渗混凝土,但由于特种水泥生产量小、价格高,该方法使用不太普遍。

(二)配合比设计原则

1. 原材料要求

抗渗混凝土所用原材料应符合普通混凝土配合比设计规程规定,此外还应符合下列要求。

（1）所用水泥标号不低于 42.5，其品种应按设计要求选用，若同时有抗冻要求，则应优先选用硅酸盐水泥、普通硅酸盐水泥。

（2）粗骨料的最大粒径不宜大于 40mm，含泥量不得超过 1%，泥块含量不超过 0.5%。

（3）细骨料的含泥量不超过 3%，泥块含量不得大于 2%。

（4）外加剂宜采用防水剂、膨胀剂或减水剂。

2. 配合比设计

抗渗混凝土配合比计算和试配时的方法与普通混凝土基本相同，但还须遵守以下几点原则。

（1）每立方米混凝土中水泥用量（含掺合料）不宜少于 320kg。

（2）砂率以 35%~40% 为宜，灰砂比适宜范围为 1:2~1:2.5。

（3）供试配用的最大水灰比应符合表 5-30 要求。

表 5-30　抗渗混凝土最大水灰比极限值

最大水灰比　强度等级 抗渗等级	C20~C30	C30 以上
P6	0.60	0.55
P8~P12	0.55	0.50
P12 以上	0.50	0.45

3. 抗渗混凝土性能指标

（1）强度应满足设计的强度等级要求。

（2）抗渗混凝土配合比设计时，试配混凝土的抗渗等级应比设计值提高 0.2MPa。

（3）其他掺引气减水剂的混凝土还应进行含气量检验，含气量应控制在 3%~5% 内。

四、流态混凝土

流态混凝土是随着预拌混凝土工业、运拌车、混凝土泵、布料杆等现代化施工工艺而出现的一种新型混凝土。流态混凝土是在预拌的坍落度为 80~150mm 的塑性混凝土拌合物中加入流化剂，经过搅拌得到的易于流动、不易离析、坍落度为 180~220mm 的混凝土。

流态混凝土的主要特点：流动性好，能自流填满模型或钢筋间隙，适用泵送，施工方便，由于使用流化剂，可大幅度降低水灰比而不需多用水泥，避免了水泥浆多带来的缺点，可制得高强、耐久、不渗水的优质混凝土，一般有早强和高强效果。流态混凝土流动度大，但无离析和泌水现象。

流态混凝土的配制关键之一是选择合适的流化剂。流化剂又称超塑化剂，以非引气型、不缓凝的高效减水剂较为适用。目前常用的流化剂主要有萘磺酸盐和三聚氰胺树脂。加流化剂的方法有先掺法和后掺法。

流态混凝土的坍落度随着时间的延长，坍落度损失增大，先加法坍落度损失比后加法大。一般认为后加法是克服坍落度损失的一种有效措施。

流态混凝土主要适用于高层建筑、大型工业与公共建筑的基础、楼板、墙板及地下工程,尤其适用于配筋密、浇注振捣困难的工程部位。随着流化剂的不断改进和降低成本,流态混凝土必将越来越广泛地应用于泵送、现浇和密筋的各种混凝土建筑中。

五、泵送混凝土

泵送混凝土是指混凝土拌合物的坍落度不低于 100mm,并用泵送施工的混凝土。

1. 泵送混凝土的特点

(1)施工效率高,一般混凝土泵送量可达 60m³/h,目前世界上最大功率的混凝土泵送量可达 159m³/h,这是其他任何一种施工机械难以相比的。

(2)施工占地较小,特别适用于建筑物集中区使用。

(3)施工方便,可使混凝土一次连续完成垂直和水平输送、浇筑,从而减少了混凝土倒运次数,较好地保证了混凝土的性能,有利于结构的整体性。

(4)有利于环境保护,泵送混凝土是商品(预拌)混凝土,一般不在施工现场拌制,减少了现场粉尘污染和运输(封闭运输)过程中的泥水污染。

2. 泵送混凝土配制要求

泵送混凝土配制除原材料要求与普通混凝土相同外,还应符合下列规定。

(1)泵送混凝土所用粗骨料最大粒径与输送管径之比,当泵送高度在 50m 以下时,碎石不宜大于 1:3,卵石不宜大于 1:2.5;泵送高度在 50~100m 时,对碎石不宜大于 1:4,卵石不宜大于 1:3;泵送高度在 100m 以上时,则分别为 1:5 和 1:4。针、片状颗粒含量不宜大于 10%。

(2)泵送混凝土宜采用中砂,其通过 300μm 筛孔的颗粒含量不应少于 15%。

(3)泵送混凝土配合比设计时,其水灰比不宜大于 0.60,水泥和矿物掺合料用量不宜小于 300kg/m³,且不宜采用火山灰水泥,砂率宜为 35%~45%。应掺用减水剂或泵送剂,宜掺加优质的Ⅰ级、Ⅱ级粉煤灰或其他活性矿物掺合料。采用引气外加剂的泵送混凝土,其气量不宜超过 4%。

六、耐热混凝土

普通混凝土不耐高温(使用温度不宜超过 250℃),若在高温下使用,其强度会下降甚至崩溃。耐热混凝土是指长期在高温(200~900℃)作用下保持所要求的物理和力学性能的特种混凝土。它是由适当的胶凝材料、耐热粗、细骨料及水(或不加水),按一定比例配制而成。根据所用胶凝材料不同,通常分为硅酸盐水泥耐热混凝土、铝酸盐水泥耐热混凝土、水玻璃耐热混凝土和磷酸盐耐热混凝土等。

第七节　混凝土发展动态

一、纤维混凝土

钢纤维混凝土(Steel Fiber Reinforced Concrete,SFRC)是在普通混凝土中掺入少量低碳钢、不锈钢的纤维后形成的一种比较均匀而多向配筋的混凝土。钢纤维的掺入量按体积计一般为1%~2%,而按质量计每立方米混凝土中掺70~100kg的钢纤维,钢纤维的长度宜为25~60mm,直径为0.25~1.25mm,长度与直径的最佳比值为50~700。

与普通混凝土相比,不仅能改善抗拉、抗剪、抗弯、抗磨和抗裂性能,而且能大大增强混凝土的断裂韧性和抗冲击性能,显著提高结构的疲劳性能及其耐久性。尤其是韧性可增加10~20倍,美国对钢纤维混凝土与普通混凝土力学性能比较的试验结果如表5-31所列。

表5-31 钢纤维混凝土与普通混凝土力学性能比较

物理力学性质指标	普通混凝土	钢纤维混凝土
极限抗弯、拉强度/MPa	2~5.5	5~26
极限抗压强度/MPa	21~35	35~56
抗剪强度/MPa	2.5	4.2
弹性模量/($\times 10^4$MPa)	2~3.5	1.5~3.5
热膨胀系数/(m/(m·K))	9.9~10.8	10.4~11.1
抗冲击力/N·m	480	1380
抗磨指数	1	2
抗疲劳限值	0.5~0.55	0.80~0.95
抗裂指标比	1	7
韧性	1	10~20
耐冻融破坏指标数	1	1.9

我国对钢纤维混凝土与普通混凝土力学性能做了比较试验,当钢纤维掺入量为15%~20%、水灰比为0.45时,其抗拉强度增长50%~70%,抗弯强度增长120%~180%,抗冲击强度增长10~20倍,抗冲击疲劳强度增长15~20倍,抗弯韧性增长约14~20倍,耐磨损性能也明显改善。

由此可见,与素混凝土相比,SFRC具有更优越的物理力学性能。

（1）较高的弹性模量和较高的抗拉、抗压、抗弯拉、抗剪强度。

（2）卓越的抗冲击性能。

（3）抗裂和抗疲劳性能优异。

（4）能明显改善变形性能。

（5）韧性好。

（6）抗磨与耐冻融有改观。

（7）强度和重量比增大,施工简便,材料性价比高,具有优越的应用前景和经济性。

二、聚合物混凝土

聚合物混凝土是由有机聚合物、无机胶凝材料和骨料结合而成的新型混凝土,常用的有以下两类。

1. 聚合物浸渍混凝土(PIC)

以已硬化的混凝土为基材,经过干燥后浸入有机单体,用加热或辐射等方法使混凝土孔隙内的单体聚合,使混凝土与聚合物形成整体,称为聚合物浸渍混凝土。

由于聚合物填充了混凝土内部的孔隙和微裂缝,从而增加了混凝土的密实度,提高了水泥与骨料之间的黏结强度,减少了应力集中,因此其具有高强、耐蚀、抗渗、耐磨、抗冲击等优良的物理力学性能。与基材(混凝土)相比,抗压强度可提高 2~4 倍,一般可达 150MPa以上,抗拉强度为抗压强度的 1/10,这与普通混凝土的拉压比相似。抗拉强度可高达 24.0MPa。

浸渍所用的单体有甲基丙烯酸甲酯(MMA)、苯乙烯(S)、丙烯腈(AN)、聚酯-苯乙烯等。对于完全浸渍的混凝土应选用黏度尽可能低的单体,如 MMA、S 等,对于局部浸渍的混凝土,可选用黏度较大的单体,如聚酯-苯乙烯、环氧-苯乙烯等。

聚合物浸渍混凝土适用于要求高强度、高耐久性的特殊构件,特别适用于输送液体的有筋管道、无筋管和坑道。

2. 聚合物水泥混凝土(PCC)

聚合物水泥混凝土是用聚合物乳液(和水分散体)拌和水泥,并掺入砂或其他骨料而制成的,生产与普通混凝土相似,便于现场施工。

聚合物可用天然聚合物(如天然橡胶)和各种合成聚合物(如聚醋酸乙烯、苯乙烯、聚氯乙烯等),矿物胶凝材料可用普通水泥和高铝水泥。

一般认为,硬化过程中,聚合物与水泥之间没有发生化学作用,只是水泥水化吸收乳液中水分,使乳液脱水而逐渐凝固,水泥水化产物与聚合物相互包裹、填充形成致密的结构,从而改善了混凝土的物理力学性能,表现为黏结性、耐久性和耐磨性好,但强度提高幅度不及浸渍混凝土显著。

聚合物水泥混凝土多用于铺设无缝地面,也常用于混凝土路面、机场跑道面层和构筑物的防水层。

复习思考题

5-1　对混凝土用砂为何要提出级配和细度要求？两种砂的细度模数相同,其级配是否相同？反之,如果级配相同,其细度模数是否相同？

5-2　粗、细两种砂的筛分分析结果见表 5-32(砂样各重 500g)。这两种砂可否单独用于配制混凝土？或以什么比例混合才能使用？

表 5-32　粗、细两种砂的筛分分析结果

类别	筛孔尺寸/mm						剩余量/g
	5.0	2.5	1.25	0.63	0.315	0.16	
	分计筛余量/g						
中砂	25	150	150	100	50	25	0
细砂	0	25	50	75	125	215	10

5-3　若保持混凝土强度基本不变,可采用哪些措施改善其拌合物的流动性？反之

若保持混凝土流动性不变,可采用哪些措施改善混凝土强度?

5-4 解释下列关于混凝土抗压强度的名词含义。

(1)立方体试件强度;(2)标准立方体试件强度;(3)抗压强度标准值;(4)强度等级;(5)设计强度;(6)配制强度。

5-5 混凝土浇捣完毕后为什么要进行浇水养护?

5-6 进行混凝土抗压强度试验时,在下述情况下,试验值有无变化? 如何变化?

(1)加荷速度加快;(2)试件尺寸加大;(3)试件高宽比加大;(4)试件位置偏离支座中;(5)试件受压表面为成型时毛面;(6)试件表面加润滑剂。

5-7 混凝土搅拌、运输、浇捣过程中要注意哪些问题?

5-8 冬季和夏季施工的混凝土有哪些不同?

5-9 经过初步计算所得的配合比,为什么还要试拌调整?(从对混凝土的基本要求:强度、耐久性、和易性和经济四个方面分析。)

第六章　建筑砂浆

📢 **本章学习内容与目标**

　　·理解建筑砂浆的材料组成、技术标准。

　　·掌握砌筑砂浆的基本性能及配合比设计方法。

　　建筑砂浆在土木建筑工程中是一种用量大、用途广泛的建筑工程材料,是由无机胶凝材料、细骨料和水按比例配制而成的。无机胶凝材料包括水泥、石灰、石膏等,细骨料为天然砂。砂浆与混凝土的主要区别是组成材料中没有粗骨料,因此建筑砂浆也称为细骨料混凝土。

　　根据不同用途,建筑砂浆主要可以分为砌筑砂浆和抹面砂浆。抹面砂浆包括普通抹面砂浆、装饰砂浆、特种砂浆等。根据使用胶凝材料的不同,砂浆又可以分为水泥砂浆、石灰砂浆、石膏砂浆和混合砂浆,混合砂浆有水泥石灰砂浆、水泥黏土砂浆和石灰黏土砂浆等。

第一节　砌　筑　砂　浆

　　将砖、石、砌块等黏结成为砌体的砂浆称为砌筑砂浆。它的作用主要是把分散的块状材料胶结成坚固的整体,提高砌体的强度、稳定性;使上层块状材料所受的荷载能够均匀地传递到下层;填充块状材料之间的缝隙,提高建筑物的保温、隔声和防潮等性能。

一、砌筑砂浆的组成材料

1. 胶凝材料

　　建筑砂浆常用普通水泥、矿渣水泥、火山灰水泥等配制,水泥标号(28d 抗压强度指标值,以 MPa 计)应为砂浆强度等级的 4~5 倍为宜。由于砂浆标号不高,所以一般选用中、低标号的水泥即能满足要求。若水泥标号过高则可加些混合材料,如粉煤灰,以节约水泥用量。

　　对于特殊用途的砂浆,可用特种水泥(如膨胀水泥、快硬水泥)和有机胶凝材料(如合成树脂、合成橡胶等)。

石灰、石膏和黏土也可作为砂浆胶凝材料,与水泥混用配制混合砂浆,如水泥石灰砂浆、水泥黏土砂浆等,可以节约水泥并改善砂浆和易性。

2. 砂

砂浆用砂应符合混凝土用砂的技术性能要求。由于砂浆层往往较薄,故对砂子最大粒径有所限制。用于毛石砌体砂浆,砂子最大粒径应小于砂浆层厚度的 1/5~1/4;用于砖砌体的砂浆,宜用中砂,其最大粒径不大于 2.5mm;光滑表面的抹灰及勾缝砂浆,宜选用细砂,其最大粒径不大于 1.2mm。砂的含泥量对砂浆的水泥用量、和易性、强度、耐久性及收缩等性能有影响。当砂浆强度等级不大于 5.0MPa 时,要求砂的含泥量不得超过 5.0%;对于 5.0MPa 以下的砂浆,砂的含泥量不得超过 10%。

3. 水

砂浆用水与混凝土拌和用水要求相同,不得使用含油污、硫酸盐等有害杂质的不洁净水,一般凡能饮用的水,均能拌制砂浆。

4. 外加剂

为了提高砂浆的和易性并节约石灰膏,可在水泥砂浆或混合砂浆中掺入无机塑化剂和符合质量要求的有机塑化剂,一般常用微沫剂,但在水泥黏土砂浆中不宜使用。在水泥石灰砂浆中掺微沫剂时,石灰膏用量可减少,但减少量不宜超过 50%。微沫剂的掺量一般为水泥用量的 0.5/10000~1/10000。砂浆中使用外加剂的品种和掺量应通过物理力学性能试验确定为宜。

二、砌筑砂浆的基本性能

(一)砂浆拌合物的密度

由砂浆拌合物捣实后的质量密度,可以确定每立方米砂浆拌合物中各组成材料的实际用量,规定砌筑砂浆拌合物的密度,水泥砂浆不应小于 1900kg/m³、水泥混合砂浆不应小于 1800kg/m³。

(二)新拌砂浆的和易性

砂浆硬化前的重要性质是应具有良好的和易性。和易性包括流动性和保水性两方面,若两项指标均满足要求,即为和易性良好的砂浆。

1. 流动性

砂浆流动性又称为稠度,表示砂浆在重力或外力作用下流动的性能。砂浆流动性的大小用"稠度值"表示,用砂浆稠度测定仪测定。稠度值大的砂浆表示流动性较好。

流动性过大,表明砂浆太稀,不仅铺砌困难,而且硬化后强度降低;流动性过小,表明砂浆太稠,难以铺摊。

砂浆流动性的选择与砌体种类、施工方法及天气情况有关。一般情况下,多孔吸水的砌体材料和干热的天气,砂浆的流动性应大些,而密实不吸水的材料和湿冷的天气,其流动性应小些。砂浆稠度值选择可参考表 6-1。

表 6-1　砂浆稠度值参考表　　　　　　　(mm)

砌体种类	干燥气候或多孔吸水材料	寒冷气候或密实材料	抹灰工程	机械施工	手工操作
砖砌体	80~100	60~80	准备层	80~90	110~120

（续）

砌体种类	干燥气候或多孔吸水材料	寒冷气候或密实材料	抹灰工程	机械施工	手工操作
普通毛石砌体	60~70	40~50	底层	70~80	70~80
振捣毛石砌体	20~30	10~20	面层	70~80	90~100
炉渣混凝土砌块	70~90	50~70	灰浆面层	—	90~120

2. 保水性

砂浆保水性是指砂浆能保持水分的能力，即指搅拌好的砂浆在运输、停放、使用过程中，水与胶凝材料及骨料分离快慢的性质。保水性良好的砂浆水分不易流失，易于摊铺成均匀密实的砂浆层；反之，保水性差的砂浆，在施工过程中容易泌水、分层离析、水分流失，使流动性变差，不易施工操作，同时由于水分易被砌体吸收，影响水泥正常硬化，从而降低了砂浆黏结强度。

砂浆保水性以"分层度"表示，用砂浆分层度测量仪测定。保水性良好的砂浆，其分层度值较小，一般分层度以 10~20mm 为宜，在此范围内砌筑或抹面均可使用。对于分层度为 0 的砂浆，虽然保水性好，无分层现象，但由于胶凝材料用量过多或砂过细，致使砂浆干缩较大，易发生干缩裂缝，尤其不宜作抹面砂浆；分层度大于 20mm 的砂浆，保水性不良，不宜采用。砌筑砂浆的分层度不应大于 30mm。

（三）硬化砂浆的性质

1. 砂浆强度

砂浆硬化后应有足够强度。其强度是以边长为 70.7mm 的立方体试件标准养护 28d 的抗压强度表示。砌筑砂浆按抗压强度划分为 M2.5、M5.0、M7.5、M10、M15、M20 六个强度等级。

2. 砂浆黏结力

一般地说，砂浆黏结力随其抗压强度增大而提高。此外，黏结力还与基底表面的粗糙程度、洁净程度、润湿情况及施工养护条件等因素有关。在充分润湿的、粗糙的、清洁的表面上使用且养护良好的条件下砂浆与表面黏结较好。

3. 耐久性

经常与水接触的水工砌体有抗渗及抗冻要求，故水工砂浆应考虑抗渗、抗冻、抗侵蚀性。其影响因素与混凝土大致相同，但因砂浆一般不振捣，所以施工质量对其影响尤为明显。

4. 砂浆的变形

砂浆在承受荷载或在温度条件变化时容易变形，如果变形过大或者不均匀，都会降低砌体的质量，引起沉降或裂缝。若使用轻骨料拌制砂浆或混合料掺量太多，也会引起砂浆收缩变形过大，抹面砂浆则会出现收缩裂缝。

三、砌筑砂浆的配合比设计

（一）水泥混合砂浆配合比计算与确定

1. 计算砂浆试配强度

砂浆试配强度（MPa）按下式进行计算，即

$$f_{m,0} = f_2 + 0.625\sigma \tag{6-1}$$

式中: $f_{m,0}$ 为砂浆的试配强度,精确至 0.1MPa; f_2 为砂浆抗压强度平均值(即砂浆设计强度等级),精确至 0.1MPa; σ 为砂浆现场强度标准差,精确至 0.1MPa,见表 6-2。

表 6-2 砂浆现场强度标准差 σ 选用值 （MPa）

砂浆强度等级 施工水平	M2.5	M5.0	M7.5	M10	M15	M20
优良	0.50	1.00	1.50	2.00	3.00	4.00
一般	0.62	1.25	1.88	2.50	3.75	5.00
较差	0.75	1.50	2.25	3.00	4.50	6.00

2. 计算每立方砂浆中水泥用量

水泥用量按下式进行计算,即

$$Q_c = \frac{1000(f_{m,0} - \beta)}{\alpha f_{ce}} \tag{6-2}$$

式中: Q_c 为每立方米砂浆的水泥用量(kg/m³),当实际计算 Q_c 小于 200kg/m³ 时,应取 200kg/m³,即水泥的最小用量; f_{ce} 为水泥的实测强度(MPa),精确为 0.1MPa,在无法取得实测强度值时,可按式 $f_{ce} = \gamma_c f_{ce,k}$ 计算,其中, γ_c 为水泥强度等级值的富余系数,按实际统计资料确定,无统计资料时,取 1.0; $f_{ce,k}$ 水泥强度等级值; α 、 β 为砂浆的特征系数,其中 $\alpha = 3.03$, $\beta = -15.09$ 。

3. 计算掺加料用量

掺加料用量 Q_D (kg)按下式进行计算,即

$$Q_D = Q_A - Q_c \tag{6-3}$$

式中: Q_D 为每立方米砂浆的掺加料用量(kg/m³); Q_c 为每立方米砂浆的水泥用量(kg/m³); Q_A 为每立方米砂浆的胶结料和掺加料的总量,一般应在 300~350kg/m³ 之间。

掺加料为石灰膏、黏土膏,使用时稠度一般为 120mm(误差为 ±5mm)。当石灰膏不同稠度时,掺加料用量 Q_D 应乘以换算系数,换算系数可按表 6-3 采用。

表 6-3 不同稠度的石灰膏的换算系数

石灰膏稠度/mm	120	110	100	90	80	70	60	50	40	30
换算系数	1.00	0.99	0.97	0.95	0.93	0.92	0.90	0.88	0.87	0.86

4. 确定砂的用量 Q_s (kg)

砂浆中水、胶凝材料和掺加料是用来填充砂子空隙的,因此 1m³ 砂子就构成了 1m³ 的砂浆。每立方米砂浆中的砂子用量,应以干燥状态(含水率小于 0.5%)的堆积密度值作为计算值,单位为 kg/m³。

砂子干燥状态体积为恒定,当含水 5%~8% 时,体积最大可膨胀 30% 左右,当含水率处于饱和状态时,体积比干燥状态要减小 10% 左右,故必须以干燥状态为基准计算。

5. 确定用水量

用水量按砂浆稠度选用,可根据经验或按表 6-4 选用。

表 6-4 每立方米砂浆中用水量选用值

砂浆品种	混合砂浆	水泥砂浆
用水量/（kg/m³）	260~300	270~330

注：1. 用水量根据砂浆稠度要求可选用，当采用细砂或粗砂时，分别取上限或下限；

2. 混合砂浆中的用水量，不包括石灰膏或黏土膏中的水；

3. 当采用细砂或粗砂时，用水量分别取上限或下限；

4. 稠度小于 70mm 时，用水量可小于下限；

5. 施工现场气候炎热或干燥季节，可酌量增加水量。

6. 进行砂浆试配

采用工程中实际使用的材料和相同的搅拌方法，按计算配合比进行试拌，测定其拌合物的稠度和分层度，通过调整用水量或掺加料，使之符合要求，确定为试配时的砂浆基准配合比。

7. 配合比确定

采用三种不同的配合比，其一为砂浆基准配合比，另外两个配合比的水泥用量按基准配合比分别增加及减少 10%，在保证稠度、分层度合格的条件下，可相应调整用水量或掺加料，后按国家现行标准《建筑砂浆基本性能试验方法》（JGJ 70—2009）的规定成型试件，测定砂浆强度等级，并选定符合强度要求的且水泥用量较少的砂浆配合比。

（二）水泥砂浆配合比选用

水泥用量、砂子用量和用水量按表 6-5 选用，其试配调整方法与前述水泥混合砂浆相同。

表 6-5 每立方米砂浆水泥用量、砂子用量和用水量选用值　　　　　　　　（kg）

强度等级	每立方米砂浆水泥用量	每立方米砂浆砂子用量	每立方米砂浆用水量
M2.5~M5	200~230		
M7.5~M10	220~280	取 1m³ 砂子的堆积密度值	270~300
M15	280~340		
M20	340~400		

注：1. 此表水泥强度等级为 32.5 级，大于 32.5 级水泥用量取下限，每立方米水泥用量不小于 200kg；

2. 根据施工水平合理选择水泥用量；

3. 当采用细砂或粗砂时，用水量分别取上限或下限；

4. 稠度小于 70mm 时，用水量取下限；

5. 施工现场气候炎热或干燥季节，可酌量增加用水量。

（三）砌筑砂浆配合比设计实例

【题目】 设计用于砌筑砖墙的砂浆配合比。

【已知条件】 砂浆强度等级 M10 级，砂浆稠度为 70~90mm。原材料主要参数：水泥为 42.5 级普通硅酸盐水泥；砂子为中砂，堆积密度为 1450kg/m³，含水率为 2%；石灰膏的稠度为 10.0mm；施工水平一般。

【解】

(1) 计算试配强度 $f_{m,0}$。

$$f_{m,0} = f_2 + 0.645\sigma = 10 + 0.645 \times 2.5 \approx 11.6(\text{MPa})$$

(2) 计算水泥用量 Q_C。

$$Q_C = \frac{1000(f_{m,0} - \beta)}{\alpha f_{ce}} = \frac{1000 \times (11.6 + 15.09)}{3.03 \times 42.5} \approx 207(\text{kg})$$

(3) 计算石灰膏用量 Q_D。

$$Q_D = Q_A - Q_C = 350 - 207 = 143(\text{kg/m}^3)$$

(4) 根据砂子堆积密度和含水率计算用砂量 Q_S。

$$Q_S = 1450 \times (1 + 2\%) = 1479(\text{kg/m}^3)$$

(5) 选择用水量 Q_W。根据前述,用水量为 $240 \sim 310$kg,选择用水量 $Q_W = 280$kg/m³。

(6) 砂浆初步配合比。

水泥:石灰膏:砂:水 $= 207:143:1479:280 = 1:0.69:7.14:1.35$

初步配合比再经试配调整,直到满足和易性与强度要求为止。

第二节 抹面砂浆

涂抹于建筑物或构筑物表面的砂浆统称为抹面砂浆。抹面砂浆按其功能不同可分为普通抹面砂浆、装饰砂浆、防水砂浆和具有特殊功能的抹面砂浆等。

与砌筑砂浆比较,抹面砂浆有以下特点:抹面砂浆不承受荷载,它与基底层应有良好的黏结力,以保证其在施工或长期自重或环境因素作用下不脱落、不开裂,且不丧失其主要功能,抹面砂浆多分层抹成均匀的薄层,面层要求平整细致。

一、普通抹面砂浆

普通抹面砂浆用于室外时,对建筑或墙体起保护作用。它可以抵抗风、雨、雪等自然因素以及有害介质的侵蚀,提高建筑物或墙体的抗风化、防潮、防腐蚀和保温隔热能力,用于室内则可改善建筑物的适用性和表面平整、光洁、美观,具有装饰效果。

普通抹面砂浆通常分为两层或三层进行施工,各层的作用与要求不同,因此所选用的砂浆也不同。

底层砂浆的作用是使砂浆与底面牢固黏结,要求砂浆有良好的和易性和较高的黏结力,并且保水性要好;否则水分易被底面吸收掉而影响黏结力,基底表面粗糙有利于砂浆黏结。中层主要用来找平,有时可省去不用,面层砂浆主要起装饰作用,应达到平整、美观的效果。用于砖墙的底层砂浆多用混合砂浆,用于板条墙或板条顶棚的底层砂浆多用麻刀石灰砂浆,混凝土梁、柱、顶板等的底层砂浆,多用混合砂浆。用于中层时多用混合砂浆或石灰砂浆。用于面层时则多用混合砂浆、麻刀石灰砂浆或纸筋石灰砂浆。

在潮湿环境或容易碰撞的地方,如墙裙、踢脚板、地面、窗台及水池等,应采用水泥砂浆,其配合比多为水泥:砂 $= 1:2.5$。

普通抹面砂浆的配合比见表6-6。

表 6-6 各种普通抹面砂浆配合比参考表

材 料	配 合 比	应 用 范 例
石灰：砂	1：2～1：4(体积比)	用于砖石墙表面(檐口、勒脚、女儿墙以及潮湿房间的墙除外)
石灰：黏土：砂	1：1：4～1：1：8(体积比)	干燥环境墙表面
石灰：石膏：砂	1：0.4：2～1：1：3(体积比)	用于不潮湿房间的墙及天花板
石灰：石膏：砂	1：2：2～1：2：4(体积比)	用于不潮湿房间的线脚及其他装饰工程
石灰：水泥：砂	1：0.5：4.5～1：1：5(体积比)	用于檐口、勒脚、女儿墙以及比较潮湿的部位
水泥：砂	1：3～1：2.5(体积比)	用于浴室、潮湿车间等墙裙、勒脚或地面基层
水泥：砂	1：2～1：1.5(体积比)	用于地面、天棚或墙面面层
水泥：砂	1：0.5～1：1.1(体积比)	用于混凝土地面随时压光
水泥：石膏：砂：锯末	1：1：3：5(体积比)	用于吸声粉刷
水泥：白石子	1：2～1：1(体积比)	用于水磨石(打底用1：2.5水泥砂浆)
水泥：白石子	1：1.5(体积比)	用于剁假石(打底用1：(2～2.5)水泥砂浆)
白灰：麻刀	100：2.5(质量比)	用于板条天棚底层
石灰膏：麻刀	100：1.3(质量比)	用于板条天棚面层(或100kg石灰膏加3.8kg纸筋)
纸筋：白灰浆	0.1m³灰浆对0.36kg纸筋	较高级墙板、天棚

二、装饰砂浆

用于室外装饰以增加建筑物美观效果的砂浆称为装饰砂浆。装饰砂浆与抹面砂浆的主要区别在面层。面层应选用具有不同颜色的胶凝材料和骨料,并采用特殊的施工操作方法,以便表面呈现出各种不同的色彩线条和花纹等装饰效果。

装饰砂浆有以下几种。

1. 拉毛

先用水泥砂浆做底层,再用水泥石灰砂浆做面层,在砂浆未凝结之前用抹刀将表面拉成凹凸不平的形状。

2. 水刷石

用 5mm 左右石渣配制的砂浆做底层,涂抹成型待稍凝固后立即喷水,将面层水泥冲掉,使石渣半露面不脱落,远看颇似花岗石。

3. 水磨石

由水泥(普通水泥、白水泥或彩色水泥)、有色石渣和水按适当比例掺入颜料,经拌和、涂抹或浇注、养护、硬化,并将表面磨光而成。水磨石分预制、现制两种,它不仅美观而且有较好的防水、耐磨性能,多用于室内地面和装饰,如墙裙、踏步、踢脚板、窗台板、隔断板、水池和水槽等。

4. 干黏石

在抹灰层水泥净浆表面黏结彩色石渣和彩色玻璃碎粒而成,是一种假石饰面。它分人工黏结和机械喷黏两种,要求黏结牢固、不掉粒、不露浆。其装饰效果与水刷石相同,但避免了湿作业,施工效率高,可节省材料。

5. 斩假石

也称剁假石,一种假石饰面。原料和制作工艺与水磨石相同,但表面不磨光,而是在水泥浆硬化后用斧刃剁毛。表面颇似剁毛的花岗石。

三、防水砂浆

用作防水层的砂浆称为防水砂浆,适用于不受振动和具有一定刚度的混凝土或砖石砌体的表面,应用于地下室、水塔、水池、储液罐等防水工程。

常用的防水砂浆主要有以下三种。

1. 水泥砂浆

普通水泥砂浆多层抹面用作防水层,要求水泥标号不低于 32.5 号,砂宜采用中砂或粗砂。配合比控制在 1∶2~1∶3,水灰比范围为 0.40~0.50。

2. 水泥砂浆+防水剂

在普通水泥砂浆中掺入防水剂,提高砂浆防水能力。其配合比控制与上述相同。

3. 膨胀水泥或无收缩水泥配制砂浆

这种砂浆的抗渗性主要是由于水泥具有微膨胀或补偿收缩性能,提高了砂浆的密实性,有良好的防水效果。其配合比为水泥∶砂子=1∶2.5(体积比),水灰比为 0.4~0.5。

防水砂浆的防水效果除与原材料有关外,还受施工操作的影响。一般要求在涂抹前先将清洁的底面抹一层纯水泥浆,然后抹一层 5mm 厚的防水砂浆,在初凝前用木抹子压实一遍,第二、三、四层都是同样操作,共涂 4~5 层,约 20~30mm 厚,最后一层要进行压光,抹完之后要加强养护。

第三节 特 殊 砂 浆

一、隔热砂浆

隔热砂浆是以水泥、石灰膏、石膏等胶凝材料与膨胀珍珠岩、膨胀蛭石、火山渣或浮石砂、陶砂等轻质多孔骨料按一定比例配制成的砂浆。隔热砂浆的热导率为 0.07~0.10W/(m·K)。隔热砂浆通常均为轻质,可用于屋面隔热层、隔热墙壁以及供热管道隔热层等处。

常用的隔热砂浆有水泥膨胀珍珠岩砂浆、水泥膨胀蛭石砂浆、水泥石灰膨胀蛭石砂浆等。

二、吸声砂浆

由轻质多孔骨料制成的隔热砂浆,都具有吸声性能。另外,也可用水泥、石膏、砂、锯末配制成吸声砂浆。还可在石灰、石膏砂浆中掺入玻璃纤维、矿物棉等松软纤维材料得到吸声砂浆。吸声砂浆用于有吸声要求的室内墙壁和顶棚的抹灰。

三、耐腐蚀砂浆

耐碱砂浆使用 42.5 强度等级以上的普通硅酸盐水泥(水泥熟料中铝酸三钙含量应小于 9%),细骨料可采用耐碱、密实的石灰岩类(石灰岩、白云岩、大理岩等)、火成岩类(辉绿岩、花岗岩等)制成的砂和粉料,也可采用石英质的普通砂。耐碱砂浆可耐一定温度和浓度下的氢氧化钠和铝酸钠溶液的腐蚀,以及任何浓度的氨水、碳酸钠、碱性气体和粉尘等的腐蚀。

四、聚合物砂浆

聚合物砂浆是在水泥砂浆中加入有机聚合物乳液配制而成,具有黏结力强、干缩率小、脆性低、耐蚀性好等特性,用于修补和防护工程。常用的聚合物乳液有氯丁胶乳液、丁苯橡胶乳液、丙烯酸树脂乳液等。

五、防辐射砂浆

在水泥中掺入重晶石粉、重晶石砂可配制成具有防 X 射线能力的砂浆。其配合比为水泥∶重晶石粉∶重晶石砂=1∶0.25∶(4~5)。在水泥浆中掺加硼砂、硼酸等配制成的砂浆具有防中子辐射能力,应用于射线防护工程。

第四节 建筑砂浆发展动态

随着环保和节能意识的增强,建筑节能正在成为世界建筑业的发展趋势,因此,建筑围护结构的绝热性能日益受到重视。保温砂浆通过改变其容重和厚度可以调节墙体围护结构的热阻,改善其热工性能,目前已成为我国重要的建筑节能技术措施之一,正在迅速发展并广泛应用于工业与民用建筑中。

建筑能耗主要来自建筑物的外围护结构,因此,实施建筑节能的关键是改善外围护结构的热工性能。如设保温层,使用抹面和砌筑保温砂浆以增加外围护结构的热阻值,改善围护结构的热工性能,实现节约能源的目的。其中,保温砂浆是建筑节能领域的重要功能材料之一,由于其热工性能较好、质量轻、施工方便、工程造价低,关键是可以通过改变保温砂浆容重和涂抹厚度调节墙体热阻值,因此被确定为建筑节能措施之一。

目前,我国广泛应用的保温砂浆按组成来分,主要有硅酸盐保温砂浆、有机硅保温砂浆和聚苯颗粒保温砂浆。这些保温砂浆兼具砂浆本身及保温材料的双重功能,干燥后形成有一定强度的保温层,起到了增加保温效果的作用。与传统砂浆相比,优点在于热导率低、保温效果显著,特别适用于其他保温材料难以解决的异形设备保温,而且具有生产工艺简单、能耗低等特点,应用前景十分广阔。据初步预测,我国目前每年需用保温砂浆4000 万 m^3,国内许多省市也相继颁布了有关的建筑节能法规,必将促进保温砂浆的应用和研制。

✎ 复习思考题

6-1 新拌砂浆的和易性包括哪两方面的含义?如何测定?砂浆和易性不良时在工程应用中有何影响?

6-2 影响砂浆抗压强度的主要因素有哪些?

6-3 对抹面砂浆和砌筑砂浆组成材料及技术性质的要求有哪些不同?为什么?

6-4 何谓混合砂浆？工程中常采用水泥混合砂浆有何好处？为什么要在抹面砂浆中掺入纤维？

6-5 某多层住宅楼工程,要求配制强度等级为 M7.5 的水泥石灰混合砂浆,用以砌筑烧结普通砖墙体。工地现有材料如下:

(1) 水泥,强度等级为 32.5 的矿渣水泥,表观密度为 $1200kg/m^3$;

(2) 石灰膏,一等品建筑生石灰消化制成,表观密度为 $1280kg/m^3$,沉入度为 12cm;

(3) 砂子,中砂,含水率为 2%,表观密度为 $1450g/m^3$。

试设计其配合比。

第七章　金属材料

📢 **本章学习内容与目标**

- 掌握建筑钢材的力学性能(拉伸性能、冷弯性能、冲击韧性);冷加工时效的原理、目的及应用。
- 了解钢材的冶炼方法及对钢材质量的影响,钢材的分类及建筑钢材的类型;熟悉钢材的化学成分与钢材性能的关系,建筑钢材的标准及类型,建筑钢材防火、防腐的原理及方法以及铝合金的应用。

金属材料具有强度高、密度大、易于加工、导热和导电性良好等特点,可制成各种铸件和型材,能焊接或铆接,便于装配和机械化施工。因此,金属材料广泛应用于铁路、桥梁、房屋建筑等各种工程中,是主要的建筑工程材料之一。尤其是近年来,高层和大跨度结构迅速发展,金属材料在建筑工程中的应用越来越多。

用于建筑工程中的金属材料主要有建筑钢材、铝合金和不锈钢。尤其是建筑钢材,作为结构材料具有优异的力学性质,具有较高的强度、良好的塑性和韧性,材质均匀,性能可靠,具有承受冲击和振动荷载的能力,可切割、焊接、铆接或螺栓连接,因此在建筑工程中得到广泛的应用。

第一节　钢的冶炼、分类和牌号

一、钢的冶炼

钢是由生铁冶炼而成的。生铁是由铁矿石、熔剂(石灰石)、燃料(焦炭)在高炉中经过还原反应和造渣反应而得到的一种铁碳合金。其中碳、磷和硫等杂质的含量较高。生铁脆、强度低、塑性和韧性差,不能用焊接、锻造、轧制等方法加工。

炼钢的过程是把熔融的生铁进行氧化,使碳含量降低到预定的范围,其他杂质降低到允许范围。在理论上,凡含碳量在2%以下,含有害杂质较少的铁、碳合金均可称为钢。在炼钢的过程中,采用的炼钢方法不同,除掉杂质的速度就不同,所得钢的质量也就有差别。目前国内主要有转炉炼钢法、平炉炼钢法和电炉炼钢法三种炼钢方法。

转炉炼钢法以熔融的铁水为原料,不需燃料,由转炉底部或侧面吹入高压热空气,使铁水中的杂质在空气中氧化,从而除去杂质。空气转炉钢的缺点是吹炼时容易混入空气中的氮、氢等杂质,同时熔炼时间短,杂质含量不易控制,因此质量差,国内已不采用。采用以纯氧代替空气吹入炉内的纯氧顶吹转炉炼钢法,克服了空气转炉法的一些缺点,能有效地除去磷、硫等杂质,使钢的质量明显提高。

平炉炼钢法以固体或液体生铁、铁矿石或废钢为原料,用煤气或重油作燃料在平炉中进行冶炼,杂质是靠与铁矿石、废钢中的氧或吹入的氧作用而除去的。由于熔炼时间长、杂质含量控制精确,故清除杂质较彻底,钢材的质量好,化学成分稳定(偏析度小),力学性能可靠,用途广泛。但成本较转炉钢高,冶炼周期长。

电炉炼钢法以电为能源迅速加热生铁或废钢原料。此种方法熔炼温度高,温度可自由调节,清除杂质容易。因此,电炉钢的质量最好,但成本高。主要用于冶炼优质碳素钢及特殊合金钢。

在冶炼过程中,由于氧化作用时部分铁被氧化,钢在熔炼过程中不可避免地有部分氧化铁残留在钢水中,降低了钢的质量。因此,在炼钢后期精炼时,需在炉内或钢包中加入脱氧剂(锰(Mn)、硅(Si)、铝(Al)、钛(Ti))进行脱氧处理,使氧化铁还原为金属铁。钢水经脱氧后才能浇铸成钢锭,轧制成各种钢材。

根据脱氧方法和脱氧程度的不同,钢材可分为沸腾钢(F)、镇静钢(Z)、半镇静钢(b)和特殊镇静钢(TZ)。

沸腾钢是一种脱氧不完全的钢,一般在钢锭模中,钢水中的氧和碳作用生成一氧化碳,产生大量一氧化碳气体,引起钢水沸腾,故称为沸腾钢。钢中加入锰铁和少量的铝作为脱氧剂,冷却快,有些有害气体来不及逸出,钢的结构不均匀,晶粒粗细不一,质地差,偏析度大,但表面平整、清洁,生产效率高,成本低。

镇静钢除采用锰脱氧外,再加入硅铁和铝进行完全脱氧,在浇注和凝固过程中,钢水呈静止状态,故称镇静钢。冷却较慢,当凝固时碳和氧之间不发生反应,各种有害物质易于逸出,品质较纯,结构均匀,晶粒组织紧密坚实,偏析度小,成本高,质量好,在相同的炼钢工艺条件下屈服强度比沸腾钢高。

半镇静钢加入了适量的锰铁、硅铁、铝作为脱氧剂,脱氧程度介于沸腾钢和镇静钢之间。

特殊镇静钢在钢中应含有足够的形成细晶粒结构的元素。

三种主要炼钢方法的特点和应用归纳如表7-1所列。

表7-1 三种主要炼钢方法的特点和应用

炉的种类	原料	特 点	生产的钢的种类
平炉	生铁、废钢	容量大,冶炼时间长,钢质较好且稳定;成本较高	碳素钢、低合金钢
氧气转炉	铁水、废钢	冶炼速度快,生产效率高,钢质较好	碳素钢、低合金钢
电弧炉	废钢	容积小,耗电大,控制严格,钢质好;成本高	合金钢、优质碳素钢

二、钢的分类

根据钢的化学成分、品质和用途不同,可分成不同的钢种。

（一）按化学成分分类

1. 碳素钢

可分为低碳钢（含碳量小于 0.25%）；中碳钢（含碳量为 0.25%~0.6%）；高碳钢（含碳量大于 0.6%）。

2. 合金钢

可分为低合金钢（合金元素总量小于 5%）；中合金钢（合金元素总量为 5%~10%）；高合金钢（合金元素总量大于 10%）。

（二）按冶炼时脱氧程度分类

1. 镇静钢

一般用硅脱氧，要求高时再用铝或钛进行补充脱氧，脱氧完全，钢液浇铸后平静地冷却凝固，基本无 CO 气泡产生。钢质均匀密实，品质好；但成本高。镇静钢可用于承受冲击荷载的重要结构。

2. 沸腾钢

用锰铁脱氧，脱氧很不完全，钢液冷却时有大量 CO 气体外逸，引起钢液沸腾。沸腾钢内部杂质和夹杂物多，化学成分和力学性能不够均匀、强度低、冲击韧性和可焊性差，但生产成本低，可用于一般的建筑结构。

3. 半镇静钢

用少量的硅进行脱氧，脱氧不完全，钢液浇铸后有微弱沸腾现象，其性能介于镇静钢和沸腾钢之间。

（三）按品质（杂质含量）分类

可分为普通质量钢、优质钢、高级优质钢和特级优质钢。

（四）按用途分类

可分为结构钢、工具钢和轴承钢等。

建筑上常用的钢种是普通碳素结构钢（低碳钢）和普通低合金结构钢。

三、钢的牌号

钢材品牌标号的命名，采用汉语拼音字母、化学元素符号及阿拉伯数字相结合的方法表示。用汉语拼音字母表示产品名称、用途、特性和工艺方法时，一般从代表该产品名称的汉字的汉语拼音中选取，原则上取第一个字母，当与另一产品所取字母重复时，改取第二个字母或第三个字母，或同时选取两个汉字的汉语拼音的第一个字母。采用的汉语拼音字母原则上只取一个，一般不超过两个。钢材牌号表示方法具体见表7-2。

表 7-2　钢材牌号表示方法

种　　类		牌号举例	说　　明
优质碳素结构钢	普通含锰量优质碳素结构钢	80F、30 45、20A 10b	（1）牌号采用阿拉伯数字或阿拉伯数字与化学元素符号表示，阿拉伯数字表示平均含碳量（以万分之几计），牌号尾部符号与上相同； （2）较高含锰量的优质碳素结构钢，在阿拉伯数字后标出锰元素符号，如平均含碳量为 0.50%、含锰量为 0.70%~1.0% 的镇静钢，其牌号表示为"50Mn"； （3）高级优质碳素结构钢，在牌号尾部加符号"A"
	较高含锰量优质碳素结构钢	40Mn 50Mn 70Mn	

（续）

种　类		牌号举例	说　明
碳素工具钢	普通含锰量碳素工具钢	T7 T12A T9	（1）碳素工具钢，采用符号和阿拉伯数字或阿拉伯数字加化学元素符号表示，阿拉伯数字表示平均含碳量（以千分之几计），普通含锰量碳素工具钢，在符号"T"后为阿拉伯数字； （2）较高含锰量碳素工具钢，在符号"T"和阿拉伯数字后标出锰元素符号； （3）高级优质碳素工具钢，在牌号尾部加符号"A"
	较高含锰量碳素工具钢	T8Mn	
焊接用钢	焊接用碳素结构钢	H08、H08MnA	焊接用钢及合金结构钢，在钢及合金牌号头部加H，其余与上相同
	焊接用合金	H08Mn2Si	

第二节　钢材的主要技术性能

一、力学性能

（一）拉伸性能

力学性能是钢材最重要的使用性能。在建筑结构中，对承受静荷载作用的钢材，要求具有一定力学强度，并要求所产生的变形不致影响结构的正常工作和安全使用；对承受动荷载作用的钢材，还要求具有较高的韧性而不致发生断裂。

1. 强度

在外力作用下，材料抵抗变形和断裂的能力称为强度。测定钢材强度的主要方法是拉伸试验，钢材受拉时，在产生应力的同时，相应地产生应变，应力和应变的关系反映出钢材的主要力学特征。低碳钢受拉时的应力-应变曲线（图7-1）具有典型意义。根据材料变形的性质，曲线可以细分为六个阶段：比例弹性阶段（$O \to p$）、非比例弹性阶段（$p \to E$）、弹塑性阶段（$E \to s$）、塑性阶段或屈服阶段（$s \to s'$）、应变强化阶段（$s' \to b$）及颈缩破坏阶段（$b \to f$）。

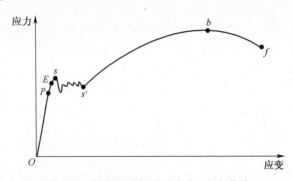

图7-1　低碳钢受拉时的应力-应变曲线

2. 弹性模量和比例极限

钢材受力初期，应力与应变成正比例地增长，应力与应变之比为常数，称为弹性模量

$(E=\sigma/\varepsilon)$。这个阶段的最大应力（p 点对应值）称为比例极限 σ_p。

弹性模量反映了材料受力时抵抗弹性变形的能力，即材料的刚度，它是钢材在静荷载作用下计算结构变形的一个重要指标。E 值越大，抵抗弹性变形的能力越大；在一定荷载作用下，E 值越大，材料发生的弹性变形量越小。一些对变形要求严格的构件，为了把弹性变形控制在一定限度内，应选用刚度大的钢材。

3. 弹性极限

应力超过比例极限后，应力-应变曲线略有弯曲，应力与应变不再成正比例关系，但卸去外力时，试件变形仍能立即消失，此阶段产生的变形是弹性变形。不产生残留塑性变形的最大应力（E 点对应值）称为弹性极限 σ_c。事实上，σ_p 与 σ_c 相当接近。

4. 屈服强度

当应力超过弹性极限后，变形增加较快，此时除产生弹性变形外还产生部分塑性变形。当应力达到 s 点后，塑性应变急剧增加，曲线出现一个波动的小平台，这种现象称为屈服。这一阶段的最大应力和最小应力分别称为上屈服点和下屈服点。由于下屈服点的数值较为稳定，因此以它作为材料抗力的指标，称为屈服点或屈服强度，用 σ_s 表示。有些钢材无明显的屈服现象，通常以发生微量塑性变形（0.2%）时的应力作为该钢材的屈服强度，称为条件屈服强度（$\sigma_{0.2}$），见图 7-2。

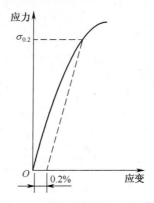

图 7-2　条件屈服强度示意图

屈服点是钢材力学性质最重要的指标。如果钢材超过屈服点以上工作，虽然没有断裂，但会产生不允许的结构变形，一般不能满足使用上的要求。因此，在结构设计时，屈服点是确定钢材允许应力的主要依据。

5. 极限强度

当钢材屈服到一定程度后，由于内部晶粒重新排列，其抵抗变形能力又重新提高，此时变形虽然发展很快，但却只能随着应力的提高而提高，直至应力达最大值。此后，钢材抵抗变形的能力明显降低，并在最薄弱处发生较大的塑性变形，此处试件截面迅速缩小，出现颈缩现象，直至断裂破坏（f 点）。

钢材受拉断裂前的最大应力值（b 点对应值）称为强度极限或抗拉强度 σ_b。抗拉强度虽然是材料抵抗断裂破坏能力的一个重要指标，可是在结构设计中却不能利用。然而屈服点与抗拉强度之比（屈强比）却有一定的意义。屈强比越小，则结构安全度越大，不易发生脆性断裂和局部超载引起的破坏，但屈强比太小不能充分发挥钢材的强度水平。

通常情况下,屈强比在 0.60~0.75 范围内比较合适。

拉伸试验测得的是钢材的抗拉强度,而钢材同样具有高的抗压强度和抗弯强度。与混凝土、砖石的相应强度进行比较,钢材各种强度的高强程度不尽相同。钢材抗压强度仅比混凝土大十几倍,但抗拉强度却要高数百倍。相对于其他材料,钢材高强的显著性顺序为:抗拉强度>抗弯强度>抗压强度。从这一点来看,把钢材用于抗拉、抗弯构件更能发挥其特性。

6. 疲劳强度

受交变荷载反复作用,钢材在应力远低于其屈服强度的情况下突然发生脆性断裂破坏的现象,称为疲劳破坏。疲劳破坏首先是从局部缺陷处形成细小裂纹,由于裂纹尖端处的应力集中使其逐渐扩展,直至最后断裂。疲劳破坏是在低应力状态下突然发生的,所以危害极大,往往造成灾难性的事故。

在一定条件下,钢材疲劳破坏的应力值随应力循环次数的增加而降低(图 7-3)。钢材在无穷次交变荷载作用下而不至引起断裂的最大循环应力值,称为疲劳强度极限,实际测量时常以 2×10^6 次应力循环为基准。钢材的疲劳强度与很多因素有关,如组织结构、表面状态、合金成分、夹杂物和应力集中情况等。

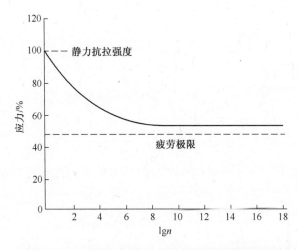

图 7-3　钢材疲劳曲线示意图(n 为应力循环次数)

(二)塑性

塑性表示钢材在外力作用下产生塑性变形而不破坏的能力,它是钢材的一个重要性能指标。钢材的塑性通常用拉伸试验时的伸长率或断面收缩率来表示。

1. 伸长率 δ

伸长率用下式进行计算,即

$$\delta = \frac{L_1 - L_0}{L_0} \times 100\% \qquad (7-1)$$

式中:L_0 为试件原始标距长度(mm);L_1 为断裂试件拼合后标距的长度(mm)。

由于试件颈缩断裂处变形较大,因而原标距与原直径之比越大,则计算伸长率就越小。所以,规定 $L_0 = 5d_0$,或 $L_0 = 10d_0$,对应的伸长率记为 δ_5 和 δ_{10}。对同一钢材,$\delta_5 > \delta_{10}$。

2. 断面收缩率 ψ

断面收缩率用下式计算,即

$$\psi = \frac{A_0 - A_1}{A_0} \times 100\% \qquad (7-2)$$

式中:A_0 为试件原始截面积(mm^2);A_1 为试件拉断后颈缩处的截面积(mm^2)。

伸长率和断面收缩率表示钢材断裂前经受塑性变形的能力。伸长率越大或断面收缩率越高,说明钢材塑性越大。钢材塑性大,不仅便于进行各种加工,而且能保证钢材在建筑上的安全使用。因为钢材的塑性变形能调整局部高峰应力,使之趋于平缓,以免引起建筑结构的局部破坏及其所导致的整个结构破坏;钢材在塑性破坏前,有很明显的变形和较长的变形持续时间,便于人们发现和补救。

(三)韧性

韧性是指钢材抵抗冲击荷载的能力,通常用冲击韧性值来度量。冲击韧性值 α_k 以摆锤冲断 V 形缺口试件时,单位面积所消耗的功(J/cm^2)来表示(图 7-4),按下式进行计算,即

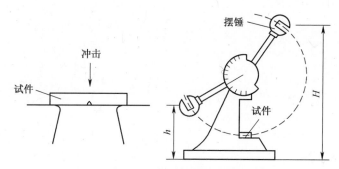

图 7-4　冲击韧性试验示意图

$$\alpha_k = \frac{mg(H - h)}{A} \qquad (7-3)$$

式中:m 为摆锤质量(kg);g 为重力加速度,取值为 $9.81m/s^2$;H、h 为摆锤冲击前后的高度(m);A 为试件槽口处截面积(cm^2)。

冲击韧性值越大,表示冲断试件消耗的能量越大,钢材冲击韧性越好,即其抵抗冲击作用的能力越强,脆性破坏的危险性越小。对于重要的结构以及承受动荷载作用的结构,特别是处于低温条件下,为了防止钢材的脆性破坏,应保证钢材具有一定的冲击韧性。

温度对冲击韧性有重大影响,当温度降到一定程度时,冲击韧性大幅度下降而使钢材呈脆性,这一现象称为冷脆性,这一温度范围称为脆性转变温度。转变温度越低,说明钢的低温冲击韧性越好。

(四)硬度

硬度表示钢材表面局部体积内抵抗变形的能力,它是衡量钢材软硬程度的指标。钢材硬度测定是以硬物压入钢材表面,然后根据压力大小和压痕面积或压入深度来评定钢材的硬度,常用指标有布氏硬度(HB)和洛氏硬度(HR)。

布氏法是用一定的压力把淬火钢球压入钢材表面,将压力除以压痕面积即得布氏硬

度值,数值越大表示钢材越硬。布氏法的特点是压痕较大,试验数据准确、稳定。

洛氏法是在洛氏硬度机上根据测量的压痕深度计算硬度值。洛氏法操作简单迅速、压痕小,可测较薄材料的硬度,但试验精确性较差。

二、工艺性能

工艺性能表示钢材在各种加工过程中的行为。良好的工艺性能是钢制品或构件的质量保证,而且可以提高成品率、降低成本。

1. 冷弯性能

冷弯性能是指钢材在常温下承受一定弯曲程度而不破裂的能力。弯曲程度用弯曲角度和弯心直径对试件厚度或直径的比值来衡量。冷弯试验是将钢材按规定的弯心直径弯曲到规定的角度,通过检查被弯曲后钢材试件拱面和两侧面是否发生裂纹、起层或断裂来判定合格与否。弯曲角度越大,弯心直径对试件厚度或直径的比值越小,则表示钢材的冷弯性能越好(图 7-5)。

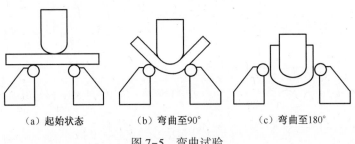

（a）起始状态　　　（b）弯曲至90°　　　（c）弯曲至180°

图 7-5　弯曲试验

建筑结构在加工和制造过程中,常要把钢板、钢筋等材料弯曲成一定的形状,都需要钢材有较好的冷弯性能。钢材在弯曲过程中,受弯部产生局部不均匀塑性变形,这种变形在一定程度上比伸长率更能反映钢材内部的组织状态、内应力及杂质等缺陷。

2. 焊接性能

焊接是把两块金属局部加热并使其接缝部分迅速呈熔融或半熔融状态,从而使之牢固地连接起来。焊接性能(又称可焊性)指钢材在通常的焊接方法与工艺条件下获得良好焊接接头的性能。可焊性好的钢材易于用一般焊接方法和工艺施焊,焊接时不易形成裂纹、气孔、夹渣等缺陷,焊接接头牢固可靠,焊缝及其附近受热影响区的性能不低于母材的力学性能。

在建筑工程中,焊接结构应用广泛,如钢结构构件的连接、钢筋混凝土的钢筋骨架、接头及预埋件、连接件等,这就要求钢材要有良好的焊接性能。低碳钢有优良的可焊接性,高碳钢的焊接性能较差。

第三节　钢材的冷加工与热处理

一、冷加工

冷加工指钢材在再结晶温度下(一般为常温)进行的机械加工,如冷拉、冷轧、冷拔、冷扭和冷冲等加工。

1. 冷加工强化

钢材经冷加工后,产生塑性变形,屈服点明显提高,而塑性、韧性和弹性模量明显降低,这种现象称为冷加工强化。通常冷加工变形越大,则强化越明显,即屈服强度提高越多,而塑性和韧性下降也越大。

冷加工强化是由于钢材在冷加工变形时,发生晶粒变形、破碎和晶格歪扭,从而导致钢材屈服强度提高、塑性降低。另外,冷加工产生的内应力使钢材弹性模量降低。

2. 时效强化

钢材经冷加工后,屈服强度和极限强度随时间而提高,伸长率和冲击韧性逐渐降低,弹性模量得以恢复的现象称为时效强化。时效处理是将经冷加工后的钢材于常温下存放15~25d(自然时效)或加热到100~200℃(人工时效)。

钢材的时效敏感性可用应变时效敏感系数表示,即时效前后冲击韧性值的变化率。应变时效敏感系数越大,则时效后冲击韧性的降低越显著。对于承受动荷载或处于较低温度下的钢结构,为避免脆性破坏,应采用时效敏感性小的钢材。

二、热处理

热处理是将钢材在固态范围内进行加热、保温和冷却,从而改变其金相组织和显微结构组织,获得需要性能的一种综合工艺。钢材热处理示意图见图7-6。

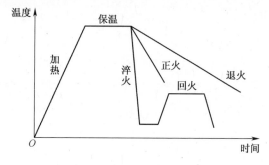

图7-6　钢材热处理示意图

1. 退火

退火是将钢材加热到一定温度,保温后缓慢冷却(随炉冷却)的一种热处理工艺,按加热温度可分为重结晶退火和低温退火。其目的是细化晶粒,改善组织,降低硬度,提高塑性,消除组织缺陷和内应力,防止变形、开裂。

2. 淬火

淬火是将钢材加热到相变临界点以上(一般为900℃以上),保温后放入水或油等冷却介质中快速冷却的一种热处理工艺。淬火的目的是得到高强度、高硬度的组织,为在随后的回火时获得具有高的综合力学性能的钢材。淬火会使钢的塑性和韧性显著降低。

3. 回火

回火是将淬火后的钢材加热到相变温度以下,保温后在空气中冷却的热处理工艺。回火的目的是为消除淬火产生的很大内应力,降低脆性,改善力学性能等。

第四节　钢材的化学性能

一、不同化学成分对钢材性能的影响

钢是铁碳合金,由于原料、燃料、冶炼过程等因素使钢材中存在大量的其他元素,如硅、硫、磷、氧等,合金钢是为了改性而有意加入一些元素,如锰、硅、矾、钛等。

1. 碳

碳是决定钢材性质的主要元素。当含碳量低于0.8%时,随着含碳量的增加,钢的抗拉强度和硬度提高,而塑性及韧性降低。同时,还将使钢的冷弯、焊接及抗腐蚀等性能降低,并增加钢的冷脆性和时效敏感性。

2. 磷、硫

磷与碳相似,能使钢的塑性和韧性下降,特别是低温下冲击韧性下降更为明显。常把这种现象称为冷脆性。磷的偏析较严重,磷还能使钢的冷弯性能降低、可焊性变差。但磷可使钢材的强度、耐蚀性提高。

硫在钢材中以 FeS 的形式存在,在钢的热加工时易引起钢的脆裂,称为热脆性。硫的存在还会使钢的冲击韧度、疲劳强度、可焊性及耐蚀性降低。因此,硫的含量要严格控制。

3. 氧、氮

氧、氮也是钢中的有害元素,会显著降低钢的塑性和韧性,以及冷弯性能和可焊性。

4. 硅、锰

硅和锰是在炼钢时为了脱氧去硫而有意加入的元素。硅是钢的主要合金元素,含量在1%以内,可提高强度,对塑性和韧性没有明显影响。但含硅量超过1%时,冷脆性增加,可焊性变差。锰能消除钢的热脆性,改善热加工性能,显著提高钢的强度,但其含量不得大于1%;否则可降低塑性及韧性,可焊性变差。

5. 铝、钛、钡、铌

以上元素均是炼钢时的强脱氧剂。适时加入钢内,可改善钢的组织,细化晶粒,显著提高强度和改善韧性。

二、钢材的锈蚀

钢材的锈蚀是指其表面与周围介质发生化学反应或电化学作用而遭到侵蚀并破坏的过程。

钢材在存放中严重锈蚀,不仅截面积减小,而且局部锈坑的产生会造成应力集中,促使结构破坏。尤其在有冲击载荷、循环交变荷载的情况下,将产生锈蚀疲劳现象,使疲劳强度大为降低,出现脆性断裂。

根据钢材表面与周围介质的不同作用,锈蚀可分为下述两类。

1. 化学锈蚀

化学锈蚀是指钢材表面与周围介质直接发生反应而产生锈蚀。这种腐蚀多数是氧气作用,在钢材的表面形成疏松的氧化物。在常温下,钢材表面被氧化,形成一层薄薄的、钝化能力很弱的氧化保护膜,在干燥环境下化学腐蚀进展缓慢,对保护钢筋是有利的。但在

湿度和温度较高的条件下,这种腐蚀进展很快。

2. 电化学锈蚀

建筑钢材在存放和使用中发生的锈蚀主要属于这一类。例如,存放在湿润空气中的钢材,表面被一层电解质水膜所覆盖。由于表面成分、晶体组织不同,受力变形,平整度差等的不均匀性,使邻近局部产生电极电位的差别,构成许多微电池,在阳极区,铁被氧化成 Fe^{2+} 离子进入水膜中。由于水中溶有来自空气的氧,故在阴极区氧将被还原为 OH^- 离子。两者结合成为不溶于水的 $Fe(OH)_2$,并进一步氧化成为疏松易剥落的红棕色铁锈 $Fe(OH)_3$。因为水膜离子浓度提高,阴极放电快,锈蚀进行较快,故在工业大气的条件下,钢材较容易锈蚀。钢材锈蚀时会伴随体积增大,最严重的可达原体积的 6 倍。在钢筋混凝土中,会使周围的混凝土胀裂。

埋于混凝土中的钢筋,因处于碱性介质的条件(新浇混凝土的 pH 值约为 12.5 或更高),而形成碱性氧化保护膜,故不致锈蚀。但应注意,当混凝土保护层受损后碱度降低,或锈蚀反应将强烈地被一些卤素离子,特别是氯离子所促进,对保护钢筋是不利的,它们能破坏保护膜,使锈蚀迅速发展。

三、钢材的防锈

1. 保护层法

在钢材表面施加保护层,使钢与周围介质隔离,从而防止生锈。保护层可分为金属保护层和非金属保护层。

金属保护层是用耐蚀性较强的金属,以电镀或喷镀的方法覆盖钢材表面,如镀锌、镀锡、镀铬等。

非金属保护层是用有机或无机物质作保护层。常用的是在钢材表面涂刷各种防锈涂料,常用底漆有红丹、环氧富锌漆、铁红环氧底漆、磷化底漆等;面漆有灰铅油、醇酸磁漆、酚醛磁漆等。此外,还可采用塑料保护层、沥青保护层及搪瓷保护层等,薄壁钢材在采用热浸镀锌或镀锌后加涂塑料涂层,这种方法的效果最好,但价格较高。

涂刷保护层之前,应先将钢材表面的铁锈清除干净,目前一般的除锈方法有三种:钢丝刷除锈、酸洗除锈及喷砂除锈。

钢丝刷除锈采取人工用钢丝刷或半自动钢丝刷将钢材表面的铁锈全部刷去,直至露出金属表面为止。这种方法的工作效率较低,劳动条件差,除锈质量不易保证。酸洗除锈是将钢材放入酸洗槽内,分别除去油污、铁锈,直至构件表面全呈铁灰色,并清除干净,保证表面无残余酸液。这种方法较人工除锈彻底,工效也高。若酸洗后作磷化处理,则效果更好。喷砂除锈是将钢材通过喷砂机将其表面的铁锈清除干净,直至金属表面呈灰白色为止,不得存在黄色。这种方法除锈比较彻底,效率也高,在较发达国家中已普遍采用,是一种先进的除锈方法。

2. 制成合金钢

钢材的化学性能对耐锈蚀性有很大影响。例如,在钢中加入合金元素铬、镍、钛、铜等,制成不锈钢,可以提高耐锈蚀能力。

四、钢材的验收与保管

1. 钢材的验收

(1)检查进场钢筋生产厂是否具有产品生产许可证。

（2）检查进场钢筋的出厂合格证、出厂检验报告。

（3）按炉罐号、批号及直径对钢筋的标志、外观等进行检查,进场钢筋的表面或每捆（盘）钢筋均应有标志,且应标明炉罐号或批号。

（4）按照产品标准和施工规范要求,按炉罐号、批号及钢筋直径分批抽取试样做力学性能检验,检验结果应符合国家有关标准的规定。

（5）当钢筋在运输、加工过程中,发现脆断、焊接性能不良或力学性能显著不正常等现象时,应根据国家标准对该批钢筋进行化学成分检验或其他专项检验。

（6）钢筋的抽样复验应符合见证取样送检的有关规定。

（7）对冷拔钢丝的质量验收,应符合以下规定。

① 逐盘检查外观,钢丝表面不得有裂纹和机械损伤。

② 甲级钢丝的力学性能应逐盘检验,从每盘钢丝上任一端截去不少于 500mm 后取两个试样,分别做拉力和 180° 反复弯曲试验,并按其抗拉强度确定该盘钢筋的组别。

③ 乙级钢丝的力学性能可分批抽样检验,以同一直径的钢丝 5t 为一批,从中任取三盘,每盘各截取两个试样,分别做拉力和反复弯曲试验,如有一个试样不合格,应在未取过试样的钢丝盘中另取双倍数量的试样,再做各项试验,如仍有一个试样不合格,则应对该批钢丝逐盘检验,合格者方可使用。

2. 钢筋的保管

各种钢筋或钢丝验收合格后,应按批分别架空堆放整齐,避免锈蚀或油污,并应设置标示牌,标明品种、规格及数量等。

第五节　常用建筑钢材

一、钢结构用钢

钢结构用钢材主要是热轧成型的钢板和型钢等。薄壁轻型钢结构中主要采用薄壁型钢、圆钢和小角钢,钢材所用的母材主要是普通碳素结构钢及低合金高强度结构钢。

（一）热轧型钢

钢结构常用的型钢有工字钢、H 型钢、T 型钢、槽钢、等边角钢、不等边角钢等。型钢由于截面形式合理,材料在截面上分布对受力最为有利,且构件间连接方便,所以它是钢结构中采用的主要钢材。

1. 工字钢

工字钢是截面为"工"字形,腿部内侧有 1:6 斜度的长条钢材（图 7-7）。工字钢的规格以"腰高度×腿宽度×腰厚度"（mm×mm×mm）表示,也可用"腰高度#"（cm）表示;规格范围为 10#~63#。若同一腰高的工字钢,有几种不同的腿宽和腰厚,则在其后标注 a、b、c 表示相应规格。工字钢广泛应用于各种建筑结构和桥梁,主要用于承受横向弯曲（腹板平面内受弯）的杆件,但不宜单独用作轴心受压构件或双向弯曲的构件。

2. H 型钢和 T 型钢

H 型钢由工字钢发展而来,优化了截面的分布。与工字钢相比,H 型钢具有翼缘宽、侧向刚度大、抗弯能力强、翼缘两表面相互平行、连接构造方便、省劳力、自重轻、节省钢材

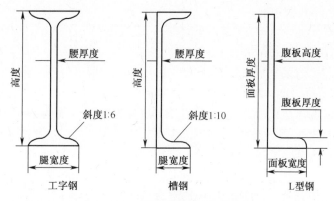

图 7-7　热轧型钢截面示意图

等优点。H 型钢(图 7-8)分为宽翼缘(代号为 HW)、中翼缘(HM)和窄翼缘 H 型钢(HN)以及 H 型钢桩(HP)几种。宽翼缘和中翼缘 H 型钢适用于钢柱等轴心受压构件,窄翼缘 H 型钢适用于钢梁等受弯构件。H 型钢的规格型号以"代号腹板高度×翼板宽度×腹板厚度×翼板厚度"(mm×mm×mm)表示,也可用"代号腹板高度×翼板宽度"表示。对于同样高度的 H 型钢,宽翼缘型的腹板和翼板厚度最大,中翼缘型次之,窄翼缘型最小。H 型钢的规格范围为 HW100×100~HW400×400、HM150×100~HM600×300、HN100×50~HN900×300、HP200×200~HP500×500。H 型钢截面形状经济合理、力学性能好,常用于要求承载力大、截面稳定性好的大型建筑(如高层建筑)。

T 型钢由 H 型钢对半剖分而成,分为宽翼缘(代号为 TW)、中翼缘(TM)和窄翼缘(TN)型三类。

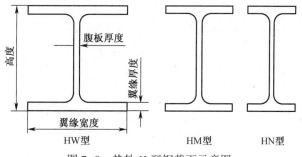

图 7-8　热轧 H 型钢截面示意图

3. 槽钢

槽钢是截面为凹槽形、腿部内侧有 1：10 斜度的长条钢材(图 7-7)。规格以"腰高度×腿宽度×腰厚度"(mm×mm×mm)或"腰高度#"(cm)表示。同一腰高的槽钢,若有几种不同的腿宽和腰厚,则在其后标注 a、b、c 表示该腰高度下的相应规格。槽钢的规格范围为 5#~40#。槽钢可用作承受轴向力的杆件、承受横向弯曲的梁以及联系杆件,主要用于建筑钢结构、车辆制造等。

4. L 型钢

L 型钢是截面为 L 形的长条钢材(图 7-7),规格以"腹板高度×面板宽度×腹板厚度×面板厚度"(mm×mm×mm)表示,型号从 L250×90×9×13 到 L500×120×13.5×35。

5. 角钢

角钢是两边互相垂直成直角形的长条钢材,主要用作承受轴向力的杆件和支撑杆件,也可作为受力构件之间的连接零件。

等边角钢的两个边宽相等,规格以"边宽度×边宽度×厚度"(mm×mm×mm)或"边宽"(cm)表示。规格范围为20×20×(3~4)~200×200×(14~24)。

不等边角钢的两个边宽不相等,规格以"长边宽度×短边宽度×厚度"(mm×mm×mm)或"长边宽度/短边宽度"(cm)表示。规格范围为25×16×(3~4)~200×125×(12~18)。

(二)冷弯薄壁型钢

1. 结构用冷弯空心型钢

空心型钢是用连续辊式冷弯机组生产的,按形状可分为方形空心型钢(代号为F)和矩形空心型钢(代号为J)(图7-9)。方形空心型钢的规格表示方法为:F 边长×壁厚(mm×mm),规格范围为F25×(1.2~2.0)~F160×(4.0~8.0)。矩形空心型钢的规格表示方法为:J 长边长度×短边长度×壁厚(mm×mm),规格范围为J50×25×(1.2~1.5)~J200×100×(4.0~8.0)。

2. 通用冷弯开口型钢

冷弯开口型钢是用可冷加工变形的冷轧或热轧钢带在连续辊式冷弯机组上生产的,按形状分为8种(图7-9),即冷弯等边角钢、冷弯不等边角钢、冷弯等边槽钢、冷弯不等边槽钢、冷弯内卷边槽钢、冷弯外卷边槽钢、冷弯Z型钢、冷弯卷边Z型钢等。

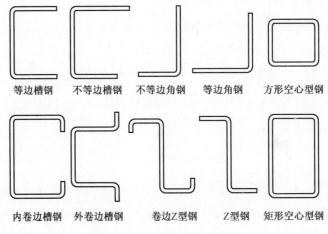

图7-9 冷弯型钢截面示意图

(三)棒材

1. 六角钢和八角钢

热轧六角钢和八角钢是截面为六角形和八角形的长条钢材,规格以"对边距离"表示。热轧六角钢的规格范围为8~70mm,热轧八角钢的规格范围为16~40mm。建筑钢结构的螺栓常以此种钢材为坯材。

2. 扁钢

热轧扁钢是截面为矩形并稍带钝边的长条钢材,规格以"厚度×宽度"(mm×mm)表示,规格范围为3×10~60×15。扁钢在建筑上用作房架构件、扶梯、桥梁和栅栏等。

3. 圆钢和方钢

热轧圆钢的规格以"直径"（mm）表示，规格范围为 5.5~250；热轧方钢的规格以"边长"（mm）表示，规格范围为 5.5~200。圆钢和方钢在普通钢结构中很少采用；圆钢可用于轻型钢结构，用作一般杆件和连接件。

（四）钢管

钢结构中常用热轧无缝钢管和焊接钢管。钢管在相同截面积下，刚度较大，因而是中心受压杆的理想截面；流线形的表面使其承受风压小，用于高耸结构十分有利。在建筑结构上钢管多用于制作桁架、塔桅等构件，也可用于制作钢管混凝土。钢管混凝土是指在钢管中浇筑混凝土而形成的构件，可使构件承载力大大提高，且具有良好的塑性和韧性，经济效果显著，施工简单，工期短。钢管混凝土可用于厂房柱、构架柱、地铁站台柱、塔柱和高层建筑等。

1. 结构用无缝钢管

结构用无缝钢管是以优质碳素钢和低合金高强度结构钢为原材料，采用热轧（挤压、扩）和冷拔（轧）无缝方法制造而成的。热轧（挤压、扩）钢管以热轧状态或热处理状态交货，冷拔（轧）钢管以热处理状态交货。钢管规格以"外径×壁厚"（mm×mm）表示，热轧钢管的规格范围为 32×（2.5~8）~530×（9~75）~630×（9~24）；冷拔钢管的规格范围为 6×（0.25~2.0）~200×（4.0~12）。

2. 焊缝钢管

焊缝钢管由优质或普通碳素钢钢板卷焊而成，价格相对较低，分为直缝电焊钢管和螺旋焊钢管。适用于各种结构、输送管道等用途。

（五）板材

1. 钢板

钢板是矩形平板状的钢材，可直接轧制成或由宽钢带剪切而成，按轧制方式分为热轧钢板和冷轧钢板。钢板规格以"宽度×厚度×长度"（mm×mm×mm）表示。

钢板分厚板（厚度大于 4mm）和薄板（厚度不大于 4mm）两种。厚板主要用于结构，薄板主要用于屋面板、楼板和墙板等。在钢结构中，单块钢板不能独立工作，必须用几块板组合成"工"字形、箱形等结构来承受荷载。

2. 花纹钢板

花纹钢板是表面轧有防滑凸纹的钢板，主要用于平台、过道及楼梯等的铺板。花纹钢板有菱形、扁豆形和圆豆形花纹。钢板的基本厚度为 2.5~8.0mm，宽度为 600~1800mm，长度为 2000~12000mm。

3. 压型钢板

建筑用压型钢板简称为压型钢板，是由薄钢板经辊压冷弯而成的波形板，其截面呈梯形、V 形、U 形或类似的波形（图 7-10），原板材可用冷轧板、镀锌板、彩色涂层板等不同类别的薄钢板。压型钢板的波高一般为 21~173mm，波距模数为 50mm、100mm、150mm、200mm、250mm、300mm，有效覆盖宽度的尺寸系列为 300mm、450mm、600mm、750mm、900mm、1000mm，板厚为 0.35~1.6mm。压型钢板的型号表示方法为：YX 波高-波距-板宽。

压型钢板曲折的板形大大增加了钢板在其平面外的惯性矩、刚度和抗弯能力，具有自

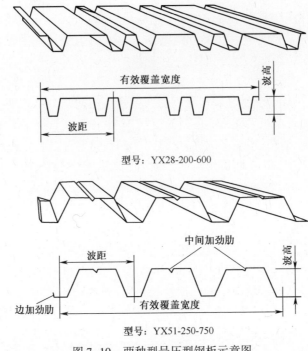

型号：YX28-200-600

型号：YX51-250-750

图7-10　两种型号压型钢板示意图

重轻、强度刚度大、施工简便和美观等优点。在建筑上，压型钢板主要用作屋面板、墙板、楼板和装饰板等。

4. 彩色涂层钢板

彩色涂层钢板是以薄钢板为基底，表面涂有各类有机涂料的产品。彩色涂层钢板按用途分为建筑外用（JW）、建筑内用（JN）和家用电器（JD），按表面状态分为涂层板（TC）、印花板（YH）、压花板（YaH）。彩色涂层钢板可以用多种涂料和基底板材制作。彩色涂层钢板主要用于建筑物的围护和装饰。

二、混凝土结构用钢

混凝土具有较高的抗压强度，但抗拉强度很低。用钢筋增强混凝土，可大大扩展混凝土的应用范围，而混凝土又对钢筋起保护作用。钢筋混凝土结构用的钢筋，主要由碳素结构钢、低合金高强度结构钢和优质碳素钢制成。

1. 热轧钢筋

热轧钢筋是经热轧成型并自然冷却的成品钢筋，按外形可分为光圆和带肋两种。带肋钢筋的表面有两条纵肋和沿长度方向均匀分布的横肋，通常横肋的纵截面呈月牙形（图7-11）。钢筋表面轧有凸纹，可提高混凝土与钢筋的黏结力。《钢筋混凝土用钢　第1部分：热轧光圆钢筋》（GB/T 1499.1—2017）和《钢筋混凝土用钢　第2部分：热轧带肋钢筋》（GB/T 1499.2—2018）普通热轧光圆钢筋按屈服强度为：HPB300，普通热轧钢筋按屈服点分成三个强度等级：HRB400、HRB500 和 HRB600。牌号中的 H、R、B 分别表示热轧（Hot rolled）、带肋（Ribbed）和钢筋（Bars）。热轧钢筋的性能要求和用途列于表7-3中。

施工中钢筋分为四个等级：Ⅰ级钢筋的强度较低，但塑性及焊接性能很好，便于各种

图 7-11 月牙肋钢筋外形和截面示意图

冷加工,广泛应用于小型钢筋混凝土结构中的主要受力钢筋以及各种钢筋混凝土结构中的构造筋;Ⅱ级钢筋的强度较高,塑性和焊接性能也较好,是钢筋混凝土的常用钢筋,广泛用作大、中型钢筋混凝土结构中的主要受力钢筋;Ⅲ级钢筋的性能和应用与Ⅱ级钢筋相近;Ⅳ级钢筋的强度高,但塑性和可焊性较差。

建筑用低碳钢热轧盘条是由碳素结构钢经热轧而成,分为 Q215、Q235 两种牌号,直径为 5.5~30mm,它的强度较低,但塑性、可焊性好。

表 7-3 热轧钢筋等级、性能和用途

钢筋级别	强度等级代号	外形	钢种	公称直径 d/mm	屈服强度 /MPa	抗拉强度 /MPa	伸长率 δ_s /%	冷弯试验		主要用途
								角度	弯心直径	
Ⅰ	HRB235	光圆	低碳钢	8~20	235	370	25	180°	d	非预应力
Ⅱ	HRB335	月牙肋	低碳低合金钢	6~25	335	490	16	180°	3d	非预应力和预应力
				28~50					4d	
Ⅲ	HRB400			6~25	400	570	14	180°	4d	
				28~50					5d	
Ⅳ	HRB500		中碳低合金钢	6~25	500	630	12	180°	6d	预应力
				28~50					7d	

2. 冷轧带肋钢筋

冷轧带肋钢筋是由热轧原盘条经冷轧或冷拔减径后,在其表面冷轧成两面或三面有肋的钢筋,也可经低温回火处理。冷轧带肋钢筋按抗拉强度分成三级,牌号分别为 CRB550、CRB650、CRB800、CRB970、CRB1170。牌号中 C、R、B 分别表示冷轧(Cold rolled)带肋(Ribbed)和钢筋(Bars),数值为抗拉强度的最低值(MPa)。与冷拔低碳钢丝相比,冷轧带肋钢筋具有强度高、塑性好、与混凝土黏结牢固、节约钢材、质量稳定等优点。CRB650 级和 CRB800 级钢筋宜用作中、小型预应力混凝土结构构件中的受力主筋,CRB550 级钢筋宜用作普通钢筋混凝土结构构件中的受力主筋、架立筋、箍筋和构造钢筋。

3. 预应力混凝土用热处理钢筋

预应力混凝土用热处理钢筋是用热轧带肋钢筋经淬火和回火的调质处理而成的,按外形分为有纵肋和无纵肋两种(都有横肋)。使用时将盘条打开,钢筋自行伸直,然后按要求的长度切断。热处理钢筋直径有 6mm、8.2mm、10mm 三种规格,条件屈服强度、抗拉强度和伸长率(δ_{10})分别不小于 1325MPa、1470MPa 和 6%，1000h 应力损失不大于 3.5%，它适用于预应力钢筋混凝土梁板和轨枕等。

4. 预应力混凝土用钢丝和钢绞线

预应力混凝土用钢丝是用优质碳素结构钢制成，抗拉强度高达 1470~1770MPa，分为消除应力光圆钢丝(代号为 S)、消除应力刻痕钢丝(SI)、消除应力螺旋肋钢丝(SH)和冷拉钢丝(RCD)四种。刻痕钢丝和螺旋肋钢丝与混凝土的黏结力好，也即钢丝与混凝土的整体性能好；消除应力钢丝的塑性比冷拉钢丝好。预应力混凝土用钢丝按应力松弛分为两级，包括 I 级松弛(普通松弛)、II 级松弛(低松弛)。

预应力混凝土用钢绞线是以数根优质碳素结构钢钢丝经绞捻和消除内应力的热处理而制成。根据钢丝的股数分为三种结构类型：1×2、1×3 和 1×7。1×7 结构钢绞线以一根钢丝为芯，7 根钢丝围绕其周围捻制而成，钢绞线与混凝土的黏结力较好。

预应力钢丝和钢绞线具有强度高、柔韧性好、无接头、质量稳定、施工简便等优点，使用时按要求的长度切割，适用于大荷载、大跨度、曲线配筋的预应力钢筋混凝土结构。

5. 混凝土用钢纤维

在混凝土中掺入钢纤维，能大大提高混凝土的抗冲击强度和韧性，显著改善其抗裂、抗剪、抗弯、抗拉、抗疲劳等性能。

钢纤维的原材料可以使用碳素结构钢、合金结构钢和不锈钢，生产方式有钢丝切断、薄板剪切、熔融抽丝和铣削。表面粗糙或表面刻痕、形状为波形或扭曲形、端部带钩或端部有大头的钢纤维与混凝土的黏结较好，有利于混凝土增强。钢纤维直径应控制在 0.45~0.7mm 内，长度与直径比控制在 50~80 内。增大钢纤维的长径比，可提高混凝土的增强效果；但过于细长的钢纤维容易在搅拌时形成纤维球而失去增强作用。钢纤维按抗拉强度分为 1000、600 和 380 三个等级。

三、钢材的选用

1. 钢材的选用原则

结构钢材采用氧气转炉钢或平炉钢，最少应具有屈服点、抗拉强度、伸长率三项力学性能和硫、磷含量两项化学成分的合格保证；对焊接结构还应有含碳量的合格保证。对于较大型构件、直接承受动力荷载的结构，钢材应具有冷弯试验的合格保证。对于大、重型结构和直接承受动力荷载的结构，根据冬季工作温度情况，钢材应具有常温或低温冲击韧性的合格保证。不同建筑结构对材质的要求如下。

(1) 重要结构构件(如梁、柱、屋架等)高于一般构件(如墙架、平台等)。

(2) 受拉、受弯构件高于受压构件。

(3) 焊接结构高于栓接或铆接结构。

(4) 低温工作环境的结构高于常温工作环境的结构。

(5) 直接承受动力荷载的结构高于间接承受动力荷载或承受静力荷载的结构。

(6) 重级工作制构件(如重型吊车梁)高于中、轻级工作制构件。

对于高层建筑钢结构的钢材，宜采用 B、C、D 等级的 Q235 碳素结构钢和 B、C、D、E 等级的 Q345 低合金高强度结构钢。抗震结构钢材的强屈比不应小于 1.2，应有明显的屈服台阶，伸长率应大于 20%，且有良好的可焊性。Q235 沸腾钢不宜用于下列承重结构：重级工作制焊接结构,冬季工作温度小于或等于-20℃的轻、中级工作制焊接结构和重级工作制的非焊接结构,冬季工作温度小于或等于-30℃的其他承重结构。

2. 钢筋的选用

普通受力钢筋宜采用 HRB235、HRB335、HRB400 级热轧钢筋和 CRB550 级冷轧带肋钢筋。

预应力钢筋宜采用预应力混凝土用钢丝、钢绞线和热处理钢筋,也可采用冷拉 HRB335、HRB400 和 HRB500 级热轧带肋钢筋。CRB650、CRB800 级冷轧带肋钢筋和冷拔低合金钢丝宜用作中、小型预应力混凝土结构构件中的受力主筋。

第六节　建筑钢材的防火

火灾是一种违反人们意志,在时间和空间上失去控制的燃烧现象。燃烧的三个要素是可燃物、氧化剂和点火源。一切防火与灭火措施的基本原理,就是根据物质燃烧的条件,阻止燃烧三要素同时存在。

建筑物是由各种建筑工程材料建造起来的,这些建筑工程材料在高温下的性能直接关系到建筑物的火灾危险性大小,以及发生火灾后火势扩大蔓延的速度。对于结构材料而言,在火灾高温作用下力学强度的降低还直接关系到建筑的安全。

一、建筑钢材的耐火性

建筑钢材是建筑工程材料的三大主要材料之一。可分为钢结构用钢材和钢筋混凝土结构用钢筋两类。它是在严格的技术控制下生产的材料,具有强度大、塑性和韧性好、品质均匀、可焊可铆以及制成的钢结构重量轻等优点。但就防火而言,钢材虽然属于不燃性材料,耐火性能却很差,耐火极限只有 0.15h。

建筑钢材遇火后,力学性能的变化体现如下。

1. 强度的降低

在建筑结构中广泛使用的普通低碳钢在高温下的性能如图 7-12 所示。抗拉强度在 250~300℃时达到最大值(由于"蓝脆"现象引起);温度超过 350℃,强度开始大幅度下降,在 500℃时约为常温时的 1/2,600℃时约为常温时的 1/3。屈服点在 500℃时约为常温的 1/2。由此可见,钢材在高温下强度降低很快。此外,钢材的应力-应变曲线形状随温度升高发生很大变化,温度升高,屈服强度降低,且原来呈现的锯齿形状逐渐消失。当温度超过 400℃后,低碳钢特有的屈服点消失。

普通低合金钢是在普通碳素钢中加入一定量的合金元素冶炼成的。这种钢材在高温下的强度变化与普通碳素钢基本相同,在 200~300℃的温度范围内极限强度增加,当温度超过 300℃后,强度逐渐降低。

冷加工钢筋是普通钢筋经过冷拉、冷拔、冷轧等加工强化过程得到的钢材,其内部晶格构架发生畸变,强度增加而塑性降低,这种钢材在高温下,内部晶格的畸变随着温度升高而逐渐恢复正常,冷加工所提高的强度也逐渐减少和消失,塑性得到一定恢复。因此,在相同的温度下,冷加工钢筋强度降低值比未加工钢筋大很多。当温度达到 300℃时,冷加工钢筋强度约为常温时的 1/2;400℃时强度急剧下降,约为常温时的 1/3;500℃左右时,其屈服强度接近甚至小于未冷加工钢筋的相应温度下的强度。

高强钢丝用于预应力钢筋混凝土结构。它属于硬钢,没有明显的屈服极限。在高温下,高强钢丝抗拉强度的降低比其他钢筋更快。当温度在150℃以内时,强度不降低;温度达350℃时,强度降低约为常温时的1/2;400℃时强度约为常温时的1/3;500℃时强度不足常温时的1/5。

预应力混凝土构件,由于所用的冷加工钢筋的高强钢丝在火灾高温下强度下降,明显大于普通低碳钢筋和低合金钢筋,因此其耐火性能远低于非预应力混凝土构件。

2. 变形的加大

钢材在一定温度和应力作用下,随时间的推移会发生缓慢塑性变形,即蠕变。蠕变在较低温度时就会产生,在温度高于一定值时比较明显,对于普通低碳钢这一温度为300~350℃,对于合金钢为400~450℃,温度越高,蠕变现象越明显。蠕变不仅受温度的影响,而且也受应力大小的影响。若应力超过钢材在某一温度下的屈服强度时,蠕变会明显增大。

普通低碳钢弹性模量、伸长率、截面收缩率随温度的变化情况如图7-12所示,可见高温下钢材塑性增大,易于产生变形。

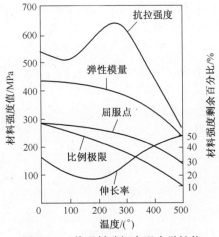

图7-12 普通低碳钢高温力学性能

钢材在高温下强度降低很快,塑性增大,加之其热导率大(普通建筑钢的热导率高达67.63W/(m·K)),是造成钢结构在火灾条件下极易在短时间内破坏的主要原因。试验研究和大量火灾实例表明,一般建筑钢材的临界温度为540℃左右。而对于建筑物的火灾,火场温度约为800~1000℃。因此,处于火灾高温下的裸露钢结构往往在10~15min内,自身温度就会上升到钢的极限温度540℃以上,致使强度和载荷能力急剧下降,在纵向压力和横向拉力作用下,钢结构发生扭曲变形,导致建筑物的整体坍塌毁坏。而且变形后的钢结构是无法修复的。

为了提高钢结构的耐火性能,通常可采用防火隔热材料(如钢丝网抹灰、浇注混凝土、砌砖块、泡沫混凝土块)包覆、喷涂钢结构防火涂料等方法。

二、钢结构防火涂料

钢结构防火涂料(包括预应力混凝土楼板防火涂料)主要用作不燃烧体构件的保护

性材料,该类防火涂料涂层较厚,并具有密度小、热导率低的特性,所以在火焰作用下具有优良的隔热性能,可以使被保护构件在火焰高温作用下材料强度降低缓慢,不易产生结构变形,从而提高钢结构或预应力混凝土楼板的耐火极限。

1. 钢结构防火涂料的分类及品种

钢结构防火涂料按所使用胶黏剂的不同,可分为有机防火涂料和无机防火涂料两类,其分类如图 7-13 所示。

$$钢结构防火涂料\begin{cases}有机\begin{cases}膨胀型\\非膨胀型\end{cases}\\无机----非膨胀型\end{cases}$$

图 7-13　钢结构防火涂料分类

我国现行标准《钢结构防火涂料》(GB 14907—2018)将钢结构防火涂料按使用厚度分为厚型(H 型,涂层厚度大于 7mm 且不大于 45mm)、薄型(B 型,涂层厚度大于 3mm 且不大于 7mm)和超薄型(CB 型,涂层厚度不大于 3mm)。20 世纪 90 年代开始出现了超薄型钢结构防火涂料,并且已成为目前我国钢结构防火涂料研究及生产单位竞相研制的热点。薄型钢结构防火涂料的涂层厚度一般为 4~7mm,有一定的装饰效果,高温时涂层膨胀增厚,具有耐火隔热作用,耐火极限可达 0.5~1.5h。这种涂料又称为钢结构膨胀防火涂料。厚型钢结构防火涂料的厚度一般为 8~45mm,表面呈粒状,密度较小,热导率低,耐火极限可达 0.5~3.0h。这种涂料又称钢结构防火隔热涂料。

薄型钢结构防火涂料的主要品种有 NB 型(室内薄型钢结构防火涂料)、WB 型(室外薄型钢结构防火涂料)等。

2. 钢结构防火涂料的阻火原理

钢结构防火涂料的阻火原理有三个:一是涂层对钢基材起屏蔽作用,使钢结构不至于直接暴露在火焰高温中;二是涂层吸热后部分物质分解放出水蒸气或其他不燃气体,起到消耗热量、降低火焰温度和延缓燃烧速度、稀释氧气的作用;三是涂层本身多孔轻质和受热后形成碳化泡沫层,阻止了热量迅速向钢基材传递,推迟了钢基材强度的降低,从而提高了钢结构的耐火极限。据研究,涂层经膨胀发泡后,热导率最低可降至 0.233W/(m·K),仅为钢材自身热导率的 1/290。

3. 钢结构防火涂料的性能

钢结构防火涂料主要有物理、化学及力学性能,包括在容器中的状态、干燥时间、初期干燥抗裂性、外观和颜色、黏结强度、抗压强度、干密度、耐曝热性、耐湿热性、耐冻融循环性和耐火极限等项。各类防火涂料的性能特点如表 7-4 所列。

表 7-4　现有钢结构防火涂料的性能特点

种类	厚度/mm	优　点	缺　点
厚型	8~45	(1)耐火极限高,可达 3h; (2)主要成分为无机材料,耐久性相对较好; (3)原材料来源广、价格低,产品单位质量价格较低; (4)遇火后不会放出有害人体健康的有毒气体; (5)袋装出厂,运输方便	(1)涂层厚、自重大、黏结力不好时极易剥落; (2)表面粗糙,装饰性差; (3)涂层厚,施工时需用金属丝网加固,增加施工费用,施工周期长; (4)水泥基涂料需养护

（续）

种类	厚度/mm	优　点	缺　点
薄型	4～7	(1)涂层薄、质轻、黏结力好； (2)表面光滑，可调出各种颜色，装饰性好； (3)单位面积用量少，价格低； (4)施工简便，无需金属丝网加固，干燥快； (5)抗震动，抗挠曲性强； (6)耐火极限最高可达2h	(1)耐火极限较厚型涂料低； (2)主要成分为有机材料，遇火时可能会释放出有害气体及烟雾，有待进一步研究； (3)因主要成分为有机材料，耐老化、耐久性有待进一步研究； (4)用于室外的产品不多，有待研究开发
超薄型	≤3	(1)涂层更薄，装饰性较薄型涂料更好，颜色丰富，可达到一般建筑涂料的效果； (2)兼具薄型涂料的优点	(1)同样有薄型涂料的缺点； (2)目前还没有用于室外钢结构的防火保护产品，应用受到了限制

钢结构防火涂料的防火性能为耐火极限。

4. 钢结构防火涂料的选用原则

选用钢结构防火涂料时，应考虑结构类型、耐火极限要求、工作环境等。选用原则如下。

（1）裸露网架钢结构、轻钢屋架，以及其他构件截面小、振动挠曲变化大的钢结构，当要求其耐火极限在1.5h以下时，宜选用薄涂型钢结构防火涂料，装饰要求较高的建筑宜首选超薄型钢结构防火涂料。

（2）室内隐蔽钢结构、高层等性质重要的建筑，当要求其耐火极限在1.5h以上时，应选用厚型钢结构防火涂料。

（3）露天钢结构，必须选用适合室外使用的钢结构防火涂料。

室外使用环境比室内严酷得多，涂料在室外要经受日晒雨淋、风吹冰冻。因此，应选用耐水、耐冻融、耐老化、强度高的防火涂料。

一般来说，非膨胀型比膨胀型的耐候性好。而非膨胀型中蛭石、珍珠岩颗粒型厚质涂料，若采用水泥为胶黏剂比水玻璃为胶黏剂的要好。特别是水泥用量较多、密度较大的，更适宜用于室外。

（4）注意不要把饰面型防火涂料用于保护钢结构。饰面型防火涂料适用于木结构和可燃基材，一般厚度小于1mm，薄薄的涂膜对于可燃材料能起到有效的阻燃和防止火焰蔓延的作用，但其隔热性能一般达不到大幅度提高钢结构耐火极限的作用。

对钢结构进行防火保护的措施很多，但涂覆防火涂料是目前相对简单而有效的方法。随着高科技建筑工程材料的发展、对建筑工程材料功能性要求的提高，防火涂料的使用已暴露出不足，如安全性问题：防火涂料中阻燃成分可能释放有害气体，对火场中的消防人员、群众会产生危害。

第七节　铝和铝合金

铝具有银白色，属于有色金属。作为化学元素，铝在地壳组成中的含量仅次于氧和硅，占第三位，约为8.13%。

一、铝的主要性能

1. 铝的冶炼

铝在自然界中以化合态存在,炼铝的主要原料是铝矾土,其主要成分是一水铝$(Al_2O_3 \cdot H_2O)$和三水铝$(Al_2O_3 \cdot 3H_2O)$,另外还含有少量氧化铁、石英、硅酸盐等,其中三氧化二铝的含量高达 47%~65%。

铝的冶炼是先从铝矿石中提炼出三氧化二铝,提炼氧化铝的方法有电热法、酸法和碱法。然后再由氧化铝通过电解得到金属铝。电解铝一般采用熔盐电解法,主要电解质为水晶石(Na_3AlF_6),并加入少量的氟化钠、氟化铝,以调节电解液成分。电解出来的铝还含有少量铁、硫等杂质,为了提高品质再用反射炉进行提纯,在 730~740℃ 下保持 6~8h 使其再熔融,分离出杂质,然后把铝液浇入铸锭制成铝锭。高纯度铝的纯度可达99.996%,普通纯铝的纯度在 99.5%以上。

2. 纯铝的特性

铝属于有色金属中的轻金属,密度为 2.7g/cm³,是钢的 1/3。铝的熔点低,为 660℃。铝的导电性和导热性均很好。

铝的化学性质很活泼,它和氧的亲和力很强,在空气中表面容易生成一层氧化铝薄膜,起保护作用,使铝具有一定的耐腐蚀性。但由于自然生成的氧化铝膜层很薄(一般小于 0.19m)。因而其耐蚀性也有限。纯铝不能与卤族元素接触,不耐碱,也不耐强酸。

铝的电极电位较低,如与电极电位高的金属接触并且有电解质存在时,会形成微电池,产生电化学腐蚀。所以,用于铝合金门窗等铝制品的连接件应当用不锈钢件。

固态铝呈面心立方晶格,具有很好的塑性(伸长率 $\delta = 40\%$),易于加工成型。但纯铝的强度和硬度很低,不能满足使用要求,故工程中不用纯铝制品。

在生产实践中,人们发现向熔融的铝中加入适量的某些合金元素制成铝合金,再经冷加工或热处理,可以大幅度提高其强度,甚至极限抗拉强度可高达 400~500MPa,相近于低合金钢的强度。铝中最常加入的合金元素有铜(Cu)、镁(Mg)、硅(Si)、锰(Mn)、锌(Zn)等。这些元素有时单独加入,有时配合加入,从而制得各种各样的铝合金。铝合金克服了纯铝强度和硬度过低的不足,又仍能保持铝的轻质、耐腐蚀、易加工等优良性能,故在建筑工程中尤其在装饰领域中的应用越来越广泛。

表 7-5 为铝合金与碳素钢性能比较。由表可知,铝合金的弹性模量约为钢的 1/3,而其比强度却为钢的 2 倍以上。由于弹性模量低,铝合金的刚度和承受弯曲的能力较小。铝合金的线胀系数约为钢的 2 倍,但因其弹性模量小,由温度变化引起的内应力并不大。

表 7-5　铝合金与碳素钢性能比较

性能参数	铝合金	碳素钢
密度 $\rho/(g/cm^3)$	2.7~2.9	7.8
弹性模量 E/MPa	63 000~80 000	210 000~220 000
屈服点 σ_s/MPa	210~500	210~660
抗拉强度 σ_b/MPa	380~550	320~800
比强度 $(\sigma_s/\rho)/MPa$	73~190	27~77
比强度 $(\sigma_b/\rho)/MPa$	140~220	41~98

二、铝合金的分类

根据铝合金的成分及生产工艺特点,通常将其分为变形铝合金和铸造铝合金两类。

变形铝合金是指这类铝合金可以进行热态或冷态的压力加工,即经过轧制、挤压等工序,可制成板材、管材、棒材及各种异型材使用。这类铝合金要求其具有相当高的塑性。铸造铝合金则是将液态铝合金直接浇注在砂型或金属模型内,铸成各种形状复杂的制件。对这类铝合金则要求其具有良好的铸造性,即具有良好的流动性、小的收缩性及高的抗热裂性等。

变形铝合金又可分为不能热处理强化和可以热处理强化两种。前者不能用淬火的方法提高强度,如 Al-Mn、Al-Mg 合金,后者可以通过热处理的方法来提高其强度,如 Al-Cu-Mg(硬铝)、Al-Zn-Mg(超硬铝)、Al-Si-Mg(锻铝)合金等。不能热处理强化的铝合金一般是通过冷加工(辗压、拉拔等)过程而达到强化的,它们具有适中的强度和优良的塑性,易于焊接,并有很好的抗蚀性,我国称之为防锈铝合金。可热处理强化的铝合金其力学性能主要靠热处理来提高,而不是靠冷加工强化来提高。热处理能大幅度提高强度而不降低塑性。用冷加工强化虽然能提高强度,但会使塑性迅速降低。

三、铝合金的牌号

1. 铸造铝合金的牌号

目前应用的铸造铝合金有铝硅(Al-Si)、铝铜(Al-Cu)、铝镁(Al-Mg)及铝锌(Al-Zn)四个组系。铸造铝合金的牌号用汉语拼音字母"ZL"(铸铝)和三位数字组成,如 ZL101、ZL201 等。三位数字中的第一位数(1~4)表示合金组别,其中 1 代表铝硅合金、2 代表铝铜合金、3 代表铝镁合金、4 代表铝锌合金。后面两位数表示该合金的顺序号。

2. 变形铝合金的牌号

变形铝合金可分为防锈铝合金、硬铝合金、超硬铝合金、锻铝合金和特殊铝合金等几种,旧规范里通常以汉语拼音字母作为代号,相应表示为 LF、LY、LC、LD 和 LT。变形铝合金的牌号用其代号加顺序号表示,如 LF12、LD13 等。目前建筑工程中应用的变形铝合金型材,主要是由锻铝合金(LD)和特殊铝合金(LT)制成。

根据制定的《变形铝及铝合金牌号表示方法》(GB/T 16474—2011),凡是化学成分与变形铝合金国际牌号注册协议组织(简称国际牌号注册组织)命名的合金相同的所有合金,其牌号直接采用国际四位数字体系牌号,未与国际四位数字体系牌号的变形铝合金接轨的,采用四位字符牌号(试验铝合金在四位字符牌号前加 x)。四位字符牌号的第一、第三、第四位为阿拉伯数字,第二位为英文大写字母。第一位数字表示铝合金组别,如 2×××-Al-Cu 系、3×××-Al-Mn 系、4×××-Al-Si 系、5×××-Al-Mg 系、6×××-Al-Mg-Si 系、7×××-Al-Zn 系/8×××-Al-其他元素和 9×××-备用系。这样,我国变形铝合金的牌号表示法,与国际上较通用的方法基本一致。

四、铝合金的应用

(一)铝合金门窗

铝合金门窗是将按特定要求成型并经表面处理的铝合金型材,经下料、打孔、铣槽、攻螺纹等加工,制得门窗框料构件,再加连接件、密封件、开闭五金件等一起组合装配而成。铝合金门窗按其结构与开启方式可分为推拉窗(门)、平开窗(门)、悬挂窗、回转窗、百叶窗和纱窗等。

1. 铝合金门窗的性能要求

铝合金门窗产品通常要进行以下主要性能的检验。

(1)强度。测定铝合金门窗的强度是在压力箱内进行的,通常用窗扇中央最大位移量小于窗框内沿高度的1/70时所能承受的风压等级表示,如 A 类(高性能窗)平开铝合金窗的抗风压强度值为 3000~3500Pa。

(2)气密性。气密性是指在一定压力差的条件下,铝合金门窗空气渗透性的大小。通常是放在专用压力试验箱中,使窗的前后形成 10Pa 以上的压力差,测定每平方米面积的窗在每小时内的通气量,如 A 类平开铝合金窗的气密性为 $0.5 \sim 1.0 m^3/(m^2 \cdot h)$、B 类(中等性能窗)为 $1.0 \sim 1.5\ m^3/(m^2 \cdot h)$。

(3)水密性。水密性是指铝合金门窗在不渗漏雨水的条件下所能承受的脉冲平均风压值。通常在专用压力试验箱内,对窗的外侧施加周期为 2s 的正弦脉冲风压,同时向窗面以每分钟每平方米喷射 4L 的人工降雨,经连续进行 10min 的风雨交加试验,在室内一侧不应有可见的渗漏水现象,如 A 类平开铝合金窗的水密性为 450~500Pa、C 类(低性能窗)为 250~350Pa。

(4)隔热性。铝合金门窗的隔热性能常按其传热阻值(m・K/W)分为三级,即 I 级>0.50、Ⅱ 级>0.33、Ⅲ 级>0.25。

(5)隔声性。铝合金门窗的隔声性能常用隔声量(dB)表示。它是在音响实验室内对其进行音响透过损失试验。隔声铝合金门窗的隔声量在 26~40dB 以上。

(6)开闭力。铝合金窗装好玻璃后,窗户打开或关闭所需的外力应在 49N 以下,以保证开闭灵活方便。

2. 铝合金门窗的技术标准

随着铝合金门窗的生产和应用,我国已颁布了一系列有关铝合金门窗的国家标准,其中主要有《铝合金门窗》(GB/T 8478—2008)。

(1)产品代号。根据有关标准规定,铝合金门窗的产品代号如表7-6所列。

表 7-6　铝合金门窗的产品代号

产品名称	平开铝合金窗		平开铝合金门		推拉铝合金窗		推拉铝合金门	
	不带纱窗	带纱窗	不带纱窗	带纱窗	不带纱窗	带纱窗	不带纱窗	带纱窗
代号	PLC	APLC	PLM	SPLM	TLC	ATLC	TLM	STLM
产品名称	滑轴平开窗	固定窗	上悬窗	中悬窗	下悬窗	主转窗		
代号	HPLC	GLC	SLC	CLC	XLC	LLC		

(2)品种规格。平开铝合金门窗和推拉铝合金门窗的品种规格如表7-7所列。

表 7-7　铝合金门窗的品种规格　　　　　　　　　　　　　　　(mm)

名称	洞 口 尺 寸		厚度基本尺寸系列
	高	宽	
平开铝合金窗	600,900,1200,1500,1800,2100	600,900,1200,1500,1800,2100	40,45,50,55,60,65,70

（续）

名称	洞口尺寸		厚度基本尺寸系列
	高	宽	
平开铝合金门	2100,2400,2700	800,900,1000,1200,1500,1800	40,45,50,55,60,70,80
推拉铝合金窗	600,900,1200,1500,1800,2100	1200,1500,1800,2100,2400,2700,3000	40,50,60,70,80,90
推拉铝合金门	2100,2400,2700,3000	1500,1800,2100,2400,3000	70,80,90

安装铝合金门窗采用预留洞口然后安装的方法,预留洞口尺寸应符合《建筑门窗洞口尺寸系列》(GB 5824—2008)的规定。因此,设计选用铝合金门窗时,应注明门窗的规格型号。铝合金门窗的规格型号是以门窗的洞口尺寸表示的。例如,洞口宽和高分别为1800mm 和 2100mm 的门,规格型号为"1821";若洞口宽、高均为 900mm 的窗,其规格型号则为"0909"。

(3)产品分类及等级。铝合金门窗按其抗风压强度、气密性和水密性三项性能指标,将产品分为 A、B、C 三类,每类又分为优等品、一等品和合格品三个等级。另外,按隔声性能,凡空气声计权隔声量不小于 25dB 时为隔声门窗,按绝热性能,凡传热阻值不小于0.25(m·K)/W 时为绝热门窗。

(4)技术要求。对铝合金门窗的技术要求包括材料、表面处理、装配要求和表面质量等几个方面。所用型材应符合《铝合金建筑型材 第 1 部分:基材》(GB 5237.1—2017)的有关规定。特别强调的是,选用的附件材料除不锈钢外,应经防腐蚀处理,以避免与铝合金型材发生接触腐蚀。

(二)铝合金装饰板

用于装饰工程的铝合金板,其品种和规格很多。按表面处理方法分为阳极氧化处理及喷涂处理的装饰板。按常用的色彩分为银白色、古铜色、金色、红色、蓝色等;按几何尺寸分,有条形板和方形板,条形板的宽度多为 80~100mm,厚度为 0.5~1.5mm,长度为6.0m 左右;按装饰效果分,则有铝合金花纹板、铝合金波纹板、铝合金压型板、铝合金浅花纹板、铝合金冲孔板等。

(1)铝合金压型板。铝合金压型板是目前应用十分广泛的一种新型铝合金装饰材料。它具有质量轻、外形美观、耐久性好、安装方便等优点,通过表面处理可获得各种色彩,主要用于屋面和墙面等。

(2)铝合金花纹板。铝合金花纹板采用防锈铝合金等坯料,用特制的花纹轧辊轧制而成。花纹美观大方,不易磨损,防滑性能好,防腐蚀性能强,便于冲洗,通过表面处理可得到各种颜色。广泛用于公共建筑的墙面装饰、楼梯踏板等处。

第八节　金属材料发展动态

随着全球应用技术研究的深入以及新型防火涂料和隔热材料的不断问世,钢结构作为建筑结构的一种形式,以其强度高、自重轻、有优越的变形性能和抗震性而被世人瞩目;从施工角度看,有施工周期短、结构形式灵活等优点,因而在建筑行业尤其在高层乃至超高层建筑中得到了广泛的应用,显示出了其强大的生命力。

一、高层、重型钢结构

世界第一幢高层钢结构房屋是建于 1885 年美国芝加哥的一幢高 55m 的 10 层家庭保险公司大楼。1889 年在法国巴黎建成了高 320.175m 的埃菲尔铁塔,促使高层钢结构技术得到迅速发展。1934 年在中国上海建成国际饭店、上海大厦等几幢钢结构大楼。众所周知,高层钢结构建筑是一个国家经济实力和科技水平的反映,又往往当作一个城市的标志性建筑。我国自 20 世纪 80 年代到 90 年代末,已建成和在建的高层钢结构建筑已有近 40 幢,总面积约 320 万 m^2,钢材用量约 30 万 t,资金约 600 亿元人民币。一大批高层钢结构建筑耸立在北京、上海、深圳、大连、天津等地。我国的高层建筑钢结构已跨入国际行列,获得了较大成功及良好的效益。这个时期的代表作品有:世界第三高度(420.15m)的上海金茂大厦;国际领先水平的深圳赛格大厦(72 层、高 291m),全部采用钢管混凝土柱;采用国产钢材、国内设计、制造及施工的大连世贸中心。

重型工业厂房建设近几年也有所增加,主要分布在钢铁、造船、电子、汽车、水利、发电等行业。

二、大跨度空间钢结构

近年来,以网架和网壳为代表的空间结构继续快速发展,不仅用于民用建筑,而且用于工业厂房、候机楼、体育馆、展览中心、大剧院、博物馆等,在使用范围、结构形式、安装施工方法等方面均具有中国建筑结构的特色。采用圆钢管、矩形钢管制作空间桁架、拱架及斜拉网架结构,加上波浪形屋面,成为各地新颖和富有现代特色的标志性建筑。最近在悬索和膜的张拉结构研究开发和工程应用方面取得了新的进展,预应力空间结构开始得到应用。

三、轻钢结构

近几年来,我国轻型钢结构建筑发展较快,主要用于轻型的工业厂房、棉花和粮食仓库、码头和保税区仓库、农产品、建材、家具等各类交易市场、体育场馆、展览厅及活动房屋、加层建筑等。轻钢结构是相对于重钢结构而言的,其类型有门式钢架、拱形波纹钢屋盖结构等。

四、钢-混凝土组合结构

众所周知,钢-混凝土组合结构是充分发挥钢材和混凝土两种材料各自优点的合理组合,它不但具有优异的静、动力学性能,而且能节约大量钢材、降低工程造价和加快施工进度,是符合我国建筑结构发展方向的一种比较新颖的结构形式。自 20 世纪 80 年代开始,在我国的发展十分迅速,已广泛应用于冶金、造船、电力、交通等部门的建筑中,并以迅猛的势头进入了桥梁工程和高层与超高层建筑中。

五、钢结构住宅

我国住宅建设逐步成为国民经济的支柱产业。在建设部、中国钢铁工业协会及中国钢结构协会的推动下,我国钢结构住宅建筑产业快速发展。目前北京、天津、山东、安徽、上海、广东、浙江等地建成大量低层、多层、高层钢结构住宅试点示范工程,体现了钢结构住宅发展的良好势头。

六、桥梁钢结构

钢结构桥梁由于具有许多优点而被众多工程采用,突破了以往仅在大跨度桥梁采用钢结构的局面。目前钢结构桥梁均由中国自行设计、制造、施工。具有代表性的钢结构桥梁主要有 1993 年建成的九江长江大桥、1996 年竣工的长江西陵峡公路悬索桥、2009 年通行的重庆朝天门拱桥等。还有许多城市和大江大河上建设的斜拉桥、悬索桥、钢管混凝土桥梁以及城市立交桥和行人过街天桥均采用钢结构桥梁。

七、城市交通、环保、公共设施

随着城市建设和交通的发展、环保工程的投入、文化体育等公共设施的建设、旧城市的更新改造,从城市铁路车站、候车亭、立体停车库、商亭、护栏、垃圾箱到路边的标志、广告牌等,每项都需要钢结构。

八、塔桅、管道、容器及特种构筑物

345m 高的跨长江输电铁塔,10 万~30 万 m^3 的煤气、天然气、石油储罐对我国的经济建设都不可缺少。容器包括储油、气、化学介质等,每年需要钢材 200 万 t 左右。其他如高炉、焦炉、炼油、化工反应器、除尘等特种构筑物每年需钢材 50 万 t 左右。

九、海洋平台、锅炉刚架

建筑钢结构是近来发展很快的一个行业,桅钢结构、大型公共建筑的网架结构等方面,特别是在高层钢结构、轻钢厂房钢结构、塔方面发展十分迅速。

钢结构建筑,对钢材的质量、品种、规格和功能有特定的要求。根据国际和国内有关建筑钢结构的技术标准,需求比较大的钢材有以下几种。在材质要求上,国产 Q235、Q345 的普通碳素钢和低合金钢,日本产 SS400 和 SM490 钢,美国产 A36、A572-Cr50 钢等,为我国建筑钢结构所广泛采用;在板材方面,各类彩板、镀锌板、BHP 的各类板材,在建筑钢结构方面使用广泛。建筑钢结构的主柱、箱形柱梁等使用广泛,大量使用中厚板,特别是 40mm 以上的厚板,是长期以来国内短缺的产品。

在各类型钢方面,H 钢、薄型 C 钢、T 钢以及工字钢、槽钢、角钢等,在钢结构建筑中也大量采用。特别是 H 钢采用更加广泛,目前全国每年的需求量在 50 万 t 以上。

复习思考题

7-1 冶炼方法对钢材品质有何影响?何谓镇静钢和沸腾钢?它们各有何优缺点?

7-2 伸长率表示钢材的什么性质?如何计算?对同一种钢材来说,δ_5 和 δ_{10} 哪个值大?

7-3 何谓屈强比?说明钢材的屈服点和屈强比的实用意义,并解释 $\sigma_{0.2}$ 的含义。

7-4　简述钢材的化学成分对钢材性能的影响。碳素钢的组织与其含碳量有何关系？

7-5　何谓钢材的冷加工强化和时效处理？钢材经冷加工处理、时效处理后,其力学性能有何变化？工程中常对钢筋进行冷拉、冷拔处理的主要目的是什么？

7-6　碳素结构钢有几个牌号？建筑工程中常用的牌号是哪个？为什么？碳素结构钢随各牌号的增大,其主要技术性质是如何变化的？

7-7　试述低合金高强度结构钢的优点。

7-8　试解释下列钢牌号的含义:

(1)Q235-A·F;(2)Q255-B;(3)Q215-B·Z;(4)Q345(16Mn)。

7-9　钢筋混凝土用热轧带肋钢筋有几个牌号？各牌号钢筋的应用范围如何？

7-10　钢材的锈蚀原因及防腐措施有哪些？

7-11　为什么钢材需要防火？防火应采取哪些措施？

7-12　简述铝合金的分类。建筑工程中常用的铝合金制品有哪些？其主要技术性能如何？

第八章 墙体材料与屋面材料

📢 本章学习内容与目标

· 重点掌握砌墙砖的组成、构造和用途;掌握砌墙砖的技术指标、砌墙砖的检测方法。

· 了解混凝土砌块的种类、作用、组成、构造和特点,对轻型墙板、混凝土大型墙板等新型墙体材料有清楚的认识。

· 了解常用屋面瓦的种类、作用和特点。

在一般房屋建筑中,墙体材料和屋面材料都是重要材料之一。我国传统的墙体材料和屋面材料是黏土砖瓦,在建筑上已有悠久的历史。墙体材料主要是指砖、砌块、墙板等,起承重、传递重量、围护、隔断、防水、保温、隔声等作用,而且墙体的重量占整个建筑物重量的 40%~60%;屋面材料主要是指各种类型的瓦。

传统的墙体材料和屋面材料要毁坏大量的农田,影响农业生产。而且黏土砖由于体积小、重量大,因此施工时劳动强度高、生产效率低,也严重影响建筑施工机械化和装配化的实现。为此,墙体材料和屋面材料的改革越来越受到广泛的重视。新型材料发展较快,主要是因地制宜利用工业废料和地方资源。黏土砖也趋向孔多或孔隙率高的方向发展,使之节约大量农田和能源,并向轻质、高强、空心、大块、多样化、多功能方向发展,力求减轻建筑自重,实现机械化、装配化施工,提高劳动生产率;屋面材料则向功能性和实用性方向发展。

第一节 砌 墙 砖

砌墙砖是房屋建筑工程中主要的墙体材料,具有一定的抗压强度和抗折强度,外形多为直角六面体,其公称尺寸为 240mm×115mm×53mm。

砌墙砖的主要品种有烧结普通砖、烧结多孔砖、烧结空心砖和蒸养(压)砖、碳化砖等。

一、烧结普通砖

凡通过焙烧而制得的砖,称为烧结砖。目前在墙体材料中使用最多的是烧结普通砖、烧结多孔砖和烧结空心砖。

根据国家标准《烧结普通砖》(GB 5101—2017)所指:以黏土、页岩、煤矸石、粉煤灰等为主要原料,经成型、焙烧而成的实心或孔洞率不大于15%的砖,称为烧结普通砖。

由此可知,烧结普通砖的生产工艺为:原料→配料调制→制坯→干燥→焙烧→成品。

原料中主要成分是 Al_2O_3 和 SiO_2,还有少量的 Fe_2O_3、CaO 等。原料和成浆体后,具有良好的可塑性,可塑制成各种制品。焙烧时将发生一系列物理和化学变化,可发生收缩、烧结与烧熔。焙烧初期,原料中水分蒸发,坯体变干;当温度达 450~850℃时,原料中有机杂质燃尽,结晶水脱出并逐渐分解,成为多孔性物质,但此时砖的强度较低;再继续升温至950~1050℃时,原料中易熔成分开始熔化,出现玻璃液状物,流入不熔颗粒的缝隙中,并将其胶结,使坯体孔隙率降低,体积收缩,密实度提高,强度随之增大,这一过程称为烧结;经烧制后的制品具有良好的强度和耐水性,故烧结砖控制在烧结状态即可。若继续加温,坯体将软化变形,甚至熔融。

焙烧是制砖的关键过程,焙烧时火候要适当、均匀,以免出现欠火砖或过火砖。欠火砖色浅、断面包心(黑心或白心)、敲击声哑、孔隙率大、强度低、耐久性差。过火砖色较深,敲击声脆、较密实、强度高、耐久性好,但容易出现变形砖(酥砖或螺纹砖)。因此国家标准规定不允许有欠火砖、酥砖和螺纹砖。

在焙烧时,若使窑内氧气充足,使之在氧化气氛中焙烧,黏土中的铁元素被氧化成高价的 Fe_2O_3,烧得红砖。若在焙烧的最后阶段使窑内缺氧,则窑内燃烧气氛呈还原气氛,砖中的高价氧化铁(Fe_2O_3)被还原成青灰色的低价氧化铁(FeO),即烧得青砖。青砖比红砖结实、耐久,但价格较红砖高。

当采用页岩、煤矸石、粉煤灰为原料烧砖时,因其含有可燃成分,焙烧时可在砖内燃烧,不但节省燃料,还使坯体烧结均匀,提高了砖的质量。常常将用可燃性工业废料作为内燃烧制成的砖称为内燃砖。

(一)烧结普通砖的品种与等级

1. 品种

按使用原料不同,烧结普通砖可分为烧结普通黏土砖(N)、烧结页岩砖(Y)、烧结煤矸石砖(M)和烧结粉煤灰砖(F)。

2. 等级

按抗压强度分为 MU30、MU25、MU20、MU15、和 MU10 五个强度等级。强度、抗风化性能和放射性物质合格的砖,根据尺寸偏差、外观质量、泛霜和石灰爆裂等情况分为优等品(A)、一等品(B)和合格品(C)三个质量等级。优等品的砖适用于清水墙建筑和墙体装饰,一等品与合格品的砖可用于混水墙建筑,中等泛霜砖不得用于潮湿部位。

(二)烧结普通砖的技术要求

1. 外形尺寸与部位名称

砖的外形为直角六面体(又称矩形体),长240mm,宽115mm,厚53mm,其尺寸偏差不应超过标准规定。因此,在砌筑使用时,包括砂浆缝(10mm)在内,4块砖长、8块砖宽、16

块砖厚都为 1m，512 块砖可砌 1m³ 的砌体。

一块砖，240mm×115mm 的面称为大面，240mm×53mm 的面称为条面，115mm×53mm 的面称为顶面。

2. 尺寸允许偏差

烧结普通砖的尺寸允许偏差应符合表 8-1 的规定。

表 8-1　烧结普通砖尺寸允许偏差　　　　　　　　　（mm）

公称尺寸	优等品		一等品		合格品	
	样本平均偏差	样本极差	样本平均偏差	样本极差	样本平均偏差	样本极差
240	±2.0	≤6	±2.5	≤7	±3.0	≤8
115	±1.5	≤5	±2.0	≤6	±2.5	≤7
53	±1.5	≤4	±1.6	≤5	±2.0	≤6

3. 外观质量

外观质量包括条面高度差、裂纹长度、弯曲、缺棱掉角等各项内容。各项内容均应符合表 8-2 的规定。

表 8-2　烧结普通砖的外观质量　　　　　　　　　（mm）

项　　目		优等品	一等品	合格品
两条面高度差		≤2	≤3	≤4
弯曲		≤2	≤3	≤4
杂质凸出高度		≤2	≤3	≤4
缺棱掉角的三个破坏尺寸		不得同时大于5	不得同时大于20	不得同时大于30
裂纹长度	大面上宽度方向及其延伸至条面的长度	≤30	≤60	≤80
	大面上长度方向及其延伸至顶面的长度或条顶面上水平裂纹的长度	≤50	≤80	≤100
完整面		不得少于二条面和二顶面	不得少于一条面和一顶面	—
颜色		基本一致		—

4. 强度

强度应符合表 8-3 的规定。

表 8-3　烧结普通砖强度等级　　　　　　　　　（MPa）

强度等级	抗压强度平均值 $\bar{f}$	变异系数 $\delta \leqslant 0.21$ 时，强度标准值 f_k	变异系数 $\delta > 0.21$ 时，单块最小抗压强度值 f_{min}
MU30	≥30.0	≥22.0	≥25.0
MU25	≥25.0	≥18.0	≥22.0
MU20	≥20.0	≥14.0	≥16.0
MU15	≥15.0	≥10.0	≥12.0
MU10	≥10.0	≥6.5	≥7.5

测定烧结普通砖的强度时,试样数量为 10 块,加荷速度为(5±0.5)kN/s。试验后按式(8-1)、式(8-2)、式(8-3)计算标准差 S、强度变异系数 δ 和抗压强度标准值 f_k,即

$$S = \sqrt{\frac{1}{9}\sum_{i=1}^{10}(f_i - \bar{f})^2} \tag{8-1}$$

$$\delta = \frac{S}{\bar{f}} \tag{8-2}$$

$$f_k = \bar{f} - 1.8S \tag{8-3}$$

式中:S 为 10 块试样的抗压强度标准差(MPa);δ 为强度变异系数(MPa);$\bar{f}$ 为 10 块试样的抗压强度平均值(MPa);f_i 为单块试样抗压强度测定值(MPa);f_k 为抗压强度标准值(MPa)。

5. 抗风化性能

抗风化性能属于烧结砖的耐久性,是用来检验砖的一项主要综合性能,主要包括抗冻性、吸水率和饱和系数。

其中抗冻试验是指吸水饱和的砖在-15℃下经 15 次冻融循环,质量损失率不超过 2%的规定,并且不出现裂纹、分层、掉皮、缺棱、掉角等冻坏现象,即为抗冻性合格。而饱和系数是砖在常温下浸水 24h 后的吸水率与 5h 沸煮吸水率之比,满足规定者为合格。

根据《烧结普通砖》(GB 5101—2017)规定,风化指数不小于 12700 者为严重风化区;风化指数小于 12700 者为非严重风化区(风化指数是指日气温从正温降至负温或负温升至正温的每年平均天数与每年从霜冻之日起至霜冻消失之日止这一期间降雨总量(以 mm 计)的平均值的乘积)。我国黑龙江省、吉林省、辽宁省、内蒙古自治区、新疆维吾尔自治区、宁夏回族自治区、甘肃省、青海省、陕西省、山西省、河北省、北京市、天津市属严重风化地区,其他地区是非严重风化地区。

属严重风化地区中的前五个地区的砖必须进行冻融试验,其他地区砖的抗风化性能符合表 8-4 规定时可不做冻融试验;否则进行冻融试验。

表 8-4　烧结普通砖的抗风化规定

砖种类	严重风化区				非严重风化区			
	5h 沸煮吸水率/%		饱和系数		5h 沸煮吸水率/%		饱和系数	
	平均值	单块最大值	平均值	单块最大值	平均值	单块最大值	平均值	单块最大值
黏土砖	≤18	≤20	≤0.85	≤0.87	≤19	≤20	≤0.88	≤0.90
粉煤灰砖	≤21	≤32			≤23	≤25		
页岩砖	16	18	0.74	0.77	18	20	0.78	0.80
煤矸石砖								

注:粉煤灰砖中粉煤灰掺入量(体积比)小于 30%时,抗风化性能指标按黏土砖规定。

6. 泛霜

泛霜也称起霜,是砖在使用过程中的盐析现象。砖内过量的可溶盐受潮吸水而溶解,随水分蒸发而沉积于砖的表面,形成白色粉状附着物,影响建筑美观。如果溶盐为硫酸

盐,当水分蒸发并晶体析出时,产生膨胀,使砖面剥落。

要求烧结普通砖优等品无泛霜;一等品不允许出现中等泛霜;合格品不允许出现严重泛霜。

7. 石灰爆裂

石灰爆裂是砖坯中夹杂有石灰石,在焙烧过程中转变成石灰,砖吸水后,由于石灰逐渐熟化而膨胀产生的爆裂现象。

(1) 优等品:不允许出现最大破坏尺寸大于 2mm 的爆裂区域。

(2) 一等品。

① 最大破坏尺寸大于 2mm,且不大于 10mm 的爆裂区域,每组砖样不得多于 15 处。

② 不允许出现最大破坏尺寸大于 10mm 的爆裂区域。

(3) 合格品。

① 最大破坏尺寸大于 2mm 且不大于 15mm 的爆裂区域,每组砖样不得多于 15 处。其中大于 10mm 的不得多于 7 处。

② 不允许出现最大破坏尺寸大于 1.5mm 的爆裂区域。

8. 产品中不允许有欠火砖、酥砖和螺旋纹砖。

(三) 烧结普通砖的性质与应用

1. 性质

烧结普通砖的表观密度为 1800 ~ 1900kg/m³,孔隙率为 30% ~ 50%,吸水率为 8% ~ 16%,热导率为 0.78W/(m · K)。烧结普通砖具有强度高、耐久性和隔热及保温性能好等特点,广泛应用于砌筑建筑物的内外墙、柱、烟囱、沟道及其他建筑物。

2. 应用

烧结普通砖是传统的墙体材料,在我国一般建筑物墙体材料中一直占有很高的比例,其中主要是烧结黏土砖。由于烧结黏土砖多是毁田取土烧制,加上施工效率低、砌体自重大、抗震性能差等缺点,已远远不能适应现代建筑发展的需要。从 1997 年 1 月 1 日起,建设部规定在框架结构中不允许使用烧结普通黏土砖,并率先在全国 14 个主要城市施行。随着墙体材料的发展和推广,在所有建筑物中,烧结普通黏土砖必将被其他轻质墙体材料所取代。

1) 煤矸石砖

煤矸石砖是由采煤和洗煤时剔除的废石——煤矸石,经破碎、磨细后根据含碳量和可塑性进行适当配料、成型、干燥和焙烧而成。这种砖不用黏土,本身含有一些未燃煤,因此可以节省燃料。其抗压强度为 10 ~ 20MPa,吸水率为 15.5%,表观密度为 1500kg/m³,能经受 15 次冻融循环而不破坏。煤矸石还可以用来生产空心砖。

2) 粉煤灰砖

粉煤灰砖是以粉煤灰为原料,由于其塑性差,掺入适量黏土作黏结料,经配料、成型、干燥后焙烧而成。粉煤灰中也有一些未燃煤,因此生产这种砖还可节约燃料。其颜色在淡红与深红之间,抗压强度为 10 ~ 15MPa,吸水率为 20%,表观密度为 1400kg/m³,抗冻性合格。

3) 页岩砖

页岩砖是由页岩经破碎、粉磨、配料、成型、干燥和焙烧而成。生产这种砖不用黏土,且其颜色与黏土砖相似,抗压强度为 7.5 ~ 15.0MPa,吸水率为 20%,表观密度在 1500 ~

2750kg/m³之间,大于黏土砖,抗冻性能合格。由于页岩砖自重大,更适宜用来生产空心砖。

以上这些砖的性能与黏土砖相似,均可代替黏土砖用于工业与民用建筑中,它们的主要技术性质,如外观质量、强度、抗冻性等均按国家标准《砌墙砖试验方法》(GB/T 2542—2012)规定检测。

二、烧结多孔砖和烧结空心砖

在现代建筑中,由于高层建筑的发展,对烧结砖提出了减轻自重、改善绝热和吸声性能的要求,因此出现了烧结多孔砖、空心砖和空心砌块。烧结多孔砖和烧结空心砖的生产与烧结普通砖基本相同,但与烧结普通砖相比,它们具有重量轻、保温性及节能性好、施工效率高、节约土、可以减少砌筑砂浆用量等优点,是正在替代烧结普通砖的墙体材料之一。

(一)烧结多孔砖

烧结多孔砖是以黏土、页岩、煤矸石为主要原料,经过制坯成型、干燥、焙烧而成的主要用于承重部位的多孔砖。因而也称为承重孔心砖。由于其强度高、保温性好,一般用于砌筑六层以下建筑物的承重墙。

烧结多孔砖的主要技术要求如下。

1. 规格及要求

砖的外形尺寸为直角六面体(矩形体),其长度、宽度、高度尺寸应符合下列要求。

长度:290mm、240mm。

宽度:190mm、180mm、175mm、140mm。

高度:115mm,90mm。

砖孔形状有矩形长条孔、圆孔等多种。孔洞要求:孔径不大于22mm、孔数多、孔洞方向应垂直于承压面方向,如图8-1所示。

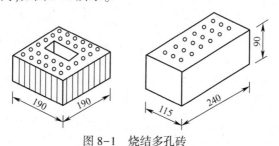

图8-1 烧结多孔砖

2. 强度等级

根据砖样的抗压强度分为 MU30、MU25、MU20、MU15、MU10 五个强度等级,其强度应符合表8-5的规定。

表8-5 烧结多孔砖强度等级(GB 13544—2011) （MPa）

强度等级	抗压强度平均值 f	变异系数 $\delta \leq 0.21$	变异系数 $\delta > 0.21$
		强度标准值 f_k	单块最小抗压强度值 f_{min}
MU30	≥30.0	≥22.0	≥25.0
MU25	≥25.0	≥18.0	≥22.0

（续）

强度等级	抗压强度平均值 f	变异系数 $\delta \leqslant 0.21$	变异系数 $\delta > 0.21$
		强度标准值 f_k	单块最小抗压强度值 f_{min}
MU20	≥20.0	≥14.0	≥16.0
MU15	≥15.0	≥10.0	≥12.0
MU10	≥10.0	≥6.5	≥7.5

3. 其他性能

包括冻融、泛霜、石灰爆裂、吸水率等内容。其中抗冻性（15次）是以外观质量来评价是否合格的。

产品的外观质量应符合标准规定，物理性能也应符合标准规定。尺寸允许偏差应符合表8-6的规定。

表8-6　烧结多孔砖尺寸允许偏差　　　（mm）

公称尺寸	优等品		一等品		合格品	
	样本平均偏差	样本极差	样本平均偏差	样本极差	样本平均偏差	样本极差
长：290、240	±2.0	≤6	±2.5	≤7	±3.0	≤8
宽：190、180、175、140、115	±1.5	≤5	±2.0	≤6	±2.5	≤7
高：90	±1.5	≤4	±1.6	≤5	±2.0	≤6

强度和抗风化性能合格的烧结多孔砖，根据尺寸偏差、外观质量、孔型及孔洞排列、泛霜、石灰爆裂，分为优等品（A）、一等品（B）和合格品（C）三个质量等级。

4. 适用范围

烧结多孔砖适用于多层建筑的内外承重墙体及高层框架建筑的填充墙和隔墙。

（二）烧结空心砖

烧结空心砖简称空心砖，是指以页岩、煤矸石或粉煤灰为主要原料，经焙烧而成的具有竖向孔洞（孔洞率不小于40%，孔的尺寸大而数量少）的砖。烧结空心砖的外形由两两相对的顶面、大面及条面组成直角六面体，在中部开设有至少两个均匀排列的条孔，条孔之间由肋相隔，条孔与大面、条面平行，其间为外壁，条孔的两开口分别位于两顶面上，在所述的条孔与条面之间分别开设有若干孔径较小的边排孔，边排孔与其相邻的边排孔或相邻的条孔之间为肋。根据砖样的抗压强度分为 MU10.0、MU7.5、MU5.0、MU3.5 和 MU2.5 五个强度等级，其强度应符合表8-7的规定。

表8-7　烧结空心砖强度等级（GB 13545—2014）

强度等级	抗压强度平均值 f	变异系数 $\delta \leqslant 0.21$ 时，强度标准值 f_k	变异系数 $\delta > 0.21$ 时，单块最小抗压强度值 f_{min}	密度等级范围 /（kg/m³）
MU10.0	≥10.0	≥7.0	≥8.0	≤1100
MU7.5	≥7.5	≥5.0	≥5.8	
MU5.0	≥5.0	≥3.5	≥4.0	
MU3.5	≥3.5	≥2.5	≥2.8	
MU2.5	≥2.5	≥1.6	≥1.8	≤800

1. 质量及密度等级

按照密度,砖可分为 800、900、1000 和 1100 四个密度等级。

2. 其他技术性能

包括泛霜、石灰爆裂、吸水率、冻融等内容。其中抗冻性(15 次)是以外观质量来评价是否合格的。

外观质量等均应符合标准规定。强度、密度、抗风化性能和放射性物质合格的砖,根据尺寸偏差、外观质量、孔洞排列及其结构、泛霜、石灰爆裂、吸水率分为优等品(A)、一等品(B)和合格品(C)三个质量等级。

三、蒸压蒸养砖

以含二氧化硅为主要成分的天然材料或工业废料(粉煤灰、煤渣、矿渣等)配以少量石灰与石膏,经拌制、成型、蒸汽养护而成的砖称为蒸压蒸养砖,又称硅酸盐砖。

按其工艺和原材料,硅酸盐砖分为蒸压灰砂砖、蒸压粉煤灰砖、蒸养煤渣砖、免烧砖和碳化灰砂砖等。

(一)蒸压灰砂砖

以石灰、砂子为主要原料,加入少量石膏或其他着色剂,经制坯设备压制成型、蒸压养护而成的砖,称为蒸压灰砂砖。

1. 灰砂砖的特性

灰砂砖是在高压下成型,又经过蒸压养护,砖体组织致密,具有强度高、大气稳定性好、干缩率小、尺寸偏差小、外形光滑平整等特性。灰砂砖色泽淡灰,如配入矿物颜料,则可制得各种颜色的砖,有较好的装饰效果。主要用于工业与民用建筑的墙体和基础。

2. 产品规格与等级

(1)产品规格。砖的外形为矩形体。规格尺寸为 240mm×115mm×53mm。

(2)产品等级。根据抗压强度和抗折强度,强度等级分为 MU25、MU20、MU15 和MU10 四个等级。根据尺寸偏差和外观质量分为优等品(A)、一等品(B)与合格品(C)三个等级。

3. 应用技术要求

(1)灰砂砖不得用于长期受热在 200℃以上,受急冷、急热和有酸性介质侵蚀的部位。

(2)15 级以上的砖可用于基础及其他建筑部位,10 级砖只可用于防潮层以上的建筑部位。

(3)灰砂砖的耐水性良好,但抗流水冲刷的能力较弱,可长期在潮湿、不受冲刷的环境中使用。

(4)灰砂砖表面光滑、平整,使用时注意提高砖和砂浆间的黏结力。

(二)蒸压粉煤灰砖

粉煤灰砖是以粉煤灰为主要原料,配以适量石灰、石膏,加水经混合搅拌、陈化、轮碾、成型、高压蒸汽养护而制成的。

1. 产品规格和等级

(1)产品规格。粉煤灰砖为矩形体,其规格为 240mm×115mm×53mm。

(2)产品等级。根据其抗压强度和抗折强度分为 MU20、MU15、MU10 和 MU7.5 四个强度等级。根据其外观质量、强度、干燥收缩和抗冻性分为优等品、一等品和合格品。一等品强度等级应不低于 MU10,优等品的强度等级应不低于 MU15。

2. 应用技术要求

（1）在易受冻融和干湿交替作用的建筑部位必须使用一等砖。用于易受冻融作用的建筑部位时要进行抗冻性检验,并采取适当措施,以提高建筑的耐久性。

（2）用粉煤灰砖砌筑的建筑物,应适当增设圈梁及伸缩缝或采取其他措施,以避免或减少收缩裂缝的产生。

（3）粉煤灰砖出釜后,应存放一段时间后再用,以减少相对伸缩量。

（4）长期受高于 200℃ 温度作用,或受冷热交替作用,或有酸性侵蚀的建筑部位不得使用粉煤灰砖。

第二节　混凝土砌块

混凝土砌块是一种用混凝土制成的,外形多为直角六面体的建筑制品。主要用于砌筑房屋、围墙及铺设路面等,用途十分广泛。

砌块是一种新型墙体材料,发展速度很快。由于砌块生产工艺简单,可充分利用工业废料,砌筑方便、灵活,目前已成为代替黏土砖的最好制品。

砌块的品种很多,其分类方法也很多。按其外形尺寸,可分为小型砌块、中型砌块和大型砌块。

按其材料品种,可分为普通混凝土砌块、轻骨料混凝土砌块和硅酸盐混凝土砌块。

按有无孔洞,可分为实心砌块与空心砌块。

按其用途,可分为承重砌块和非承重砌块。

按其使用功能,可分为带饰面的外墙体用砌块、内墙体用砌块、楼板用砌块、围墙砌块和地面用砌块等。

以下主要介绍蒸压加气混凝土砌块和混凝土空心砌块等。

一、蒸压加气混凝土砌块

蒸压加气混凝土砌块,简称加气混凝土砌块,是以水泥、石英砂、粉煤灰、矿渣等为原料,经过磨细,并以铝粉为发气剂,按一定比例配合,经过料浆浇注,再经过发气成型、坯体切割、蒸压养护等工艺制成的一种轻质、多孔建筑墙体材料。

1. 砌块的品种

主要有三类砌块:一是由水泥-矿渣-砂子等原料制成的砌块;二是由水泥-石灰-砂子等原料制成的砌块;三是由水泥-石灰-粉煤灰等原料制成的轻质砌块。

2. 砌块的规格

长度:600mm。

高度:200mm、240mm、250mm、300mm。

宽度:100mm、120mm、125mm、150mm、180mm、200mm、240mm、250mm、300mm。

3. 砌块等级

砌块按抗压强度来分的强度级别有 A1.0、A2.0、A2.5、A3.5、A5.0、A7.5 和 A10 七个。

砌块按干密度来分,有 B03、B04、B05、B06、B07 和 B08 六个级别。

砌块按尺寸偏差与外观质量、干密度、抗压强度和抗冻性,分为优等品(A)、合格品(B)两个等级。

砌块标记顺序是名称(代号 ACB)、强度级别、干密度、规格尺寸、产品等级和标准编号。例如,强度级别为 A3.5、干密度级别为 B05、规格尺寸为 600mm×200mm×250mm 的优等品蒸压加气混凝土砌块,其标记为:

ACB A3.5 B05 600×200×250 A GB 11968

4. 砌块的主要技术性能要求

(1) 砌块尺寸偏差和外观应符合表8-8的规定。

表 8-8 砌块的尺寸偏差与外观要求

指 标 名 称			优等品(A)	合格品(B)
尺寸允许偏差/mm	长度	L	±3	±4
	宽度	B	±1	±2
	高度	H	±1	±2
缺棱掉角	最小尺寸/mm		0	≤30
	最大尺寸/mm		0	≤73
	大于以上尺寸的缺棱掉角个数/个		0	≤2
裂纹长度	任一面上的裂纹长度不得大于裂纹方向尺寸的		0	1/2
	贯穿一棱二面的裂纹长度不得大于裂纹所在面的裂纹方向尺寸总和的		0	1/3
	大于以上尺寸的裂纹条数/条		0	≤2
爆裂、黏模和损坏深度/mm				≤30
平面弯曲			不允许	
表面疏松、层裂			不允许	
表面油污			不允许	

(2)砌块不同级别、等级的干体积质量应符合国家有关规定。

(3)砌块的主要性能应符合表8-9的规定。

表 8-9 砌块的性能

性能 \ 强度级别		A1.0	A2.0	A2.5	A3.5	A5.0	A7.5	A10.0
立方体抗压强度值/MPa	平均值	≥1.0	≥2.0	≥2.5	≥3.5	≥5.0	≥7.5	≥10.0
	最小值	≥0.8	≥1.6	≥2.0	≥2.8	≥4.0	≥6.0	≥8.0
砌块的干密度级别	优等品	B03	B04		B05	B06	B07	B08
	合格品			B05	B06	B07	B08	

（续）

性能　　　　强度级别		A1.0	A2.0	A2.5	A3.5	A5.0	A7.5	A10.0
干燥收缩值 /(mm/m)	快速法	≤0.8						
	标准法	≤0.5						
抗冻性	质量损失率/%	≤5.0						
	冻后强度 /MPa	优等品(A)	≥0.8	≥1.6	≥2.8	≥4.0	≥6.0	≥8.0
		合格品(B)			≥2.0	≥2.8	≥4.0	≥6.0

5. 用途

加气混凝土砌块可用于砌筑建筑的外墙、内墙、框架墙及加气混凝土刚性屋面等。

6. 使用注意事项

（1）如果没有有效措施，加气混凝土砌块不得用于以下部位。

① 建筑物室内地面标高以下的部位。

② 长期浸水或经常受干湿交替部位。

③ 经常受碱化学物质侵蚀的部位。

④ 表面温度高于80℃的部位。

（2）加气混凝土外墙面水平方向的凹凸部位应做泛水和滴水，以防积水。墙面应做装饰保护层。

（3）墙角与接点处应咬砌，并在沿墙角1m左右灰缝内，配置钢筋或网件，外纵墙设置现浇钢筋混凝土板带。

二、混凝土空心砌块

（一）主要品种与主规格

混凝土空心砌块的品种及主规格尺寸（与国际通用尺寸相一致）主要有以下几种。

（1）普通混凝土小型空心砌块，其主规格尺寸为390mm×190mm×190mm。

（2）轻骨料混凝土小型空心砌块，其主规格尺寸为390mm×190mm×190mm。

（3）混凝土中型空心砌块，其主规格尺寸为1770mm×790mm×200mm。

（二）普通混凝土小型空心砌块

普通混凝土小型空心砌块，简称混凝土小砌块，是以普通砂岩或重矿渣为粗细骨料配制成的普通混凝土空心率不小于25%的小型空心砌块。

1. 规格尺寸

混凝土小砌块的主规格尺寸为390mm×190mm×190mm。一般为单排孔，其形状及各部位名称如图8-2所示。也有双排孔的，要求其空心率为25%~50%。

2. 强度等级及质量等级

混凝土小砌块按抗压强度划分为 MU3.5、MU5.0、MU7.5、MU10.0、MU15.0 和 MU20.0 六个强度等级。

按其尺寸偏差和外观质量可分为优等品（A）、一等品（B）及合格品（C）三个等级。

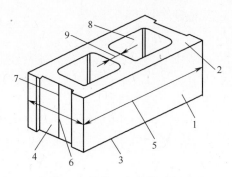

图 8-2　混凝土小砌块示意图

1—条面;2—坐浆面;3—铺浆面;4—顶面;5—长度;6—宽度;7—高度;8—壁;9—肋。

3. 主要技术性能及质量指标

混凝土小砌块的质量指标和各项主要技术性能应符合国家标准《普通混凝土小型空心砌块》(GB 8239—2014)的规定。

(1) 混凝土小砌块的抗压强度应符合表 8-10 的规定。

表 8-10　混凝土小砌块的抗压强度　　　　　　　　　　(MPa)

强度等级	砌块抗压强度	
	平均值	单块最小值
MU3.5	≥3.5	≥2.8
MU5.0	≥5.0	≥4.0
MU7.5	≥7.5	≥6.0
MU10.0	≥10.0	≥8.0
MU15.0	≥15.0	≥12.0
MU20.0	≥20.0	≥16.0

(2) 混凝土小砌块的抗冻性在采暖地区一般环境条件下应达到 D15,干湿交替环境条件下应达到 D25。非采暖地区不规定。其相对含水率应达到:潮湿地区不大于 45%;中等地区不大于 40%;干燥地区不大于 35%。其抗渗性也应满足有关规定。

4. 用途与使用注意事项

(1) 用途。混凝土小砌块主要用于各种公用建筑或民用建筑以及工业厂房等建筑的内外体。

(2) 使用注意事项。

① 小砌块采用自然养护时,必须养护 28d 后方可使用。

② 出厂时小砌块的相对含水率必须严格控制在标准规定范围内。

③ 小砌块在施工现场堆放时,必须采取防雨措施。

④ 砌筑前小砌块不允许浇水预湿。

(三)轻骨(集)料混凝土小型空心砌块

轻骨(集)料混凝土小型空心砌块是以陶粒、膨胀珍珠岩、浮石、火山渣、煤渣及炉渣等各种轻粗细骨料和水泥按一定比例混合,经搅拌成型、养护而成的空心率大于 25%、体积密度小于1400kg/m³的轻质混凝土小砌块。

1. 品种与规格

按轻骨(集)料品种分类主要有以下几种,包括陶粒混凝土空心砌块、珍珠岩混凝土空心砌块、火山渣混凝土空心砌块、浮石混凝土空心砌块、煤矸石混凝土空心砌块、炉渣混凝土空心砌块和粉煤灰陶粒混凝土空心砌块等。

按砌块的排孔数,可分为单排孔轻骨(集)料混凝土空心砌块、双排孔轻骨(集)料混凝土空心砌块和三排及四排孔轻骨料混凝土空心砌块。图8-3即为三排孔轻骨料混凝土空心砌块示意图。

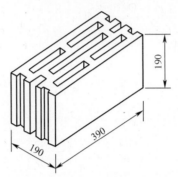

图8-3 三排孔轻骨(集)料混凝土空心砌块示意图

目前,普遍采用的是煤矸石混凝土空心砌块和炉渣混凝土空心砌块。其主规格尺寸为390mm×190mm×190mm。其他规格尺寸可由供需双方商定。

2. 强度等级与质量等级

根据轻骨(集)料混凝土小型空心砌块的抗压强度,可分为MU1.5、MU2.5、MU3.5、MU5.0、MU7.5、MU10.0六个强度级别。

根据尺寸偏差及外观质量,可分为一等品(B)和合格品(C)两个等级。

3. 主要技术性能和质量指标

轻骨(集)料混凝土小型空心砌块的技术性能及质量指标应符合国家标准《轻集料混凝土小型空心砌块》(GB/T 15229—2011)各项指标的要求。

(1)轻骨(集)料混凝土小型空心砌块的尺寸允许偏差和外观质量应分别符合国家有关规定。

(2)轻骨(集)料混凝土小型空心砌块的密度等级应满足有关规定。强度等级应满足表8-11的规定。

表8-11 强度等级

强度等级	砌块抗压强度/MPa		密度等级范围/(kg/m³)
	平均值	最小值	
MU1.5	≥1.5	1.2	≤600
MU2.5	≥2.5	2.0	≤800
MU3.5	≥3.5	2.8	≤1200
MU5.0	≥5.0	4.0	

（续）

强度等级	砌块抗压强度/MPa		密度等级范围/（kg/m³）
	平均值	最小值	
MU7.5	≥7.5	6.0	≤1400
MU10.0	≥10.0	8.0	

其他如相对含水率、抗冻性等也应满足标准规定。

4. 用途

轻骨（集）料混凝土小型空心砌块是一种轻质高强度能取代普通黏土砖的最有发展前途的墙体材料之一。主要用于工业与民用建筑的外墙及承重或非承重的内墙，也可用于有保温及承重要求的外墙体。

第三节　轻　型　墙　板

轻型墙板是一类新型墙体材料。它改变了墙体砌筑的传统工艺，而采用黏结、组合等方法进行墙体施工，加快了建筑施工的速度。

轻型墙板除轻质外，还具有保温、隔热、隔声、防水及自承重的性能。有的轻型墙板还具有高强、绝热性能，从而为高层、大跨度建筑及建筑工业实现现代化提供了物质基础。

轻型墙板的种类很多，主要包括石膏板、加气混凝土板、玻璃纤维增强水泥板、石棉水泥板、铝合金板、稻草板、植物纤维板及镀塑钢板等类型。

一、石膏板

石膏板包括纸面石膏板、纤维石膏板及石膏空心条板三种。

（一）纸面石膏板

纸面石膏板是以建筑石膏为主要原料，并掺入某些纤维和外加剂所组成的芯材，以及与芯材牢固地结合在一起的护面纸所组成的建筑板材。主要包括普通纸面石膏板、防火纸面石膏板和防水纸面石膏板三个品种。

根据形状不同，纸面石膏板的板边有矩形（PJ）、45°倒角形（PD）、楔形（PC）、半圆形（PB）和圆形（PY）等五种。

1. 纸面石膏板的规格

纸面石膏板的规格尺寸如下。

长度：1800～3600mm，间隔300mm，即有1800mm、2100mm、2400mm、2700mm、3000mm、3300mm、3600mm等。

宽度：900mm、1200mm。

厚度：9mm、12mm、15mm、18mm。

其他规格尺寸的纸面石膏板可由生产厂家根据用户需求生产。

2. 纸面石膏板的特点

纸面石膏板具有轻质、高强、绝热、防火、防水、吸声、可加工、施工方便等特点。

3. 纸面石膏板的主要技术性能及要求

（1）纸面石膏板的技术性能应满足表8-12的规定。

表8-12　纸面石膏板的技术性能要求

指标名称		板厚/mm	优等品（A）		一等品（B）		合格品（C）	
			平均值	最大（小）值	平均值	最大（小）值	平均值	最大（小）值
单位面积质量/（kg/m²）		9	8.5	9.5	9.0	10.0	9.5	10.5
		12	11.5	12.5	12.0	13.0	12.5	13.5
		15	14.5	15.5	15.0	16.0	15.5	16.5
		18	18.5	18.5	18.0	19.0	18.5	19.5
断裂荷载/N	纵向断裂荷载	9	392	（353）	353	（318）	353	（318）
		12	539	（485）	490	（441）	490	（441）
		15	686	（617）	637	（573）	637	（573）
		18	833	（750）	784	（706）	784	（706）
	横向断裂荷载	9	167	（150）	137	（123）	137	（123）
		12	206	（185）	176	（159）	176	（159）
		15	255	（229）	216	（194）	216	（194）
		18	294	（265）	255	（229）	255	（229）
护面纸与石膏芯的黏结力			不得小于0		不得小于0		不得小于0	
含水率/%			2.0	2.5	2.0	2.5	3.0	3.5

（2）外观质量要求。普通纸面石膏板板面需平整，优等品不应有影响使用的波纹、沟槽、污痕和划伤。

（3）尺寸允许偏差。普通纸面石膏板尺寸允许偏差值应符合表8-13的规定。

表8-13　纸面石膏板尺寸允许偏差　　　　　　　　（mm）

参　数	优等品（A）	一等品（B）	合格品（C）
长度	0，-5	0，-6	0，-6
宽度	0，-4	0，-5	0，-6
高度	±0.5	±0.6	±0.8

4. 用途及使用注意事项

普通纸面石膏板适用于建筑物的围护墙、内隔墙和吊顶。在厨房、厕所以及空气相对湿度经常大于70%的潮湿环境中使用时，必须采用相对防潮措施。

防水纸面石膏板的纸面经过防水处理，而且石膏芯材也含有防水成分，因而适用于湿度较大的房间墙面。由于它有石膏外墙衬板、耐水石膏衬板两种，可用于卫生间、厨房、浴室等贴瓷砖、金属板、塑料面砖墙的衬板。

（二)纤维石膏板

纤维石膏板是以石膏为主要原料,加入适量有机或无机纤维和外加剂,经打浆、铺浆脱水、成型以及干燥而成的一种板材。

1. 石膏板的特点

纤维石膏板具有轻质、高强、耐火、隔声、韧性高等性能,可进行锯、刨、钉、粘等加工,施工方便。

2. 石膏板的产品规格及用途

纤维石膏板的规格有两大类,即 3000mm×1000mm×（6～9)mm 和（2700～3000)mm×800mm×12mm。

纤维石膏板主要用于工业与民用建筑的非承重内墙、天棚吊顶及内墙贴面等。

二、蒸压加气混凝土板

蒸压加气混凝土板主要包括蒸压加气混凝土条板和蒸压加气混凝土拼装墙板。

1. 蒸压加气混凝土条板

加气混凝土条板是以水泥、石灰和硅质材料为基本原料,以铝粉为发气剂,配以钢筋网片,经过配料、搅拌、成型和蒸压养护等工艺制成的轻质板材。

1）条板的特点

加气混凝土条板具有密度小,防火性和保温性能好,可钉、可锯、容易加工等特点。

2）品种与规格

加气混凝土条板按原材料可分为:水泥-石灰-砂加气混凝土条板;水泥-石灰-粉煤灰加气混凝土条板;水泥-矿渣-砂加气混凝土条板三个主要品种。按密度级别可分为 05 级和 07 级两个等级。

加气混凝土条板的规格可根据用户需求与生产厂家商定。常用的有以下规格（mm)。

长度:外墙板,代号 JQB,产品规格为 1500～1600mm;隔墙板,代号 JGB,可根据设计需要来定。

厚度:外墙板有 150mm、175mm、180mm、200mm、240mm、250mm 等;隔墙板有 75mm、100mm、120mm、125mm 等。

宽度:多为 600mm。

3）技术性能和质量要求

加气混凝土条板的技术性能及质量要求均应符合《加气混凝土条板墙面抹灰工艺标准》（GY 903—1996)的有关规定。

4）适用范围

加气混凝土条板主要用于工业与民用建筑的外墙和内隔墙。

2. 蒸压加气混凝土拼装墙板

加气拼装墙板是以加气混凝土条板为主要材料,经条板切锯、黏结和钢筋连接制成的整间外墙板。该墙板具有加气混凝土条板的性能,拼装、安装简便,施工速度快。其规格尺寸可按设计需要进行加工。

墙板拼装有两种形式:一种为组合拼装大板,即小板在拼装台上用方木和螺栓组合锚固成大板;另一种为胶合拼装大板,即板材用黏结力较强的胶黏剂黏合,并在板间竖向安置钢筋。

加气混凝土拼装墙板主要应用于大模板体系建筑的外墙。

三、纤维水泥板

纤维水泥板是以水泥砂浆或净浆作基材,以非连续的短纤维或连续的长纤维作增强材料所组成的一种水泥基复合材料。纤维水泥板包括石棉水泥板、石棉水泥珍珠岩板、玻璃纤维增强水泥板和纤维增强水泥平板等。

1. 玻璃纤维增强水泥板

又称玻璃纤维增强水泥条板。玻璃纤维增强水泥(Glass Fiber Reinforced Cement, GRC)是一种新型墙体材料,近年来广泛应用于工业与民用建筑中,尤其是在高层建筑物中的内隔墙。该水泥板是用抗碱玻璃纤维作增强材料,以水泥砂浆为胶结材料,经成型、养护而成的一种复合材料。此水泥板具有强度高、韧性好、抗裂性优良等特点,主要用于非承重和半承重构件,可用来制造外墙板、复合外墙板、天花板及永久性模板等。

2. GRC 轻质多孔墙板

GRC 轻质多孔墙板是我国近年来发展起来的轻质高强度的新型建筑工程材料。GRC 轻质多孔墙板的特点是重量轻、强度高、防潮、保温、不燃、隔声、厚度薄,可锯、可钻、可钉、可刨、加工性能良好,原材料来源广,成本低,节省资源。GRC 板价格适中,施工简便,安装施工速度快,比砌墙快 3~5 倍。安装过程中避免了湿作业,改善了施工环境。它的重量约为黏土砖的 1/8~1/6,在高层建筑中应用能够大大减轻自重,缩小了基础及主体结构规模,降低了总造价。它的厚度为 60~120mm,条板宽度为 600mm、900mm,房间使用面积可扩大 6%~8%(按每间房 16m² 计)。因而具有较强的市场竞争力。

该产品是一种以低碱特种水泥、膨胀珍珠岩、耐碱玻璃涂胶网格布及建材特种胶黏剂与添加剂配比而成的新型(单排圆孔与双排圆孔)轻质隔声隔墙板。生产工艺过程为原材料计量、混合搅拌、成型、养护、切割、起板,经检验合格即可出厂。

GRC 轻质墙板分为多孔结构及蜂巢结构,适用于工业与民用建筑非承重结构的内墙隔断(在建筑物非承重部位代替黏土砖)。主要用于民用建筑及框架结构的非承重内隔墙,如高层框架结构建筑、公共建筑及居住建筑的非承重隔墙、厨房、浴室、阳台、栏板等。目前国内已大量应用,效果良好,日益引起国家有关部门、建筑设计施工等单位的高度重视。随着我国建筑业的蓬勃发展,大力发展 GRC 墙材方兴未艾,具有广阔的市场前景。

(1)主要技术指标。

① 产品质量标准:国家标准《玻璃纤维增强水泥轻质多孔隔墙条板》(GB/T 19631—2005)。

② 产品规格:长×宽×厚为(2500~3500)mm×600mm×(90~120)mm。

(2)产品主要性能指标。

① 气干面密度为 75~95kg/m²。

② 抗折破坏荷载为 2000~3000N。

③ 干缩率≤0.6mm/m。

④ 抗冲击性≥5 次。

⑤ 吊挂力≥1000N。

3. 石棉水泥板

石棉水泥板是用石棉作增强材料,水泥净浆作基材制成的板材。现有平板和半波板两种。按其物理性能可分为一类板、二类板和三类板;按其尺寸偏差可分为优等品和合格品。其规格品种多,能适应各种需要。

石棉水泥板具有较高的抗拉、抗折强度及防水、耐蚀性能,且锯、钻和钉等加工性能好,干燥状态下还有较高的电绝缘性。主要可作复合外墙板的外层,或作隔墙板、吸声吊顶板、通风板和电绝缘板等。

四、泰柏板

泰柏板是一种轻质复合墙板,是由三维空间焊接钢丝网架和泡沫塑料(聚苯乙烯)芯组成,而后喷涂或抹水泥砂浆制成的一种轻质板材。泰柏板强度高(有足够的轴向和横向强度)、重量轻(以100mm厚的板材与半砖墙和一砖墙相比,可减少重量54%～76%,从而降低了基础和框架的造价)、不碎裂(抗震性能好以及防水性能好),具有隔热(保温隔热性能佳,优于两砖半墙的保温隔热性能)、隔声、防火、防震、防潮和抗冻等优良性能。适用于民用、商业和工业建筑作墙体、地板及屋面等。钢丝网架聚苯乙烯水泥夹心板(南方称泰柏板),简称GJ板,开始是一种从美国引进的新型墙体材料,由于技术性能优良、造价低廉而迅速发展,目前已成为工业发达国家的工业、住宅和商业建筑的主要建筑工程材料之一。现在我国在消化吸收的基础上,研制出适合我国国情的夹芯板生产机组,有了真正意义上的国产建筑复合夹芯板。

该板可任意裁剪、拼装与连接,两侧铺抹水泥砂浆后,可形成完整的墙板。其表面可作各种装饰面层,可用作各种建筑的内外填充墙,也可用于房屋加层改造各种异型建筑物,并且可作屋面板使用(跨度在3m以内),免做隔热层。采用该墙板可降低工程造价13%以上,增加房屋的使用面积(高层公寓14%、宾馆11%,其他建筑根据设计相应减少)。目前,该产品已大量应用在高层框架加层建筑、农村住宅的围护外墙和轻质隔墙、外墙外保温层及低层建筑的承重墙板等处。在建筑设计部门与开发商认可后,在市场作用的推动下,由南向北、从东到西依次推开。在短短的十几年间,我国从美国、韩国、奥地利、比利时、希腊等国引进生产技术和设备。同时,自行研制了钢丝网、钢板网和预埋式钢丝网夹芯板生产技术和设备,目前从事生产科研的单位有几百家,年产量为1500万 m^2,为推动我国的墙材革新和建筑节能起到了积极作用。

第四节 混凝土大型墙板

混凝土大型墙板是用混凝土预制的重型墙板,主要用于多、高层现浇的或预制的民用房屋建筑的外墙和单层工业厂房的外墙。此墙板的分类方法很多,但按其材料品种可分为普通混凝土空心墙板、轻骨料混凝土墙板和硅酸盐混凝土墙板;按其表面装饰情况可分为不带饰面的一般混凝土外墙板和带饰面的混凝土幕墙板。

一、轻骨料混凝土墙板

轻骨料混凝土墙板是用陶粒、浮石、火山渣或自燃煤矸石等轻骨料配制成的全轻或砂轻混凝土,经搅拌、成型和养护而制成的预制混凝土墙板。此墙板按其用途可分为内墙板和外墙板。因轻骨料混凝土具有保温性能好等特点,且造价较高,在我国主要用作外墙板。

轻骨料混凝土外墙板按其材料品种可分为以下几种。

(1) 浮石全轻混凝土外墙板,其规格为 3300 mm×2900mm×320mm,属民用住宅外墙板。

(2) 页岩陶粒炉下灰混凝土外墙板,其规格为 3300mm×2900mm×300mm,属民用住宅外墙板。

粉煤灰陶粒珍珠岩砂混凝土外墙板,其规格为 4480mm×2430mm×220mm,属民用住宅外墙板。

(4) 陶粒混凝土外墙板,其规格为(6000~12000)mm×(1200~1500)mm×(200~230)mm,属工业建筑外墙板。

(5) 浮石全轻混凝土外墙板,其规格为(6000~9000)mm×(1200~1500)mm×(250~300)mm,属工业建筑外墙板。

轻骨料混凝土外墙板主要适用于一般民用住宅建筑的外墙,或工业厂房的外墙。

二、饰面混凝土幕墙板

饰面混凝土幕墙板,简称幕墙板,是一种带面砖、花岗石或其他装饰材料的预制混凝土外墙板。

幕墙板使用时,是通过连接件安装在建筑物结构上的,是一种既具有装饰性,又具有保温、隔热、坚固耐久、安装方便等特点的整体外墙材料。

幕墙板的种类很多,按饰面材料可分为面砖饰面幕墙板、花岗石饰面幕墙板和装饰混凝土饰面幕墙板等;按幕墙板的构造分为单一材料板和复合板两类。

饰面幕墙板采用反打一次成型工艺制作;而装饰混凝土饰面幕墙板则采用特制的衬模反铺于模内,然后浇筑混凝土而成。

幕墙板的规格尺寸根据建筑物的外立面进行分块设计,得出幕墙板的高度和宽度。一般来说,层间板的板高与建筑层高相同,板宽在 4m 以下;横条板的板高为上下窗口的间距,板宽在 6m 以下。其相应板厚有 80mm、100mm、140mm、150mm、160mm 等。

幕墙板的技术要求应符合有关国家规定标准,其中幕墙板的单位面积板重视板厚而定。例如,140mm 普通混凝土单一材料板单位面积板重为 340k/m^2,而轻骨料混凝土单一材料板单位面积板重为 265kg/m^2。

饰面混凝土幕墙板主要适用于豪华的、对立面要求高的房屋、高层建筑的外墙体及其他对外饰面有豪华要求的建筑物外饰面。

墙体改革的发展趋势:黏土质墙体材料向非黏土质材料发展,实心制品向空心制品发展,小块制品向大中块制品发展,块状制品向板状制品发展,单一墙体向复合墙体发展,重型墙体向轻型墙体发展,现场湿作业向干作业发展。

第五节　屋 面 材 料

瓦是最常用的屋面材料,主要起防水作用。目前经常使用的除黏土瓦和水泥瓦以外,还使用石棉水泥瓦、塑料瓦和沥青瓦等。

一、黏土瓦

黏土瓦是以黏土、页岩为主要原料,经成型、干燥、焙烧而成,生产黏土瓦的原料应杂质少、塑性好,成型方式有模压成型和挤压成型两种,生产工艺与烧结普通砖相同。

黏土瓦有平瓦和脊瓦两种,颜色有青色和红色,平瓦用于屋面,脊瓦用于屋脊。

国家标准《烧结瓦》(GB/T 21149—2019)规定:平瓦外形包括挤出平瓦和压制平瓦两大类,规格为 400mm×240mm～300mm×200mm,厚度 10～20mm,等级分为优等品(A)和合格品(C),出厂检验项目包括尺寸允许偏差、外观质量、吸水率、抗弯曲性能。

黏土瓦自重大、质脆、易破损,在储运和使用时应注意横立堆垛,垛高不得超过五层。

二、混凝土瓦

混凝土平瓦是以水泥、砂或无机的硬质细骨料为主要原料,经配料混合、加水搅拌、机械滚压或人工操压成型、养护而成。

根据行业标准《混凝土平瓦》(JC/T 746—2007)的规定,其标准尺寸有 400mm×240mm 和 385mm×235mm 两种,单片抗折力不得低于 600N,抗渗性、抗冻性应符合要求。

混凝土平瓦可用来代替黏土瓦,耐久性好、成本低,但自重大于黏土瓦。如在配料时加入颜料,可制成彩色混凝土平瓦。

三、石棉水泥波瓦

石棉水泥波瓦是用水泥和温石棉为原料,经加水搅拌、压滤成型、养护而成的波形瓦。分成大波瓦、中波瓦、小波瓦和脊瓦四种。

根据国家标准《石棉水泥波瓦及其脊瓦》(GB 9772—2009)的规定,其规格尺寸有大波瓦 2800mm×994mm、中波瓦 2400mm×745mm 和 1800mm×745mm、小波瓦 1800mm×720mm,并按波瓦的抗折力、吸水率和外观质量分为优等品、一等品和合格品三个产品等级。

石棉水泥波瓦既可作屋面材料来覆盖屋面,也可作墙面材料来装饰墙壁。

石棉纤维对人体健康有害,现一般采用耐碱玻璃纤维和有机纤维生产水泥波瓦。

四、钢丝网石棉水泥波瓦

钢丝网水泥大波瓦是用普通水泥和砂加水混合后浇模,中间放置一层冷拔低碳钢丝网,成型后经养护而成。其尺寸为 2700mm×830mm×14mm,自重较大,适用于作工厂散热车间、仓库及临时性建筑的屋面或围护结构。

五、塑料瓦

1. 聚氯乙烯波纹瓦

聚氯乙烯波纹瓦又称塑料瓦楞板,是以聚氯乙烯树脂为主体,加入其他材料,经塑化、压延、压波而制成的波形瓦,规格尺寸为 2100mm×(1100~1300)mm×(1.5~2)mm。其重量轻、防水、耐腐、透光、有色泽,常用作车棚、凉棚、果棚等简易建筑的屋面,另外也可用作遮阳板。

2. 玻璃钢波形瓦

玻璃钢波形瓦是用不饱和聚酯树脂和玻璃纤维为原料,经手工糊制而成,其尺寸为长1800mm、宽740mm、厚0.8~0.2 mm。这种瓦重量轻、强度高、耐冲击、耐高温、耐腐蚀、透光率高、色彩鲜艳和生产工艺简单。适用于屋面、遮阳、车站月台和凉棚等。

六、沥青瓦

沥青瓦是以玻璃纤维薄毡为胎料,以改性沥青为涂敷材料而制成的一种片状屋面材料。其特点是重量轻,可减少屋面自重、施工方便,具有互相黏结的功能,有很好的抗风化能力,如在其表面撒以不同色彩的矿物粒料,则可制成彩色沥青瓦,沥青瓦适用于一般民用建筑屋面。

七、金属波形瓦

金属波形瓦是以铝材、铝合金或薄钢板轧制而成(也称金属瓦楞板)。如用薄钢板轧成瓦楞状,涂以搪瓷釉,经高温烧制成搪瓷瓦楞板。金属波形瓦重量轻,强度高,耐腐蚀,光反射效果好,安装方便,适用于屋面、墙面。

第六节　墙体材料发展动态

一、双层动态节能幕墙

双层动态节能幕墙(也叫热通道幕墙),按通风原理分为自然通风和强制通风两种系统。由外层幕墙、内层幕墙、遮阳幕墙、进风幕墙和出风装置组成。其设计理念是实现节能、环保,使室内生活、工作与室外自然环境达到融和。

二、双层动态节能幕墙技术性能

(1) 运用动气热压原理和烟囱效应,让新鲜的空气进入室内,把室内污浊的空气排到室外,并且能够有效防止灰尘进入室内。

(2) 卓越的冬季保温和夏季隔热功能。

(3) 合理采光功能,可根据使用者的需要,调整光线的变化,改善室内环境。

(4) 卓越的隔声降噪功能,可以为使用者创造宁静的工作和生活环境。

(5) 技术含量高,构造特殊,具有良好的视觉美感。

✎ **复习思考题**

8-1　什么是烧结普通砖、烧结多孔砖和烧结空心砖？

8-2　烧结普通砖、烧结多孔砖和烧结空心砖各自的强度等级、质量等级是如何划分的？各自的规格尺寸是多少？主要适用范围如何？

8-3　什么是蒸压灰砂砖、蒸压粉煤灰砖？它们的主要用途是什么？

8-4　混凝土砌块是如何进行分类的？

8-5　加气混凝土砌块的品种、规格、等级各有哪些？其用途是什么？

8-6　什么是普通混凝土小型空心砌块、轻骨料混凝土小型空心砌块？它们各有什么用途？

8-7　轻型墙板的特点是什么？主要包括哪些种类？

8-8　什么是纸面石膏板？其特点、用途各是什么？

8-9　什么是纤维石膏板？其主要用途、规格是什么？

8-10　什么是加气混凝土条板？具有什么特点？品种规格、用途各是什么？

8-11　纤维水泥板有哪几种？

8-12　泰柏板具有什么特点？

8-13　什么是轻骨料混凝土墙板、饰面混凝土幕墙板？它们各自有什么用途？

第九章　建筑防水材料

📢 **本章学习内容与目标**

· 重点掌握石油沥青的组分与主要技术性质以及二者之间的关系；石油沥青的分类选用及其掺配方法；煤沥青的组成与特性。

· 了解改性石油沥青的性能特点与常见品种以及各种防水材料制品的性能特点和应用。

建筑防水，一般是用防水材料在屋面等部位做成均匀性被膜，利用防水材料的水密性有效地隔绝水的渗透通道。所以，建筑防水材料是用于防止建筑物渗漏的一大类材料，被广泛应用于建筑物的屋面、地下室以及水利、地铁、隧道、道路和桥梁等其他有防水要求的工程部位。

建筑防水历来是人们十分关心的问题。随着社会的发展，防水材料也在不断地更新换代，但房屋渗漏问题仍普遍存在。建设部文件规定，新建房屋要保证三年不渗漏；防水材料要保证十年不渗漏。但长期以来，房屋建筑工程中的防水技术却不尽如人意，存在着严重的渗漏现象。建设部曾组织抽查，抽查结果表明，屋面有不同程度渗漏的占抽查工程数的 35%，厕浴间有不同程度渗漏的占抽查工程数的 39.2%。不少房屋建筑同时存在着屋面、厕浴间和墙面的渗漏现象。

防水是涉及设计、材料、施工和维护管理的复杂系统工程，但材料是防水工程的基础，防水材料质量的优劣直接影响建筑物的使用性和耐久性。随工程性质和结构部位的不同，对防水材料的品种、形态和性能的要求也不相同。按防水材料的力学性能，可分为刚性防水材料和柔性防水材料两类。本章主要介绍柔性防水材料。目前，常用的柔性防水材料按形态和功能可分为防水卷材、防水涂料和防水密封材料等几类。为了适应不同的要求，各种防水材料不断涌现，新型防水材料也在迅速发展。

第一节　防水的基本材料

生产防水材料的基本材料有石油沥青、煤沥青、改性沥青以及合成高分子材料等。

一、沥青

沥青是一种有机胶凝材料,它是复杂的大分子碳氢化合物及非金属(氧、硫、氮等)衍生物的混合物。在常温下为黑色或黑褐色液体、固体或半固体,具有明显的树脂特性,能溶于二硫化碳、四氯化碳、苯及其他有机溶剂。沥青与许多材料的表面有良好黏结力,它不仅能黏附于矿物材料的表面,而且能黏附在木材、钢铁等材料的表面。沥青是一种憎水性材料,几乎不溶于水,而且构造密实,是建筑工程中应用最广泛的一种防水材料;沥青能抵抗一般酸、碱、盐等侵蚀性液体和气体的侵蚀,故广泛应用于防水、防潮、防腐方面。它的资源丰富、价格低廉、施工方便、实用价值很高。在建筑工程上主要用于屋面及地下建筑防水或用于耐腐蚀地面及道路路面等,也可用于制造防水卷材、防水涂料、嵌缝油膏、胶黏剂及防锈防腐涂料。沥青已成为建筑中不可缺少的建筑工程材料。一般用于建筑工程的有石油沥青和煤沥青两种。

(一)石油沥青

石油沥青是由石油原油经蒸馏等炼制工艺提炼出各种轻质油(汽油、煤油、柴油等)和润滑油后的残余物,经再加工后的产物。石油沥青的化学成分很复杂,很难把其中的化合物逐个分离出来,且化学组成与技术性质间没有直接的关系。因此,为了便于研究,通常将其中的化合物按化学成分和物理性质比较接近的划分为若干组分(又称组丛)。

1. 石油沥青的组分

(1) 油分。油分为流动至黏稠的液体,颜色为无色至浅黄色,有荧光,密度为 $0.60 \sim 1.00g/cm^3$,分子量为 $100 \sim 500$,是沥青分子中分子量最低的化合物,能溶于大多数有机溶剂,但不溶于酒精。在石油沥青中,油分的含量为 $40\% \sim 60\%$。油分使石油沥青具有流动性。在 $170℃$ 加热较长时间可挥发。含量越高,沥青的软化点越低,沥青的流动性越大,但温度稳定性差。

(2) 树脂。树脂为红褐色至黑褐色的黏稠半固体,密度为 $1.00 \sim 1.10g/cm^3$,分子量为 $650 \sim 1000$,能溶于大多数有机溶剂,但在酒精和丙酮中的溶解度极低,熔点低于 $100℃$。在石油沥青中,树脂的含量为 $15\% \sim 30\%$,它使石油沥青具有良好的塑性和黏结性。

(3) 地沥青质。地沥青质为深褐色至黑色的硬、脆无定形不溶性固体,密度为 $1.10 \sim 1.15g/cm^3$,分子量为 $2000 \sim 6000$。除不溶于酒精、石油醚和汽油外,易溶于大多数有机溶剂。在石油沥青中,地沥青质含量为 $10\% \sim 30\%$。地沥青质是决定石油沥青热稳定性和黏性的重要组分,含量越多,软化点越高,也越硬、脆。对地沥青质加热时会分解,逸出气体而成焦炭。

此外,石油沥青中往往还含有一定量的固体石蜡,是沥青中的有害物质,会使沥青的黏结性、塑性、耐热性和稳定性变坏。

石油沥青的性质与各组分之间的比例密切相关。液体沥青中油分、树脂多,流动性好,而固体沥青中树脂、地沥青质多,特别是地沥青多,热稳定性和黏性好。

石油沥青中这几个组分的比例,并不是固定不变的,在热、阳光、空气和水等外界因素作用下,组分在不断改变,即由油分向树脂、树脂向地沥青质转变,油分、树脂逐渐减少,而地沥青质逐渐增多,使沥青流动性、塑性逐渐变小,脆性增加直至脆裂。这个现象称为沥青材料的老化。

2. 石油沥青的主要技术性质

1）黏滞性

黏滞性是指石油沥青在外力作用下抵抗变形的性能。黏滞性的大小反映了胶团之间吸引力的大小，即反映了胶体结构的致密程度。当地沥青质含量较高，有适量树脂，但油分含量较少时，黏滞性较大。在一定温度范围内，当温度升高时，黏滞性随之降低；反之则增大。

表征沥青黏滞性的指标，对于液体沥青是黏滞度，它表示液体沥青在流动时的内部阻力。测试方法是液体沥青在一定温度（25℃ 或 60℃）条件下，经规定直径（3.5mm 或 10mm）的孔漏下 50mL 所需的秒数。其测定示意图如图 9-1 所示。黏滞度大时，表示沥青的稠度大，黏性高。

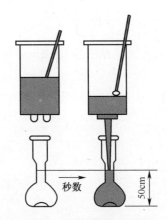

图 9-1　黏滞度测定示意图

表征半固体沥青、固体沥青黏滞性的指标是针入度。它是表征某种特定温度下的相对黏度，可看作常温下的树脂黏度。测试方法是在温度为 25℃ 的条件下，以质量 100g 的标准针，经 5s 沉入沥青中的深度（每 0.1mm 称 1 度）来表示。针入度测定示意图如图 9-2 所示。针入度值大，说明沥青流动性越大，黏滞性越小。针入度的范围在 5~200 度之间。它是很重要的技术指标，是划分沥青牌号的主要依据。

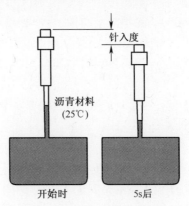

图 9-2　针入度测定示意图

2）塑性

塑性是指石油沥青在外力作用时产生变形而不破坏的性能,沥青之所以能被制成性能良好的柔性防水材料,在很大程度上取决于这种性质。石油沥青中树脂含量大,其他组分含量适当,则塑性较高。温度及沥青膜层厚度也影响塑性。温度升高,塑性增大;膜层增厚,塑性也增大。在常温下,沥青的塑性较好,对振动和冲击作用有一定的承受能力,因此常将沥青铺作路面。

沥青的塑性用延度(延伸度)表示,常用沥青延度仪来测定。具体测试是将沥青制成"8"字形试件,试件中间最窄处横断面面积为 $1cm^2$。一般在 25℃ 水中,以每分钟 5cm 的速度拉伸,至拉断时试件的伸长值即为延度,单位为 cm。其延度测试如图 9-3 所示。延度越大,说明沥青的塑性越好,变形能力越强,在使用中能随建筑物的变形而变形,且不开裂。

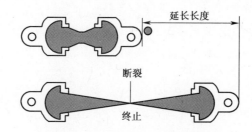

图 9-3　延度测定示意图

3）温度敏感性(温度稳定性)

温度敏感性是指石油沥青的黏滞性和塑性随温度升降而变化的性质。温度敏感性越大,则沥青的温度稳定性越低。温度敏感性大的沥青,在温度降低时,很快变成脆硬的物体,受外力作用极易产生裂缝以致破坏;而当温度升高时即成为液体流淌,失去防水能力。因此,温度敏感性是评价沥青质量的重要性质。

沥青的温度敏感性通常用"软化点"表示。软化点是指沥青材料由固体状态转变为具有一定流动性膏体的温度。软化点可通过"环球法"试验测定,如图 9-4 所示。将沥青试样装入规定尺寸的铜杯中,上置规定尺寸和质量的钢球,放在水或甘油中,以每分钟升高 5℃ 的速度加热至沥青软化下垂达 25.4mm 时的温度(℃),即为沥青软化点。

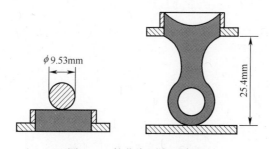

图 9-4　软化点测定示意图

不同的沥青软化点不同,大致在 25~100℃ 之间。软化点高,说明沥青的耐热性好,但软化点过高,又不易加工;软化点低的沥青,夏季易产生变形,甚至流淌。所以,在实际应用中,总希望沥青具有高软化点和低脆化点(当温度在非常低的范围时,整个沥青就好像玻璃一样脆硬,一般称为"玻璃态",沥青由玻璃态向高弹态转变的温度即为沥青的脆化点)。为了提高沥青的耐寒性和耐热性,常常对沥青进行改性,如在沥青中掺入增塑剂、橡胶、树脂和填料等。

4) 大气稳定性

大气稳定性是指石油沥青在热、阳光、水分和空气等大气因素作用下性能稳定的能力,也即沥青的抗老化性能,是沥青材料的耐久性。在自然气候的作用下,沥青的化学组成和性能都会发生变化,低分子物质将逐渐转变为大分子物质,流动性和塑性逐渐减小,硬脆性逐渐增大,直至脆裂,甚至完全松散而失去黏结力。

石油沥青的大气稳定性常用蒸发损失和针入度变化等试验结果进行评定。蒸发损失少,蒸发后针入度变化小,则大气稳定性高,即老化较慢。测定方法:先测定沥青试样的重量和针入度,然后将试样置于加热损失专用烘箱内,在160℃下蒸发5h,待冷却后再测定其重量及针入度。计算蒸发损失占原重量的百分数称为蒸发损失;计算蒸发后针入度占原针入度的百分数,蒸发损失越小,蒸发后针入度比越大,表示大气稳定性越高,老化越慢。石油沥青技术标准规定:160℃、5h的加热损失不超过1.0%,蒸发后与蒸发前的针入度之比不小于60%。

3. 石油沥青的分类、标准及应用

1) 石油沥青的分类及技术标准

根据我国现行标准,石油沥青按用途和性质分为道路石油沥青、建筑石油沥青、防水防潮石油沥青和普通石油沥青四类。各类石油沥青按技术性质划分牌号。各牌号的主要技术指标如表9-1所列。

表9-1 各品种石油沥青的技术标准

质量指标	道路石油沥青(SH 0522—2000)					建筑石油沥青(GB/T 494—2010)		
	200号	180号	140号	100号	60号	10号	30号	40号
针入度(25℃、100g)/(1/10mm)	201~300	150~200	110~150	80~110	50~80	10~25	26~35	36~50
延度(25℃)/cm	≥20	≥100	≥100	≥90	≥70	≥1.5	≥2.5	≥3.5
软化点(环球法)/℃	30~45	35~45	38~48	42~52	45~55	≥95	≥75	≥60
针入度指数	—	—	—	—	—	—	—	—
溶解度(三氯乙烯、三氯甲烷或苯)/%	≥99.0	≥99.0	≥99.0	≥99.0	≥99.0	≥99.5	≥99.5	≥99.5
蒸发损失(160℃,5h)/%	≤1	≤1	≤1	≤1	≤1	≤1	≤1	≤1
蒸发后针入度比/%	≥50	≥60	≥60	—	—	≥65	≥65	≥65

（续）

质量指标	道路石油沥青（SH 0522—2000）					建筑石油沥青 （GB/T 494—2010）		
	200 号	180 号	140 号	100 号	60 号	10 号	30 号	40 号
闪点（开口）/℃	≥180	≥200	≥230	≥230	≥230	≥260	≥260	≥260

从表 9-1 可知,道路石油沥青、建筑石油沥青和普通石油沥青的牌号主要依据针入度大小来划分。牌号越大,沥青越软;牌号越小,沥青越硬。随着牌号增大,沥青的黏性变小,塑性增大,温度敏感性增大（软化点降低）。防水防潮沥青是按针入度指数划分牌号的,它增加了保证低温变形性能的脆点指标。随着牌号的增大,温度敏感性减小,脆点降低,应用温度范围扩大。

2）石油沥青的应用

使用石油沥青时,应对其牌号加以鉴别。在施工现场的简易鉴别方法如表 9-2 和表 9-3 所列。

表 9-2　石油沥青外观简易鉴别

沥青形态	外观简易鉴别
固体	敲碎,检查新断口处,色黑而发亮的质好,暗淡的质差
半固体	即膏状体。取少许,拉成细丝,越细长质量越好
液体	黏性强,有光泽,没有沉淀和杂质的较好。也可用一根小木条,轻轻搅动几下后提起,成细丝越长的质量越好

表 9-3　石油沥青牌号简易鉴别

牌　　号	简易鉴别方法
140~100	质软
60	用铁锤敲,不碎,只变形
30	用铁锤敲,成为较大的碎块
10	用铁锤敲,成为较小的碎块

沥青在使用时,应根据当地的气候条件、工程性质（房屋、道路、防腐）、使用部位（屋面、地下）及施工方法具体选择沥青的品种和牌号。对一般温暖地区,受日晒或经常受热部位,为防止受热软化,应选择牌号较小的沥青;在寒冷地区,夏季暴晒、冬季受冻的部位,不仅要考虑受热软化,还要考虑低温脆裂,应选用中等牌号沥青;对一些不易受温度影响的部位,可选用牌号较大的沥青。当缺乏所需牌号的沥青时,可用不同牌号的沥青进行掺配。

道路石油沥青的黏度低、塑性好,主要用于配制沥青混凝土和沥青砂浆,用于道路路面和工业厂房地面等工程。

建筑石油沥青的黏性较大、耐热性较好、塑性较差,主要用于生产防水卷材、防水涂料、防水密封材料等,广泛应用于建筑防水工程及管道防腐工程。一般屋面用的沥青,软化点应比本地区屋面可能达到的最高温度高 20~25℃,以避免夏季流淌。

防水防潮石油沥青的质地较软,温度敏感性较小,适于做卷材涂覆层。

普通石油沥青因含蜡量较高,性能较差,建筑工程中应用很少。

当一种牌号的沥青不能满足使用要求时,可采用两种或两种以上不同牌号的沥青掺配后使用。两种牌号的沥青掺配时,参照下式计算,即

$$较软沥青掺量 = \frac{较硬沥青软化点 - 欲配沥青软化点}{较硬沥青软化点 - 较软沥青软化点} \times 100\%$$

$$较硬沥青掺量 = 100\% - 较软沥青掺量$$

三种沥青掺配时,先求出两种沥青的配比,再与第三种沥青进行配比计算。

按计算结果试配,若软化点不能满足要求,应进行调整。

试配调整时,应以计算的掺配比例及相邻的掺配比例分别测出软化点,绘制"掺配比-软化点"曲线,从曲线上即可确定掺配比。

(二)煤沥青

煤沥青是将煤在隔绝空气的条件下,高温加热干馏得到黏稠状煤焦油,再经蒸馏制取轻油、中油、重油、蒽油,所得残渣为煤沥青。实际上是炼制焦炭或制造煤气时所得到的副产品。其化学成分和性质类似于石油沥青,但其质量不如石油沥青,韧性较差,容易因变形而开裂;温度敏感性较大,夏天易软化而冬天易脆裂;含挥发性成分和化学稳定性差的成分多,大气稳定性差,易老化;加热燃烧时,烟呈黄色,含有蒽、萘和酚,有刺激性臭味,有毒性,具有较高的抗微生物腐蚀作用;含表面活性物质较多,与矿物粒料表面的黏附能力较好。煤沥青在一般建筑工程上使用不多,主要用于铺路、配制胶黏剂与防腐剂,也有的用于地面防潮、地下防水等方面。按软化点的不同,煤沥青分为低温沥青、中温沥青和高温沥青,其技术标准《煤沥青》(GB/T 2290—94)如表 9-4 所列。

表 9-4　煤沥青的技术条件

指标名称	低温沥青		中温沥青		高温沥青
	1 号	2 号	1 号	2 号	
软化点/℃	35~45	46~75	80~90	75~95	95~120
甲苯不溶物含量/%	—	—	15~25	≤25	—
灰分/%	—	—	≤0.3	≤0.5	—
水分/%	—	—	≤5.0	≤5.0	≤5.0
挥发值/%	—	—	58~68	55~75	—
喹啉不溶物含量/%	—	—	≤10	—	—

煤沥青的主要组分为油分、软树脂、硬树脂、游离碳和少量酸和碱物质等。煤沥青是

一个复杂的胶体结构,在常温下,游离碳和硬树脂被软树脂包裹成胶团,分散在油分中,当温度升高时,油分的黏度明显下降,也使软树脂的黏度下降。

煤沥青与石油沥青在外观上有些相似,如不加以认真鉴别,易将它们混存或混用,造成防水材料的品质变坏,鉴别法如表9-5所列。

表9-5　煤沥青与石油沥青的简易鉴别法

鉴别方法	煤 沥 青	石 油 沥 青
密度	约 $1.25g/cm^3$	接近于 $1.0g/cm^3$
锤击	韧性差(性脆),声音清脆	韧性较好,有弹性感,声哑
燃烧	烟呈黄色,有刺激性臭味	烟无色,无刺激性臭味
溶液颜色	用30~50倍汽油或煤油溶化,用玻璃棒沾一点滴于滤纸上,斑点内棕外黑	按煤沥青的方法试验,斑点呈棕色

如石油沥青的某些性质达不到要求时,可用煤沥青掺配到石油沥青中制成混合沥青。混合沥青是煤沥青与石油沥青的相互有限互溶的分散体系。体系的稳定性与分散介质的表面张力有关,二者的表面张力越小,混合体系越稳定。随着温度升高,煤沥青与石油沥青的表面张力减小,在接近闪点时它们的表面张力最小,最易混合均匀,如超过闪点易发生火灾,因此混合温度以不超过闪点为宜。如将煤沥青与石油沥青分别溶解在溶剂里配成表面张力接近的溶液,或制成表面张力相近的乳状液和悬浮液,也可配成混合均匀的混合沥青。

(三)改性沥青

沥青具有良好的塑性,能加工成良好的柔性防水材料。但沥青耐热性与耐寒性较差,即高温下强度低,低温下缺乏韧性。这是沥青防水屋面渗漏现象严重、使用寿命短的原因之一。如前所述,沥青是由分子量为几百到几千的大分子组成的复杂混合物,但分子量比通常高分子材料(几万到几百万或以上)小得多,而且其分子量最高(几千)的组分在沥青中的比例较小,决定了沥青材料的强度不高、弹性不好。为此,常添加高分子聚合物对沥青进行改性。高分子的聚合物分子和沥青分子相互扩散、发生缠结,形成凝聚的网络混合结构,因而具有较高的强度和较好的弹性。按掺用高分子材料的不同,改性沥青可分为橡胶改性沥青、树脂改性沥青和橡胶树脂共混改性沥青三类。

1. 橡胶改性沥青

在沥青中掺入适量橡胶后,可使沥青的高温变形性小,常温弹性较好,低温塑性较好。常用的橡胶有SBS橡胶、氯丁橡胶和废橡胶等。

2. 树脂改性沥青

在沥青中掺入适量树脂后,可使沥青具有较好的耐高低温性、黏结性和不透气性。常用树脂有APP(无规聚丙烯)、聚乙烯和聚丙烯等。

3. 橡胶和树脂共混改性沥青

在沥青中掺入适量的橡胶和树脂后,沥青兼具橡胶和树脂的特性,常见的有氯化聚乙烯-橡胶共混改性沥青及聚氯乙烯-橡胶共混改性沥青等。

二、合成高分子材料

合成高分子用于防水材料,具有抗拉强度高、延伸率大、弹性强、高低温特性好、防水性能优异的特性。合成高分子基防水材料中常用的高分子有三元乙丙橡胶、氯丁橡胶、有机硅橡胶、聚氨酯、丙烯酸酯及聚氯乙烯树脂等。

第二节 防 水 卷 材

防水卷材是一种具有一定宽度和厚度的能够卷曲成卷状的带状定型防水材料。防水卷材是建筑防水工程中应用的主要材料,约占整个防水材料的90%。防水卷材的品种很多,一般每种防水卷材均使用多种原材料制成,如沥青防水卷材会用到沥青、纸或纤维织物(作基材)、聚合物(作改性材料)等。可以根据防水卷材中构成防水膜层的主要原料将防水卷材分成沥青防水卷材、高分子改性沥青防水卷材和合成高分子防水卷材三类。

一、沥青防水卷材

沥青防水卷材是以沥青(石油沥青或煤焦油、煤沥青)为主要防水材料,以原纸、织物、纤维毡、塑料薄膜和金属箔等为胎基(载体),用不同矿物粉料或塑料薄膜等作隔离材料所制成的防水卷材,通常称为油毡。胎基是油毡的骨架,使卷材具有一定的形状、强度和韧性,从而保证了在施工中的铺设性和防水层的抗裂性,对卷材的防水效果有直接影响。由于沥青防水卷材质量轻、价格低廉、防水性能良好、施工方便、能适应一定的温度变化和基层伸缩变形,故多年来在工业与民用建筑的防水工程中得到了广泛应用。目前,我国大多数屋面防水工程仍采用沥青防水卷材。通常根据沥青和胎基的种类对油毡进行分类,如石油沥青纸胎油毡和石油沥青玻纤油毡等。

1. 石油沥青纸胎油纸、油毡

凡用低软化点热熔沥青浸渍原纸而制成的防水卷材都称为油纸,在油纸两面再浸涂软化点较高的沥青后,撒上防粘物料即成油毡。表面撒石粉作隔离材料的称为粉毡,撒云母片作隔离材料的称为片毡。

油纸主要用于建筑防潮和包装,也可用于多叠层防水层的下层或刚性防水层的隔离层。油毡适用面广,但石油沥青纸胎油毡的防水性能差、耐久年限低。建设部于1991年6月颁发的《关于治理屋面渗漏的若干规定》的通知中已明确规定:"屋面防水材料选用石油沥青油毡的,其设计应不少于三毡四油"。所以,纸胎油毡按规定一般只能做多叠层防水;片毡用于单层防水。石油沥青纸胎油毡按卷重和物理性能分为Ⅰ型、Ⅱ型、Ⅲ型。Ⅰ型、Ⅱ型油毡适用于辅助防水、保护隔离层、临时性建筑防水、防潮及包装等;Ⅲ型油毡适用于屋面工程的多层防水。根据《石油沥青纸胎油毡》(GB 326—2007)石油沥青油毡的技术性能如表9-6所列。

表9-6　各种类型的石油沥青油毡的物理性能

指标名称		Ⅰ型	Ⅱ型	Ⅲ型
单位面积浸涂材料总量/（g/m²）		≥600	≥750	≥1000
不透水性	压力/MPa	≥0.02	≥0.02	≥0.10
	保持时间/min	≥20	≥30	≥30
吸水率/%		≤3.0	≤2.0	≤1.0
耐热性		（85±2）℃，2h涂盖层无滑动、流淌和集中性气泡		
拉力（纵向）/（N/50mm）		≥240	≥270	≥340
柔性		（18±2）℃，绕φ20mm棒或弯板无裂缝		

2. 煤沥青纸胎油毡

煤沥青纸胎油毡（以下简称油毡）采用低软化点煤沥青浸渍原纸，然后用高软化点煤沥青涂盖纸两面，再涂或撒隔离材料所制成的一种纸胎防水材料。

油毡幅宽有915mm和1000mm两种规格。

油毡按技术要求分为一等品（B）和合格品（C）；按所用隔离材料分为粉状面油毡（F）和片状面油毡（P）两个品种。

油毡的标号分为200号、270号和350号三种，即以原纸每平方米质量克数划分标号。各等级各标号油毡的技术性质应符合《煤沥青纸胎油毡》（JC 505—92）的规定，如表9-7所列。

表9-7　各标号各等级的煤沥青纸胎油毡的物理性能

指标名称		标号	200号	270号		350号	
		等级	合格品	一等品	合格品	一等品	合格品
可溶物含量/（g/m²）			≥450	≥560	≥510	≥660	≥600
不透水性	压力/MPa		≥0.05	≥0.05		≥0.10	
	保持时间/min		≥15	≥30	≥20	≥30	≥15
			不渗漏				
吸水率（常压法）/%	粉毡		3.0				
	片毡		5.0				
耐热性			（70±2）℃	（75±2）℃	（70±2）℃	（75±2）℃	（70±2）℃
			受热2h涂盖层应无滑动和集中性气泡				
拉力（25±2）℃时，纵向/N			≥250	≥330	≥300	≥380	≥350
柔性			≤18℃	≤16℃	≤18℃	≤16℃	≤18℃
			绕φ20mm圆棒或弯板无裂纹				

3. 其他纤维胎油毡

这类油毡是以玻璃纤维布、石棉布、麻布等为胎基,用沥青浸渍涂盖而成的防水卷材。与纸胎油毡相比,其抗拉强度、耐腐蚀性、耐久性都有较大提高。

1) 沥青玻璃布油毡

沥青玻璃布油毡是用中蜡石油沥青或用高蜡石油沥青经氧化锌处理后,再配低蜡沥青,用它涂盖玻璃纤维两面,并撒布粉状防黏物料而制成的,它是一种使用无机纤维为胎基的沥青防水卷材。这种油毡的耐化学侵蚀性好,玻璃布胎不腐烂,耐久性好,抗拉强度高,有较高的防水性能。

沥青玻璃布油毡按幅宽可分为900mm和1000mm两种规格。

沥青玻璃布油毡的物理性质应符合《石油沥青玻璃布胎油毡》(JC/T 84—1996)的技术指标规定,如表9-8所列。

表9-8　石油沥青玻璃布油毡技术性能

指　标　名　称		一等品	合格品
可溶物含量/(g/m²)		≥420	≥380
耐热性		(85±2)℃,2h,无滑动、起泡现象	
不透水性	压力/MPa	0.2	0.1
	时间不小于15min	无渗漏	
拉力((25±2)℃时,纵向)/N		≥400	≥360
柔性	温度/℃	≤0	≤5
	弯曲直径30mm	无裂纹	
耐霉菌腐蚀性	质量损失率/%	≤2.0	
	拉力损失率/%	≤15	

2) 沥青玻纤胎油毡

沥青玻纤胎油毡是以无定向玻璃纤维交织而成的薄毡为胎基,用优质氧化沥青或改性沥青浸涂薄毡两面,再以矿物粉、砂或片状沙砾作撒布料制成的油毡。沥青玻纤胎油毡由于采用200号石油沥青或渣油氧化成软化点大于90℃、针入度大于25的沥青(或经改性的沥青),故涂层有优良的耐热性和耐低温性,油毡有良好的抗拉强度,其延伸率比350号纸胎油毡高一倍,吸水率也低,故耐水性好,因此,其使用寿命大大超过纸胎油毡。另外,玻纤胎油毡优良的耐化学性侵蚀和耐微生物腐烂,使耐腐蚀性大大提高。沥青玻纤胎油毡的防水性能优于玻璃布胎油毡。

沥青玻纤胎油毡按单位面积质量分为15号、25号两个标号,按力学性能分为Ⅰ、Ⅱ型,可用于屋面及地下防水层、防腐层及金属管道的防腐层等。由于沥青玻纤胎油毡质地柔软,用于阴阳角部位防水处理,边角服帖、不易翘曲、易于黏结牢固。石油沥青玻纤胎防水卷材的物理性能应符合《石油沥青玻璃纤维胎防水卷材》（GB/T 14686—2008）的技术指标规定,如表9-9所列。

表9-9　石油沥青玻纤胎防水卷材的物理性能

序号	指　标　名　称		Ⅰ型	Ⅱ型
1	可溶物含量/（g/m²）	15 号	≥700	
		25 号	≥1200	
		试验现象	胎基不燃	
2	拉力/（N/50mm）	纵向	≥350	≥500
		横向	≥250	≥400
3	耐热性		85℃,无滑动、流淌、滴落	
4	低温柔性		10℃	5℃
			无裂缝	
5	不透水性		0.1MPa,30min 不透水	
6	钉杆撕裂强度/N		≥40	≥50
7	热老化	外观	无裂纹、无起泡	
		拉力保持率/%	≥85	
		质量损失率/%	≤2.0	
		低温柔性	15℃	10℃
			无裂缝	

二、合成高分子改性沥青防水卷材

随着科学技术的发展,除了传统的沥青防水卷材外,近年来研制出不少性能优良的新型防水卷材,如各种弹性或弹塑性的高分子改性沥青防水卷材以及橡胶改性沥青为主的新型防水材料,它们具有使用年限长、技术性能好、冷施工、操作简单、污染性低等特点。可以克服传统的纯沥青纸胎油毡低温柔性差、延伸率较低、拉伸强度及耐久性比较差等缺点,改善其各项技术性能,有效提高防水质量。

合成高分子改性沥青防水卷材,是以合成高分子聚合物改性沥青为涂盖层,纤维织物或纤维毡为胎体,粉状、粒状、片状和薄膜材料为覆盖面制成的可卷曲的片状防水材料,属新型中档防水卷材。

1. 合成高分子改性沥青防水卷材的质量要求

合成高分子改性沥青防水卷材的规格、外观质量、物理性能要求如表9-10～表9-12所列。

表 9-10　合成高分子改性沥青防水卷材的规格

厚　度/mm	宽　度/mm	每卷长度/m
2.0	≥1000	15.0~20.0
3.0	≥1000	10.0
4.0	≥1000	7.5
5.0	≥1000	5.0

表 9-11　合成高分子改性沥青防水卷材的外观质量要求

检测项目	外观质量要求
断裂、皱褶、孔洞、剥离	不允许
边缘不整齐、沙砾不均匀	无明显差异
胎体未浸透、露胎	不允许
涂盖不均匀	不允许

表 9-12　合成高分子改性沥青防水卷材的物理性能

指标名称		类　　型			
		Ⅰ类	Ⅱ类	Ⅲ类	Ⅳ类
拉伸性能	拉力/N	≥400	≥400	≥50	≥200
	延伸率/%	≥30	≥5	≥200	≥3
耐热性		(85±2)℃,2h,不流淌,无集中性气泡			
柔性		−5~−25℃,绕规定直径圆棒无裂纹			
不透水性	压力/MPa	≥0.2			
	保持时间/min	≥30			

注:1. Ⅰ类指聚酯毡胎体,Ⅱ类指麻布胎体,Ⅲ类指聚乙烯膜胎体,Ⅳ类指玻纤毡胎体;
　　2. 表中柔性的温度范围系表示不同档次产品的低温性能。

2. SBS 改性沥青防水卷材

SBS 改性沥青防水卷材是以聚酯纤维无纺布为胎体,以苯乙烯-丁二烯-苯乙烯弹性体改性沥青为浸渍涂盖层,以塑料薄膜或矿物细料为隔离层制成的防水卷材。这类卷材具有较高的弹性、延伸率、耐疲劳性和低温柔性,主要用于屋面及地下室防水,尤其适用于寒冷地区。以冷法施工或热熔铺贴,适于单层铺设或复合使用。这类卷材的物理性能及其他技术指标符合《弹性体改性沥青防水卷材》(GB 18242—2008)标准要求,如表 9-13 和表 9-14 所列。

表 9-13　弹性体改性沥青防水卷材的物理性能

序号	指标名称		Ⅰ型		Ⅱ型		
			PY	G	PY	G	PYG
1	可溶物含量 /(g/m²)	3mm	≥2100				—
		4mm	≥2900				—
		5mm	≥3500				
		试验现象	—	胎基不燃	—	胎基不燃	

（续）

序号	指标名称			Ⅰ型		Ⅱ型		
				PY	G	PY	G	PYG
2	耐热性			90℃		105℃		
				沥青防水卷材加热时变形的长度≤2mm,无流淌、滴落				
3	低温柔性			−20℃		−25℃		
				无裂缝				
4	不透水性 30min			0.3MPa	0.2MPa	0.3MPa		
5	拉力	最大峰拉力/(N/50mm)		≥500	≥350	≥800	≥500	≥900
		次高峰拉力/(N/50mm)		—	—	—	—	≥800
		试验现象		拉伸过程中,试件中部无沥青涂盖层开裂或与胎基分离现象				
6	延伸率	最大峰时延伸率/%		≥30	—	≥40	—	—
		第二峰时延伸率/%		—		—		≥15
7	浸水后质量增加/%	PE、S		≤1.0				
		M		≤2.0				
8	热老化	拉力保持率/%		≥90				
		延伸率保持率/%		≥80				
		低温柔性		−15℃		−20℃		
				无裂缝				
		尺寸变化率/%		≤0.7	—	≤0.7	—	≤0.3
		质量损失率/%		≤1.0				
9	渗油性	张数		≤2				
10	接缝剥离强度/(N/mm)			≥1.5				
11	钉杆撕裂强度①/N			—				≥300
12	矿物粒料黏附量②/g			≤2.0				
13	卷材下表面沥青涂盖层厚度③/mm			≥1.0				
14	人工气候加速老化	外观		无滑动、流淌、滴落				
		拉力保持率/%		≥80				
		低温柔性		−15℃		−20℃		
				无裂缝				

注:①仅适用于单层机械固定施工方式卷材;

　　②仅适用于矿物粒料表面的卷材;

　　③仅适用于热熔施工的卷材。

　　PY——聚酯毡;G——玻纤毡;PYG——玻纤增强聚酯毡;PE——聚乙烯膜;S——细砂;M——矿物粒料。

表 9-14　弹性体和塑性体改性沥青防水卷材的单位面积质量、面积及厚度

规格(公称厚度)/mm		3			4			5		
上表面材料		PE	S	M	PE	S	M	PE	S	M
下表面材料		PE	PE、S		PE	PE、S		PE	PE、S	
面积/(m²/卷)	公称面积	10、15			10、7.5			7.5		
	允许偏差	±0.10			±0.10			±0.10		
单位面积质量/(kg/m²)		≥3.3	≥3.5	≥4.0	≥4.3	≥4.5	≥5.0	≥5.3	≥5.5	≥6.0
厚度/mm	平均值	≥3.0			≥4.0			≥5.0		
	最小单值	2.7			3.7			4.7		

3. APP 改性沥青防水卷材

APP 改性沥青防水卷材是以 APP(无规聚丙烯)树脂改性沥青浸涂玻璃纤维或聚酯纤维(布或毡)胎基,上表面撒以细矿物粒料,下表面覆以塑料薄膜制成的防水卷材。这类卷材的弹塑性好,具有突出的热稳定性和抗强光辐射性,适用于高温和有强烈太阳辐射地区的屋面防水。单层铺设,可冷、热施工。其物理力学性能及技术指标如表 9-14 和表 9-15 所列(《塑性体改性沥青防水卷材》(GB 18243—2008))。

表 9-15　塑性体改性沥青防水卷材的物理性能

序号	指标名称		I 型		II 型		
			PY	G	PY	G	PYG
1	可溶物含量/(g/m²)	3mm	≥2100				—
		4mm	≥2900				—
		5mm	≥3500				
		试验现象	—	胎基不燃	—	胎基不燃	—
2	耐热性		110℃		130℃		
			沥青防水卷材加热时变形的长度≤2mm,无流淌、滴落				
3	低温柔性		−7℃		−15℃		
			无裂缝				
4	不透水性	压力/MPa	0.3	0.2	0.3		
		保持时间/min	30				
5	拉力	最大峰拉力/(N/50mm)	≥500	≥350	≥800	≥500	≥900
		次高峰拉力/(N/50mm)	—	—	—	—	≥800
		试验现象	拉伸过程中,试件中部无沥青涂盖层开裂或与胎基分离现象				
6	延伸率	最大峰时延伸率/%	≥25		≥40		
		第二峰时延伸率/%	—	—	—	—	≥15
7	浸水后质量增加/%	PE、S	1.0				
		M	2.0				

（续）

序号	指标名称		Ⅰ型		Ⅱ型		
			PY	G	PY	G	PYG
8	热老化	拉力保持率/%	≥90				
		延伸保持率/%	≥80				
		低温柔性	−2℃		−10℃		
			无裂缝				
		尺寸变化率/%	≤0.7	—	≤0.7	—	≤0.3
		质量损失率/%	≤1.0				
9	接缝剥离强度/（N/mm）		≥1.0				
10	钉杆撕裂强度①/N		—				≥300
11	矿物粒料黏附量②/g		≤2.0				
12	卷材下表面沥青涂盖层厚度③/mm		≥1.0				
13	人工气候加速老化	外观	无滑动、流淌、滴落				
		拉力保持率/%	≥80				
		低温柔性	−2℃		−10℃		
			无裂缝				

①仅适用于单层机械固定施工方式卷材；
②仅适用于矿物粒料表面的卷材；
③仅适用于热熔施工的卷材。

4. 铝箔面石油沥青防水卷材

铝箔面石油沥青防水卷材是以玻璃纤维毡为胎基，用石油沥青为浸渍涂盖层，以银白色铝箔为上表面反光保护层，以矿物粒料和塑料薄膜为底面隔离层制成的防水卷材。

这种卷材对阳光的反射率高，具有一定的抗拉强度和延伸率，弹性好，低温柔性好，在−20~80℃温度范围内适应性较强，抗老化能力强，具有装饰功能，适用于外露防水面层，并且价格较低，是一种中档的新型防水材料。

铝箔面石油沥青防水卷材的物理性能应符合表9-16的规定（《铝箔面石油沥青防水卷材》（JC/T 504—2007））。

表9-16　铝箔面石油沥青防水卷材的物理性能

指标名称	30号	40号
可溶物含量/（g/m²）	≥1550	≥2050
拉力/（N/50mm）	≥450	≥500
柔性	5℃，绕半径35mm圆弧无裂纹	
耐热度	（90±2）℃，2h涂盖层无滑动，无起泡、流淌	
分层	（50±2）℃，7d无分层现象	

铝箔面石油沥青防水卷材的配套材料如表9-17所列。

表 9-17　铝箔面石油沥青防水卷材配套材料

名　称	包　装	用　量
基层处理剂(底子油)	180kg/桶	0.2kg/m²
氯丁系胶黏剂(如 404 胶等)	5kg/桶	0.3kg/m²
接缝嵌缝膏 CSPE-A	330mL/筒	20mL/筒

其他常见的还有再生橡胶改性沥青防水卷材、丁苯橡胶改性沥青防水卷材、PVC 改性煤焦油防水卷材等。

三、合成高分子防水卷材

合成高分子防水卷材是以合成橡胶、合成树脂或它们两者的共混体为基材,加入适量的化学助剂和填充料等,经过塑炼、混炼、压延或挤出成型、硫化、定型、检验、分卷及包装等工序加工制成的无胎防水材料。具有抗拉强度高、断裂延伸率大、抗撕裂强度好、耐热耐低温性能优良、耐腐蚀、耐老化、单层施工及冷作业等优点。它是继石油沥青防水卷材之后发展起来的性能更优的新型高档防水材料,目前成为仅次于沥青防水卷材的又一主体防水材料,在屋面、地下及水利工程中均有广泛应用,特别是在中、高档建筑物防水方面更显出其优异性。我国虽仅有十余年的发展史,但发展十分迅猛。现在可生产三元乙丙橡胶、丁基橡胶、氯丁橡胶、再生橡胶、聚氯乙烯、氯化聚乙烯和氯磺化聚乙烯等几十个品种。其总体的外观质量、规格和物理性能应分别符合表 9-18、表 9-19 和表 9-20 的要求。

表 9-18　合成高分子防水卷材外观质量

检测项目	判断标准
折痕	每卷不超过两处,总长度不超过 20mm
杂质	颗粒不允许大于 0.5mm
胶块	每卷不超过 6 处,每处面积不大于 4mm²
缺胶	每卷不超过 6 处,每处不大于 7mm,深度不超过本身厚度的 30%

表 9-19　合成高分子防水卷材规格

厚度/mm	宽度/mm	长度/m
1.0	≥1000	20
1.2	≥1000	20
1.5	≥1000	20
2.0	≥1000	10

表 9-20　合成高分子防水卷材的物理性能

指标名称		Ⅰ类	Ⅱ类	Ⅲ类
拉伸强度/MPa		≥7.0	≥2.0	≥9.0
断裂伸长率/%	加筋	—	—	≥10
	不加筋	≥450	≥100	—

（续）

指标名称		I 类	II 类	III 类
低温弯折性		−40℃	−20℃	
		无裂纹		
不透水性	压力/MPa	≥0.3	≥0.2	≥0.3
	保持时间/min	—	≥30	—
热老化保持率((80±2)℃,168h)	拉伸强度/%	≥80		
	断裂伸长率/%	≥70		

1. 三元乙丙橡胶防水卷材

三元乙丙橡胶防水卷材是以乙烯、丙烯和双环戊二烯三种单体共聚合成的三元乙丙橡胶为主体,掺入适量的丁基橡胶、硫化剂、促进剂、软化剂、补强剂和填充剂等,经密炼、拉片、过滤、挤出(或压延)成型、硫化、检验、分卷、包装等工序加工制成的高弹性防水材料。三元乙丙橡胶防水卷材,与传统的沥青防水材料相比,具有防水性能优异、耐候性好、耐臭氧及耐化学腐蚀性强、弹性和抗拉强度高,对基层材料的伸缩或开裂变形适应性强,质量轻,使用温度范围宽(−60~+120℃)、使用年限长(30~50年)、可以冷施工、施工成本低等优点。适宜高级建筑防水,单层使用,也可复合使用。施工用冷黏法或自黏法。其物理性能如表 9-21 所列。

表 9-21　三元乙丙橡胶防水卷材的物性要求

指标名称		JL1	JF1
断裂拉伸强度/MPa	常温	≥7.5	≥4.0
	60℃	≥2.3	≥0.8
扯断伸长率/%	常温	≥450	≥450
	−20℃	≥200	≥200
撕裂强度/(kN/m)		≥25	≥18
不透水性	压力/MPa	0.3	0.3
	保持时间/min	30	
低温弯折测试温度/℃		≤−40	≤−30
加热伸缩量/mm	延伸	<2	<2
	收缩	<4	<4
热空气老化(80℃×168h)	断裂拉伸强度保持率/%	≥80	≥90
	扯断伸长率保持率/%	≥70	≥70
	100%伸长率外观	无裂纹	无裂纹
耐碱性(10%Ca(OH)₂常温×168h)	断裂拉伸强度保持率/%	≥80	≥80
	扯断伸长率保持率/%	≥80	≥90
臭氧老化(40℃×168h)	伸长率为40%,5μg/g	无裂纹	无裂纹
	伸长率为20%,5μg/g	—	—
	伸长率为20%,2μg/g	—	—
	伸长率为20%,1μg/g	—	—

注:JL——硫化型三元乙丙;JFl——非硫化型三元乙丙。

2. 聚氯乙烯防水卷材

聚氯乙烯(PVC)防水卷材是以聚氯乙烯树脂为主要原料,加入一定量的稳定剂、增塑剂、改性剂、抗氧剂及紫外线吸收剂等辅助材料,经捏合、混炼、造粒、挤出或压延等工序制成的防水卷材,是我国目前用量较大的一种卷材。这种卷材具有较高的拉伸和撕裂强度,延伸率较大,耐老化性能好,耐腐蚀性强。其原料丰富,价格便宜,容易黏结,适用于屋面、地下防水工程和防腐工程。单层或复合使用,冷黏法或热风焊接法施工。

聚氯乙烯防水卷材,按有无复合层分类,无复合层的为 N 类、用纤维单面复合的为 L 类、织物内增强的为 W 类。每类产品按理化性能可分为 Ⅰ 型和 Ⅱ 型。

卷材长度规格为 10m、15m、20m。

卷材厚度规格为 1.2mm、1.5mm、2.0mm。

N 类聚氯乙烯防水卷材的物理力学性能应符合《聚氯乙烯防水卷材》(GB 12952—2011)的规定,如表 9-22 所列。

表 9-22 N 类聚氯乙烯防水卷材的物理力学性能

序号	指标名称		Ⅰ 型	Ⅱ 型
1	拉伸强度/MPa		≥8.0	≥12.0
2	断裂伸长率/%		≥200	≥250
3	热处理尺寸变化率/%		≤3.0	≤2.0
4	低温弯折性		−20℃无裂纹	−25℃无裂纹
5	抗穿孔性		不渗水	
6	不透水性		不透水	
7	剪切状态下的黏合力/(N/mm)		≥3.0	
8	热老化处理	外观	无起泡、裂纹、黏结和孔洞	
		拉伸强度变化率/%	±25	±20
		断裂伸长率变化率/%		
		低温弯折性	−15℃无裂纹	−20℃无裂纹
9	人工气候加速老化	拉伸强度变化率/%	±25	±20
		断裂伸长率变化率/%		
		低温弯折性/%	−15℃无裂纹	−20℃无裂纹
10	耐化学侵蚀	拉伸强度变化率/%	±25	±20
		断裂伸长率变化率/%		
		低温弯折性/%	−15℃无裂纹	−20℃无裂纹

L 类纤维单面复合及 W 类织物内增强卷材的物理力学性能应符合《聚氯乙烯防水卷材》(GB 12952—2011)的规定,如表 9-23 所列。

表 9-23 L 类及 W 类聚氯乙烯防水卷材的物理力学性能

序号	指标名称	Ⅰ 型	Ⅱ 型
1	拉力/(N/cm)	≥100	≥160
2	断裂伸长率/%	≥150	≥200
3	热处理尺寸变化率/%	≤1.5	≤1.0

（续）

序号	指标名称		Ⅰ型	Ⅱ型
4	低温弯折性		−20℃无裂纹	−25℃无裂纹
5	抗穿孔性		不渗水	
6	不透水性		不透水	
7	剪切状态下的黏合力/(N/mm)	L类	≥3.0	
		W类	≥6.0	
8	热老化处理	外观	无起泡、裂纹、黏结和孔洞	
		拉伸强度变化率/%	±25	±20
		断裂伸长率变化率/%		
		低温弯折性	−15℃无裂纹	−20℃无裂纹
9	人工气候加速老化	拉伸强度变化率/%	±25	±20
		断裂伸长率变化率/%		
		低温弯折性	−15℃无裂纹	−20℃无裂纹
10	耐化学侵蚀	拉伸强度变化率/%	±25	±20
		断裂伸长率变化率/%		
		低温弯折性	−15℃无裂纹	−20℃无裂纹

3. 氯化聚乙烯防水卷材

氯化聚乙烯防水卷材,是以含氯量为30%～40%的氯化聚乙烯树脂为主要原料,掺入适量的化学助剂和大量的填充材料,采用塑料(或橡胶)的加工工艺,经过捏合、塑炼及压延等工序加工而成,属于非硫化型高档防水卷材。

氯化聚乙烯防水卷材按有无复合层分类,无复合层的为N类、用纤维单面复合的为L类、织物内增强的为W类。每类产品按理化性能分为Ⅰ型和Ⅱ型。

卷材长度规格为10m、15m、20m。

卷材厚度规格为1.2mm、1.5mm、2.0mm。

N类无复合层氯化聚乙烯防水卷材的物理力学性能应符合《氯化聚乙烯防水卷材》(GB 12953—2003)的规定,如表9-24所列。

表9-24 N类无复合层氯化聚乙烯防水卷材的物理力学性能

序号	指标名称	Ⅰ型	Ⅱ型	
1	拉伸强度/MPa	≥5.0	≥8.0	
2	断裂伸长率/%	≥200	≥300	
3	热处理尺寸变化率/%	≤3.0	纵向	≤2.5
			横向	≤1.5
4	低温弯折性	−20℃无裂纹	−25℃无裂纹	
5	抗穿孔性	不渗水		
6	不透水性	不透水		
7	剪切状态下的黏合力/(N/mm)	≥3.0		

（续）

序号	指标名称			Ⅰ型	Ⅱ型
8	热老化处理		外观	无起泡、裂纹、黏结和孔洞	
			拉伸强度变化率/%	+50 −20	±20
			断裂伸长率变化率/%	+50 −30	±20
			低温弯折性	−15℃无裂纹	−20℃无裂纹
9	人工气候加速老化		拉伸强度变化率/%	+50 −20	±20
			断裂伸长率变化率/%	+50 −30	±20
			低温弯折性	−15℃无裂纹	−20℃无裂纹
10	耐化学侵蚀		拉伸强度变化率/%	±30	±20
			断裂伸长率变化率/%	±30	±20
			低温弯折性	−15℃无裂纹	−20℃无裂纹

L类纤维单面复合及 W 类织物内增强卷材的物理力学性能应符合《氯化聚乙烯防水卷材》（GB 12953—2003）的规定，如表 9-25 所列。

4. 氯化聚乙烯-橡胶共混防水卷材

氯化聚乙烯-橡胶共混防水卷材是以氯化聚乙烯树脂与合成橡胶为主体，加入硫化剂、促进剂、稳定剂、软化剂及填料等，经塑炼、混炼、过滤、压延或挤出成型及硫化等工序制成的防水卷材。

这类卷材既具有氯化聚乙烯的高强度和优异的耐久性，又具有橡胶的高弹性和高延伸性以及良好的耐低温性能。其性能与三元乙丙橡胶卷材相近，使用年限保证在 10 年以上，但价格却低得多。与其配套的氯丁胶黏剂，较好地解决了与基层黏结的问题。属中、高档防水材料，可用于各种建筑、道路、桥梁、水利工程的防水，尤其适用寒冷地区或变形较大的屋面。单层或复合使用，冷黏法施工。

表 9-25 L 类及 W 类氯化聚乙烯防水卷材的物理力学性能

序号	指标名称		Ⅰ型	Ⅱ型
1	拉力/（N/cm）		≥70	≥120
2	断裂伸长率/%		≥125	≥250
3	热处理尺寸变化率/%		≤1.0	
4	低温弯折性		−20℃无裂纹	−25℃无裂纹
5	抗穿孔性		不渗水	
6	不透水性		不透水	
7	剪切状态下的黏合力/（N/mm）	L类	≥3.0	
		W类	≥6.0	

（续）

序号	指标名称		Ⅰ型	Ⅱ型
8	热老化处理	外观	无起泡、裂纹、黏结和孔洞	
		拉力/（N/cm）	≥55	≥199
		断裂伸长率/%	100	200
		低温弯折性	-15℃无裂纹	-20℃无裂纹
9	人工气候加速老化	拉力/（N/cm）	≥55	≥199
		断裂伸长率/%	100	200
		低温弯折性	-15℃无裂纹	-20℃无裂纹
10	耐化学侵蚀	拉力/（N/cm）	≥55	≥199
		断裂伸长率/%	100	200
		低温弯折性	-15℃无裂纹	-20℃无裂纹

5. 氯磺化聚乙烯防水卷材

氯磺化聚乙烯防水卷材是以氯磺化聚乙烯橡胶为主，加入适量的软化剂、交联剂、填料、着色剂后，经混炼、压延或挤出、硫化等工序加工而成的弹性防水卷材。

氯磺化聚乙烯防水卷材的耐臭氧、耐老化、耐酸碱等性能突出，且拉伸强度高、耐高低温性好、断裂伸长率高，对防水基层伸缩和开裂变形的适应性强，使用寿命为15年以上，属于中高档防水卷材。氯磺化聚乙烯防水卷材可制成多种颜色，用这种彩色防水卷材做屋面外露防水层可起到美化环境的作用。氯磺化聚乙烯防水卷材特别适用于有腐蚀介质影响的部位做防水与防腐处理，也可用于其他防水工程。

氯磺化聚乙烯防水卷材的技术要求主要有不透水性、断裂伸长率、低温柔性及拉伸强度等。

第三节　建筑防水涂料

建筑防水涂料在常温下呈液态或无固定形状黏稠体，涂刷在建筑物表面后，由于水分或溶剂挥发，或成膜物组分之间发生化学反应，形成一层完整坚韧的膜，使建筑物的表面与水隔绝起防水密封作用。有的防水涂料还兼具装饰功能或隔热功能。

一、防水涂料的特点与分类

防水涂料大致有以下几个特点。

（1）整体防水性好。能满足各类屋面、地面、墙面防水工程的要求。在基材表面形状复杂的情况下，如管道根、阴阳角处等，涂刷防水涂料较易满足使用要求。为了增加强度和厚度，还可以与玻璃布、无纺布等增强材料复合作用，如一布四涂、二布六涂等，更增强了防水涂料的整体防水性和抵抗基层变形的能力。

（2）温度适应性强。因为防水涂料的品种多，用户选择余地很大，可以满足不同地区气候环境的需要。防水涂层在-30℃低温下不开裂，在80℃高温下不流淌。溶剂型涂料可在负温下施工。

（3）操作方便，施工速度快。涂料可喷可刷，节点处理简单，容易操作。水乳型涂料在基材稍潮湿的条件下仍可施工。冷施工不污染环境，比较安全。

（4）易于维修。当屋面发生渗漏时，不必完全铲除整个旧防水层，只需在渗漏部位进行局部修理，或在原防水层上重做一层防水处理。

防水涂料目前主要按成膜物质分类。大致可分为三类：第一类是沥青与改性沥青防水涂料，按所用分散介质又可分为水乳型和溶剂型两种；第二类是合成树脂和橡胶系防水涂料，按所用的分散介质也可分为溶剂型和水乳型两种；第三类是无机系防水材料，如水泥类、无机铝盐类等。其中以粉末形式存放的都在现场配制。

根据涂层外观又可分为薄质防水涂料和厚质防水涂料。前者常温时为液体，具有流平性；后者常温时为膏状或黏稠体，不具有流平性。

二、水乳型沥青基防水涂料

水乳型沥青基防水涂料是以水为介质，采用化学乳化剂和（或）矿物乳化剂制得的沥青基防水涂料。产品按性能可分为 H 型和 L 型，其技术性能符合《水乳型沥青基防水涂料》（JC/T 408—2005）要求，如表 9-26 所列。

水乳型沥青基防水涂料，施工安全不污染环境。施工应用特点如下。

（1）施工温度一般要求在 0℃以上，最好在 5℃以上；储存和施工时防止受冻。

（2）对基层表面的含水率要求不很严格，但应无明水，下雨天不能施工，下雨前 2h 也不能施工。

（3）不能与溶剂型防水涂料混用，也不能在料桶中混入油类溶剂，以免破乳影响涂料质量。施工时应注意涂料产品的使用要求，以便保证施工质量。

表 9-26　水乳型沥青基防水涂料物理力学性能

指标名称		L 型	H 型
固体含量/%		≥45	
耐热性		(80±2)℃	(110±2)℃
		无流淌、滑动、滴落	
不透水性		0.10MPa，30min 无渗水	
黏结强度/MPa		≥0.30	
表干时间/h		≤8	
实干时间/h		≤24	
低温柔性[①]测试温度/℃	标准条件	−15	0
	碱处理	−10	5
	热处理		
	紫外线处理		
断裂伸长率/%	标准条件	≥600	
	碱处理		
	热处理		
	紫外线处理		
①供需双方可以商定温度更低的低温柔度指标。			

三、溶剂型沥青防水涂料

溶剂型沥青防水涂料由沥青、溶剂、改性材料和辅助材料所组成,主要用于防水、防潮和防腐,其耐水性、耐化学侵蚀性均好,涂膜光亮平整,丰满度高。主要品种有冷底子油、再生橡胶沥青防水涂料、氯丁橡胶沥青防水涂料和丁基橡胶沥青防水涂料等。其中,除冷底子油不能单独用作防水涂料,仅作为基层处理剂以外,其他均为较好的防水涂料。具有弹性大、延伸性好、抗拉强度高,能适应基层的变形,并有一定的抗冲击和抗老化性。但由于使用有机溶剂,不仅在配制时易引起火灾,且施工时要求基层必须干燥。由于有机溶剂挥发时还会引起环境污染,加之目前溶剂价格不断上扬,因此,除特殊情况外,已较少使用。近年来,着力发展的是水性沥青防水涂料。

四、合成树脂和橡胶系防水涂料

它属于合成高分子防水涂料,是以合成橡胶或合成树脂为主要成膜物质,加入其他辅料而配制成的单组分或多组分防水涂膜材料。此种涂料的产品质量应符合表 9-27 的要求。

表 9-27　合成树脂和橡胶系防水涂料

指标名称		Ⅰ类	Ⅱ类
固体含量/%		≥94	≥65
拉伸强度/MPa		≥1.65	≥0.5
断裂延伸率/%		≥300	≥400
柔性		-30℃、弯折无裂纹	-20℃、弯折无裂纹
不透水性	压力/MPa	≥0.3	≥0.3
	保持时间	≥30min 不渗透	≥30min 不渗透
注:Ⅰ类为反应固化型防水涂料;Ⅱ类为挥发固化型防水涂料。			

合成树脂和橡胶系防水涂料的品种很多,但目前应用比较多的主要有以下几种。

1. 聚氨酯防水涂料

聚氨酯防水涂料有单组分(S)和多组分(M)两种。其中单组分涂料的物理性能和施工性能均不及双组分涂料,故我国自 20 世纪 80 年代聚氨酯防水涂料研制成功以来,主要应用双组分聚氨酯防水涂料。双组分聚氨酯防水涂料产品,由甲、乙组分组成,甲组分是聚氨酯预聚体,乙组分是固化剂等多种改性剂组成的液体;两者按一定的比例混合均匀,经过固化反应,形成富有弹性的整体防水膜。

聚氨酯防水涂料按拉伸性能分为Ⅰ型、Ⅱ型聚氨酯防水涂料。

这两类聚氨酯防水涂料形成的薄膜具有优异的耐候性、耐油性、耐碱性、耐臭氧性以及耐海水侵蚀性,使用寿命为 9~15 年,而且强度高、弹性好、延伸率大(可达 350%~500%)。其物理性能应符合《聚氨酯防水涂料》(GB/T 19250—2003)标准,如表 9-28 和表 9-29 所列。

聚氨酯防水涂料与混凝土、马赛克、大理石、木材、钢材、铝合金黏结良好,且耐久性较好。并且聚氨酯防水涂料色浅,可制成铁红、草绿、银灰等彩色涂料,涂膜反应速度易于控制,属于高档防水涂料。主要用于中高级建筑的屋面、外墙、地下室、卫生间、储水池及屋顶花园等防水工程。

表9-28 单组分聚氨酯防水涂料物理力学性能

序号	指标名称		I 型	II 型
1	拉伸强度/MPa		≥1.9	≥2.45
2	断裂时的延伸率/%		≥550	≥450
3	撕裂强度/(N/mm)		≥12	≥14
4	低温弯折测试温度		≤-40℃	
5	不透水性		0.3MPa、30min 不透水	
6	固体含量/%		≥80	
7	表干时间/h		≤12	
8	实干时间/h		≤24	
9	加热伸缩率/%		≤1.0	
			≥-4.0	
10	潮湿基面黏结强度①/MPa		≥0.50	
11	定伸时老化	加热老化	无裂纹及变形	
		人工气候老化②	无裂纹及变形	
12	热处理	拉伸强度保持率/%	80~150	
		断裂伸长率/%	≥500	≥400
		低温弯折测试温度/℃	≤-35	
13	碱处理	拉伸强度保持率/%	60~150	
		断裂伸长率/%	≥500	≥400
		低温弯折测试温度/℃	≤-35	
14	酸处理	拉伸强度保持率/%	80~150	
		断裂伸长率/%	≥500	≥400
		低温弯折测试温度/℃	≤-35	
15	人工气候老化②	拉伸强度保持率/%	80~150	
		断裂伸长率/%	≥500	≥400
		低温弯折测试温度/℃	≤-35	

①仅在地下工程处于潮湿基面时作此要求;
②仅用于外露使用的产品。

表9-29 多组分聚氨酯防水涂料物理力学性能

序号	指标名称	I 型	II 型
1	拉伸强度/MPa	≥1.9	≥2.45
2	断裂时的延伸率/%	≥450	≥450
3	撕裂强度/(N/mm)	≥12	≥14
4	低温弯折测试温度/℃	≤-35	
5	不透水性	0.3MPa、30min 不透水	

（续）

序号	指标名称		Ⅰ型	Ⅱ型
6	固体含量/%		≥92	
7	表干时间/h		≤12	
8	实干时间/h		≤24	
9	加热伸缩率/%		≤1.0	
			≥-4.0	
10	潮湿基面黏结强度①/MPa		≥0.50	
11	定伸时老化	加热老化	无裂纹及变形	
		人工气候老化②	无裂纹及变形	
12	热处理	拉伸强度保持率/%	80～150	
		断裂伸长率/%	≥400	
		低温弯折测试温度/℃	≤-30	
13	碱处理	拉伸强度保持率/%	60～150	
		断裂伸长率/%	≥400	
		低温弯折测试温度/℃	≤-30	
14	酸处理	拉伸强度保持率/%	80～150	
		断裂伸长率/%	≥400	
		低温弯折测试温度/℃	≤-30	
15	人工气候老化②	拉伸强度保持率/%	80～150	
		断裂伸长率/%	≥400	
		低温弯折测试温度/℃	≤-30	

①仅用于地下工程潮湿基面时要求；
②仅用于外露使用的产品。

2. 丙烯酸酯防水涂料

丙烯酸酯防水涂料是以丙烯酸树脂乳液为主,加入适量的颜料、填料等配制而成的水乳型防水涂料。具有耐高低温性好、不透水性强、无毒、无味、无污染、操作简单等优点,可在各种复杂的基层表面上施工,并具有白色、多种浅色、黑色等,使用寿命为 10～15 年。丙烯酸酯防水涂料广泛应用于外墙防水装饰及各种彩色防水层。丙烯酸酯防水涂料的缺点是延伸率较小,为此可加入合成橡胶乳液予以改性,使其形成橡胶状弹性涂膜。丙烯酸酯防水涂料按产品的理化性能分为Ⅰ型和Ⅱ型,其性能指标如表 9-30 所列。

表 9-30　丙烯酸酯防水涂料的性能指标

序号	指标名称	Ⅰ型	Ⅱ型
1	断裂伸长率/%	>400	>300
2	抗拉强度/MPa	>0.5	>1.6
3	黏结强度/MPa	>1.0	>1.2
4	低温弯折测试温度/℃	-20	
5	固含量/%	>65	

（续）

序号	指标名称	Ⅰ型	Ⅱ型
6	耐热性	80℃、5h 合格	
7	表干时间/h	4	
8	实干时间/h	20	

3. 硅橡胶防水涂料

硅橡胶防水涂料是以硅橡胶乳液以及其他乳液的复合物为基料，掺入无机填料及各种助剂配制而成的乳液型防水涂料。该涂料兼有涂膜防水和渗透性防水材料的优良特性，具有良好的防水性、渗透性、成膜性、弹性、黏结性、延伸性、耐高低温性、抗裂性、耐氧化性和耐候性。并且无毒、无味、不燃、使用安全。适用于地下室、卫生间、屋面以及地上地下构筑物的防水防渗和渗漏水修补等工程。

硅橡胶防水涂料由冶金部建筑研究总院研制生产，于1991年列入建设部科技成果重点推广项目。

硅橡胶防水涂料共有Ⅰ型涂料和Ⅱ型涂料两个品种。Ⅱ型涂料加入了一定量的改性剂，以降低成本，但性能指标除低温韧性略有升高以外，其余指标与Ⅰ型涂料都相同。Ⅰ型涂料和Ⅱ型涂料均由1号涂料和2号涂料组成，涂布时进行复合使用，1号、2号均为单组分，1号涂布于底层和面层，2号涂布于中间加强层。硅橡胶建筑防水涂料的物理性能如表9-31所列。

表9-31　硅橡胶建筑防水涂料的物理性能

指标名称		Ⅰ型	Ⅱ型
外观（均匀、细腻、无杂质、无结皮）		乳白色	
固体含量/%	1号胶	≤40	
	2号胶	≤60	
固化时间/h	表干:1号、2号胶	≤1	
	实干:1号、2号胶	10	
黏结强度，1号胶与水泥砂浆基层的黏结力/MPa		≥0.4	
抗裂性（涂膜厚0.5~0.8mm，当基层裂缝小于2.5mm时）		涂膜无裂缝	
扯断强度/MPa		≥1.0	
扯断伸长率/%		≥420	
低温柔性（绕φ10mm圆棒）		−30℃不裂	−20℃不裂
耐热性，延伸率保持率(80℃，168h)/%		≥80，外观合格	
耐湿性，延伸率保持率/%		≥80，外观合格	
耐老化，延伸率保持率/%		≥80，外观合格	
耐碱性，延伸率保持率/%（饱和 Ca(OH)$_2$ 和 0.1NaOH 混合溶液浸泡 15d，恒温 15℃）		≥80，外观合格	
不透水性（涂膜厚1mm）		压力≥0.3MPa，保持时间为0.5h	

五、无机防水涂料和有机无机复合防水涂料

1. 水泥基高效无机防水涂料

水泥基高效无机防水涂料,大都是一类固体粉末状无机防水涂料。使用时,有的需加砂和水泥,再加水配制涂料;有的直接加水配成涂料。无毒、无味、无污染、不燃、耐腐蚀、黏结力强(能与砖、石、混凝土、砂浆等结合成牢固的整体,涂膜不剥落、不脱离),防水、抗渗及堵漏功能强;在潮湿面上能施工。操作简单,背水面、迎水面都有同样效果。适合于新老屋面、墙面、地面、卫生间和厨房的堵漏防水及各种地下工程、水池等堵漏防水和抗渗防潮,还可以粘贴瓷砖和马赛克等材料。主要研制生产单位有中国建筑工程材料科学研究院水泥所等。

2. 溶剂型铝基反光隔热涂料

该涂料适用于各种沥青材料的屋面防水层,起反光隔热和保护作用;涂刷在工厂架空管道保温层表面起装饰保护作用;在金属瓦楞板、纤维瓦楞板、白铁泛水及天沟等表面涂刷,起防锈防腐作用。其技术性能:外观为银白色漆状液体,黏度为 $25\sim50s$,遮盖力为 $60g/m^2$,附着力为 100%。生产厂家有上海市建筑防水材料厂等。

3. 水泥基渗透结晶型防水材料(适用《水泥基渗透结晶型防水材料》(GB 18445—2012)标准)

水泥基渗透结晶型防水涂料是以普通硅酸盐材料为基料,掺有多种特殊的活性化学物质的粉末状材料。其中的活性化学物质能利用混凝土本身固有的化学特性及多孔性,在水的引导下,以水为载体,借助强有力的渗透作用,在混凝土微孔及毛细管中随水压逆向进行传输、充盈,催化混凝土内微粒再次发生水化作用,而形成不溶于水的枝蔓状结晶体,封堵混凝土中微孔和毛细管及微裂缝,并与混凝土结合成严密的整体,从而使来自任何方向的水及其他液体都被堵住和封闭,达到永久性的防水、防潮目的。

性能特点如下。

(1)能穿透深入混凝土中的毛细管地带及收缩裂缝,增强混凝土的抗渗性能。

(2)在表面受损的情况下,其防水及抗化学特性仍能保持不变,具有对毛细裂缝的自修复功能。

(3)与混凝土、砖块、灰浆及石质材料均 100%相容。

(4)不影响混凝土透气,不让水蒸气积聚,使混凝土保持全面干爽。

(5)无毒、无害、无味、无污染,可安全应用于饮水和食品工业建筑结构。

(6)可在迎水面或背水面施工,也可在混凝土初凝潮湿时直接干撒,随结构一起养护。

大底板浇捣前 2h 的干撒,无需养护便可达到同样效果。可在 48h 后回填。当进行回填土、轧钢筋、强化网或其他惯常程序时,无须做保护层。

4. 聚合物水泥防水涂料

聚合物水泥防水涂料(简称 JS 防水涂料)是近年来发展较快,应用广泛的新型建筑防水材料。该涂料以丙烯酸等聚合物乳液和水泥为主要原料,加入其他外加剂制得的双组分水性建筑防水涂料,可在干燥或稍潮湿的砖石、砂浆、混凝土、金属、木材、硬塑料、玻璃、石膏板、泡沫板、沥青、橡胶及 SBS、APP、聚氨酯等防水材料基面上施工,对于新旧建

筑物(房屋、地下工程、隧道、桥梁、水池、水库等)均可使用。同时,也可用作胶黏剂及外墙装饰涂料。

产品分为Ⅰ型和Ⅱ型两种,Ⅰ型是以聚合物为主的防水涂料,主要用于非长期浸水环境下的建筑防水工程;Ⅱ型是以水泥为主的防水涂料,适用于长期浸水环境下的建筑防水工程。物理力学性能应符合《玻璃纤维增强水泥(GRC)外墙内保温板》(JC/T 893—2001)的要求,如表9-32所列。

表9-32 聚合物水泥防水涂料物理力学性能

序号	指标名称		Ⅰ型	Ⅱ型
1	固体含量/%		≥65	
2	干燥时间	表干时间/h	≤4	
		实干时间/h	≤8	
3	拉伸强度	无处理时的拉伸强度/MPa	≥1.2	≥1.8
		加热处理后保持率/%	≥80	≥80
		碱处理后保持率/%	≥70	≥80
		紫外线处理后保持率/%	≥80	≥80①
4	断裂伸长率	无处理时的断裂伸长率/MPa	≥200	≥80
		加热处理后保持率/%	≥150	≥65
		碱处理后保持率/%	≥140	≥65
		紫外线处理后保持率/%	≥80	≥80①
5	低温柔性(φ10mm 圆棒)		-10℃无裂纹	—
6	不透水性(0.3MPa,30min)		不透水	不透水①
7	潮湿基面黏结强度/MPa		≥0.5	≥1.0
8	抗渗性(背水面)②/MPa		—	≥0.6
①如产品用于地下工程,该项目可不测试; ②如产品用于地下防水工程,该项目必须测试。				

第四节 防水密封材料

防水密封材料是指嵌填于建筑物接缝、裂缝、门窗框和玻璃周边以及管道接头处起防水密封作用的材料。此类材料应具有弹塑性、黏结性、施工性、耐久性、延伸性、水密性、气密性、储存及耐化学稳定性,并能长期经受抗拉与压缩或振动的疲劳性能而保持黏附性。

防水密封材料分为定型密封材料(密封带、密封条止水带等)与不定型密封材料(密封膏)。

一、不定型密封材料

不定型密封材料通常为膏状材料,俗称密封膏或嵌缝膏。该类材料应用非常广泛,如屋面、墙体等建筑物的防水堵漏,门窗的密封及中空玻璃的密封等。与定型密封材料配合使用既经济又有效。

不定型密封材料的品种很多,仅建筑窗用弹性密封胶就包括硅酮、改性硅酮、聚硫、聚氨酯、丙烯酸、丁基、丁苯和氯丁等合成高分子材料为基础的弹性密封胶(不包括塑性体或以塑性为主要特征的密封剂及密封腻子。也不包括水下、防火等特种门窗密封胶和玻璃胶黏剂)。建筑窗用弹性密封胶的物理力学性能必须符合《建筑窗用弹性密封胶》(JC/T 485—2007)的要求,如表9-33所列。

表9-33 建筑窗用弹性密封胶的物理力学性能要求

序号	指标名称		1级	2级	3级
1	密度/(g/cm^3)		\multicolumn{3}{c|}{规定值±0.1}		
2	挤出速率/(mL/min)		≥50		
3	适用期/h		≥3		
4	表干时间/h		≤24	≤48	≤72
5	下垂度/mm		≤2		
6	拉伸黏结强度/MPa		≤0.40	≤0.50	≤0.60
7	低温储存稳定性①		无凝胶、离析现象		
8	初期耐水性①		不产生混浊		
9	污染性①		不产生污染		
10	热空气-水循环后定伸率/%		100	60	25
11	水-紫外线辐照后定伸率/%		100	60	25
12	低温柔性测试温度/℃		−30	−20	−10
13	热空气-水循环后弹性恢复率/%		≥60	≥30	≥5
14	拉伸-压缩循环性能	耐久性等级	9030	8020、7020	7010、7005
		黏结破坏面积/%	≤25		

①仅对乳液品种产品。

1. 改性沥青基嵌缝油膏

改性沥青基嵌缝油膏是以石油沥青为基料,加入橡胶改性材料及填充料等混合制成的冷用膏状材料。油膏按耐热和低温柔性分为702和801两个标号,具有优良的防水防潮性能,黏结性好,延伸率高,能适应结构的适当伸缩变形,能自行结皮封膜。可用于嵌填建筑物的水平、垂直缝及各种构件的防水,使用很普遍。

2. 聚氯乙烯建筑防水接缝材料

聚氯乙烯建筑防水材料是以聚氯乙烯树脂为基料,加以适量的改性材料及其他添加剂配制而成的(简称PVC接缝材料),按耐热性(80℃)和低温柔性(分-10℃和-20℃)分为801和802两个型号;按施工工艺分为热塑型和热熔型两种。通常称热塑型为聚氯乙烯胶泥(J型);热熔型为塑料油膏(G型)。聚氯乙烯胶泥和塑料油膏是由煤焦油和聚氯乙烯树脂和增塑剂及其他填料加热塑化而成。胶泥是橡胶状弹性体,塑料油膏是在此基础上改进的热施工塑性材料,施工使用热熔后成为黑色的黏稠体。其特点是耐温性好,使用温度范围广,适合我国大部分地区的气候条件和坡度;黏结性好,延伸回复率高,耐老化,对钢筋无锈蚀,适用于各种建筑、构筑物的防水、接缝。

聚氯乙烯胶泥和塑料油膏原料易得,价格较低,除适用于一般性建筑嵌缝外,还适用于有硫酸、盐酸、硝酸和氢氧化钠等腐蚀性介质的屋面工程和地下管道工程。

3. 丙烯酸酯建筑密封膏

丙烯酸酯建筑密封膏是以丙烯酸乳液为胶黏剂,掺入少量表面活性剂、增塑剂、改性剂及颜料、填料等配制而成的单组分水乳型建筑密封膏。这种密封膏具有优良的耐紫外线性能和耐油性、黏结性、延伸性、耐低温性、耐热性和耐老化性能,并且以水为稀释剂,黏度较小,无污染、无毒、不燃,安全可靠,价格适中,可配成各种颜色,操作方便,干燥速度快,保存期长;但固化后有15%~20%的收缩率,应用时应予事先考虑。该密封膏应用范围广泛,可用于钢、铝、混凝土、玻璃和陶瓷等材料的嵌缝防水以及用作钢窗、铝合金窗的玻璃腻子等,还可用于各种预制墙板、屋面板、门窗和卫生间等的接缝密封防水及裂缝修补。

我国制定了《丙烯酸酯建筑密封膏》(JC/T 484—2006)行业标准。产品系列代号为"AC",按拉伸-压缩循环性能,有7020、7010和7005三个级别,分为优等品、一等品和合格品。产品外观应为无结块、无离析且均匀细腻的膏状体。产品颜色以供需双方商定的色标为准,应无明显差别。产品理化性能应符合《丙烯酸酯建筑密封膏》(JC/T 484—2006)的要求,如表9-34所列。

表9-34 丙烯酸酯建筑密封膏理化性能要求

序号	指标名称		优等品	一等品	合格品
1	密度/(g/cm^3)		规定值±0.1		
2	挤出性/(mL/min)		≥100		
3	表干时间/h		≤24		
4	渗出性指数		≤3		
5	下垂度/mm		≤3		
6	初期耐水性		无浑浊液		
7	低温储存稳定性		不凝固、离析		
8	收缩率/%		≤30		
9	低温柔性测试温度/℃		-20	-30	-40
10	黏结拉伸强度/MPa		0.02~0.15		
11	最大伸长率/%		≥400	≥250	≥150
12	弹性恢复率/%		≥75	≥70	≥65
13	拉伸-压缩循环性能	级别	7020	7010	7005
		平均破坏面积/%	≤25		

4. 聚氨酯建筑密封胶

聚氨酯建筑密封胶是由多异氰酸酯与聚醚通过加聚反应制成预聚体后,加入固化剂、助剂等在常温下交联固化成的高弹性建筑用密封膏。这类密封膏分单、双组分两种规格。我国制定的《聚氨酯建筑密封胶》(JC/T 482—2003)行业标准,适用于以氨基甲酸酯聚合物为主要成分的单组分(Ⅰ)和多组分(Ⅱ)建筑密封胶。按产品的流动性分为非下垂型(N)和自流平型(L)两类。按拉伸模量分为高模量(HM)和低模量(LM)两个次级别。产品外观应为细腻、均匀膏状物或黏稠液,不应有气泡,无结皮凝胶或不易分散的固体物。

聚氨酯建筑密封胶的理化性能必须符合《聚氨酯建筑密封胶》(JC/T 482-2003)的规定,如表9-35所列。

表9-35　聚氨酯建筑密封胶的物理力学性能

序号	指标名称		20HM	25LM	20LM
1	密度/(g/cm³)		规定值±0.1		
2	挤出速率①/(mL/min)		≥80		
3	适用期②/h		≥1		
4	流动性	下垂度(N型)/mm	≤3		
		流平性(L型)	光滑平整		
5	表干时间/h		≤24		
6	弹性恢复率/%		≥70		
7	拉伸模量/MPa	23℃	>0.4 或>0.6	>0.4 和>0.6	
		−20℃			
8	定伸黏结性		无破坏		
9	浸水后定伸黏结性		无破坏		
10	冷拉-热压后的黏结性		无破坏		
11	质量损失率/%		≤7		

①此项仅适用于单组分产品;
②此项仅适用于多组分产品,允许采用供需双方商定的其他指标值。

这类密封胶弹性高、延伸率大、黏结力强、耐油、耐磨、耐酸碱、抗疲劳性和低温柔性好,使用年限长。适用于各种装配式建筑的屋面板、楼地板、墙板、阳台、门窗框和卫生间等部位的接缝及施工密封,也可用于储水池、引水渠等工程的接缝密封、伸缩缝的密封和混凝土修补等。

5. 聚硫建筑密封胶

聚硫建筑密封胶是以液态聚硫橡胶为基料和金属过氧化物等硫化剂反应,在常温下形成的弹性体,有单组分和双组分两类。我国制定了双组分型《聚硫建筑密封胶》(JC/T 483—2006)的行业标准。产品按流动性分为非下垂型(N)和自流平型(L)两个类型;按位移能力分为25、20两个级别;按拉伸模量分为高模量(HM)和低模量(LM)两个次级别。产品性能应符合《聚硫建筑密封胶》(JC/T 483—2006)的规定,如表9-36所列。这类密封膏具有优良的耐候性、耐油性、耐水性和低温柔性,能适应基层较大的伸缩变形,施工适用期可调整,垂直使用不流淌,水平使用时有自流平性,属于高档密封材料。除适用于标准较高的建筑密封防水外,还用于高层建筑的接缝及窗框周边防水、防尘密封;中空玻璃、耐热玻璃周边密封;游泳池、储水槽、上下管道以及冷库等接缝密封。

表9-36　聚硫建筑密封胶的物理力学性能

序号	指标名称		20HM	25LM	20LM
1	密度/(g/cm³)		规定值±0.1		
2	流动性	下垂度(N型)/mm	≤3		
		流平性(L型)	光滑平整		

（续）

序号	指标名称		20HM	25LM	20LM
3	表干时间/h		≤24		
4	适用期/h		≥2		
5	弹性恢复率/%		≥70		
6	拉伸模量/MPa	23℃	>0.4 或>0.6	>0.4 和>0.6	
		-20℃			
7	定伸黏结性		无破坏		
8	浸水后定伸黏结性		无破坏		
9	冷拉-热压后黏结性		无破坏		
10	质量损失率/%		≤5		

注:适用期允许采用供需双方商定的其他指标值。

6. 有机硅密封膏

有机硅密封膏分为单组分与双组分两种。单组分硅橡胶密封膏是以有机硅氧烷聚合物为主,加入硫化剂、硫化促进剂、增强填料和颜料等成分组成;双组分的主剂虽与单组分相同,而硫化剂及其机理却不同。该类密封膏具有优良的耐热性、耐寒性和优良的耐候性。硫化后的密封膏可在-20~250℃范围内长期保持高弹性和拉压循环性。并且黏结性能好,耐油性、耐水性和低温柔性优良,能适应基层较大的变形,外观装饰效果好。

按硫化剂种类,单组分型有机硅密封膏又分为醋酸型、醇型、酮肟型等。模量分为高、中、低三档。高模量有机硅密封膏主要用于建筑物结构型密封部位,如高层建筑物大型玻璃幕墙黏结密封,建筑物门、窗、柜周边密封等。中模量的有机硅密封膏,除了具有极大伸缩性的接缝不能使用外,在其他场合都可以使用。低模量有机硅密封膏主要用于建筑物的密封部位,如预制混凝土墙板的外墙接缝、卫生间的防水密封等。有机硅密封膏的性能指标见表9-37和表9-38。

表9-37 单组分有机硅橡胶密封膏性能指标

指标名称	高模量		中模量	低模量
	醋酸型	醇型	醇型	酰胺型
颜色	透明、白、黑、棕、银灰		白、黑、棕、银灰	
稠度	不流动,不崩塌		不流动,不崩塌	
操作时间/min	7~10	20~30	30	
指干时间/min	30~60	120		
完全硫化时间/h	7	7	2	
抗拉强度/MPa	2.5~4.5	2.5~4.0	1.5~4.0	1.5~2.5
延伸率/%	100~200	100~200	200~600	
硬度(邵氏 A)	30~60	30~60	15~45	
永久变形率/%	<5	<5	<5	

注:为成都有机硅应用研究中心产品性能。

表 9-38 双组分有机硅密封膏性能指标

指标名称	QD231	QD233	X-1	S-S	生产单位（包括单组分产品）
外观	无色透明	白(可调色)	白(可调色)		北京化工二厂；北京建工研究院；广东省江门市精普化工实业有限公司；成都有机硅应用研究中心；上海橡胶制品研究所；化学工业部星光化工院一分院
流动性	流动性好	不流动	不流动		
抗拉强度/MPa	4~5	4~6	1.2~1.8	0.85~2.0	
延伸率/%	200~250	350~500	400~600	150~300	
硬度(邵氏A)	40~50	50		40~50	
模量	高	高	低		
黏结性	良好	良好	良好		
表干时间/h				7	
施工期/h				≥3	
低温柔性测试温度/℃				-40	
密度/(g/cm³)				1.36	

注：QD231、QD233 和 X-1 为北京化工二厂产品；S-S 为北京市建研院产品。

二、定型密封材料

将具有水密、气密性能的密封材料按基层接缝的规格制成一定形状(条状、环状等)，以便于对构件接缝、穿墙管接缝、门窗框密封、伸缩缝、沉降缝及施工缝等结构缝隙进行防水密封处理的材料称为定型密封材料。有遇水非膨胀型定型密封材料和遇水膨胀型定型密封材料两类。这两类密封材料的共同特点如下。

①具有良好的弹塑性和强度，不会由于构件的变形、振动、移位而发生脆裂和脱落。
②具有良好的防水、耐热及耐低温性能。
③具有良好的拉伸、压缩和膨胀、收缩及回复性能。
④具有优异的水密、气密及耐久性能。
⑤定型尺寸精确，应符合要求；否则影响密封性能。

1. 遇水非膨胀型定型密封材料
1) 聚氯乙烯胶泥防水带

聚氯乙烯胶泥防水带是以煤焦油和聚氯乙烯树脂为基料，按一定比例加入增塑剂、稳定剂和填充料，混合后再加热搅拌，在130~140℃温度下塑化成型，有一定的规格，即为聚氯乙烯胶带，与钢材有良好的黏结性。其防水性能好，弹性大，高温不流，低温不脆裂，能适应大型墙板因荷重和温度变化等原因引起的构型变形，可用于混凝土墙板的垂直和水平接缝的防水工程，以及建筑墙板、屋面板、穿墙管、厕浴间等建筑接缝密封防水。其主要性能指标见表9-39。

表 9-39　聚氯乙烯胶泥防水带的性能指标

指标名称	指标数据	主要生产单位
抗拉强度	20℃时,>0.5MPa;-25℃时,>1MPa	上海汇丽化学建材总厂; 湖南湘潭市新型建筑工程材料厂
延伸率/%	>200	
粘接强度/MPa	>0.1	
耐热温度/℃	>80	
长度/m	1~2	
截面尺寸/cm×cm	2×3	
注:规格尺寸也可以按具体要求进行加工。		

2) 塑料止水带

塑料止水带是以聚氯乙烯树脂、增塑剂、稳定剂和防老剂等原料,经塑炼、挤出和成型等工艺加工而成的带状防水隔离材料。其特点是原料充足、成本低廉、耐久性好、强度高、生产效率高,物理力学性能满足使用要求,可节约相同用途的橡胶止水带和紫铜片。用于工业与民用建筑地下防水工程、隧道、涵洞、坝体、溢洪道和沟渠等水工构筑物的变形缝隔离防水。

3) 止水橡皮和橡皮止水带

止水橡皮和橡皮止水带采用天然橡胶或合成橡胶及优质添加剂为基料压制而成。品种规格很多,有 P 型、R 型、Φ 型、U 型、Z 型、L 型、J 型、H 型、E 型、Ω 型、桥型和山型等。另外,还可按具体要求规格制作。其特点是具有良好的弹性、耐磨、耐老化和撕裂性能,适应结构变形能力强,防水好,是水电工程、堤坝、涵洞、农用水利、建工构件、人防工事等防止漏水、渗水、减震缓冲、坚固密封、保证工程及其设备正常运转不可缺少的部件。

2. 遇水膨胀型定型密封材料

该材料是以改性橡胶为主要原料(以多种无机及有机吸水材料为改性剂)而制成的一种新型条状防水止水材料。改性后的橡胶除保持原有橡胶防水制品优良的弹性、延伸性和密封性以外,还具有遇水膨胀的特性。当结构变形量超过止水材料的弹性复原时,结构和材料之间就会产生一道微缝,膨胀止水条遇到缝隙中的渗漏水后,其体积能在短时间内膨胀,将缝隙胀填密实,阻止渗漏水通过。所以,膨胀止水条能在其膨胀倍率范围内起到防水止水的作用。

1) SWER 水膨胀橡胶

SWER 水膨胀橡胶是以改性橡胶为基本材料制成的一种新型防水材料。其特点是既具有一般橡胶制品优良的弹性、延伸性和反压缩变形能力,又能遇水膨胀,膨胀率可在100%~500%之间调节,而且不受水质影响。它还有优良的耐水性、耐化学性和耐老化性,可以在很广的温度范围内发挥防水效果;同时,可根据用户需要制成各种不同形状的密封嵌条或密封卷,可以与其他橡胶复合制成复合型止水材料。适用于工农业给排水工程,铁路、公路、水利工程及其他工程中的变形缝、施工缝、伸缩缝、各种管道接缝及工业制品在接缝处的防水密封。

2) SPJ 型遇水膨胀橡胶

SPJ 型遇水膨胀橡胶采用亲水性聚氨酯和橡胶为原料,用特殊方法制得的结构型遇水膨胀橡胶。在膨胀率100%～200%内能起到以水止水的作用。遇水后,体积得到膨胀,并充满整个接缝内不规则基面、空穴及间隙,同时产生一定的接触压力足以阻止渗漏水通过;高倍率的膨胀,使止水条能够在接缝内任意自由变形;能长期阻挡水分和化学物质的渗透,材料膨胀性能不受外界水质的影响,比任何普通橡胶更具有可塑性和弹性,有很高的抗老化性和良好的耐腐蚀性;具备足够的承受外界压力的能力和优良的力学性能,并能长期保持其弹性和防水性能;材料结构简单,安装方便、省时、安全,不污染环境;它不但能做成纯遇水膨胀橡胶制品,而且能与普通橡胶复合做成复合型遇水膨胀型橡胶制品,降低了材料成本。该材料适用于地下铁道、涵洞、山洞、水库、水渠、拦河坝、管道和地下室钢筋混凝土施工缝等建筑接缝的密封防水。

3)BW遇水膨胀止水条

BW遇水膨胀止水条是用橡胶膨润土等无机及有机吸水材料、高黏性树脂等十余种材料经密炼挤制而成的自黏性遇水膨胀型条状密封材料。其特点如下。

① 可依靠自身黏性直接粘贴在混凝土施工缝基面上,施工方便、快速简捷。

② 遇水后即可在几十分钟内逐渐膨胀,形成胶黏性密封膏,一方面堵塞一切渗水孔隙,另一方面与混凝土接触面粘贴得更加紧密,从根本上切断渗水通道。

③ 主体材料为无机矿物料,所以耐老化、抗腐蚀、抗渗能力不受温湿度交替变化的影响,具有可靠的耐久性。

④ 具有显著的自越功能,当施工缝出现新的微小缝隙时止水条可继续吸水膨胀,进一步堵塞新的微缝,自动强化防水效果。

BW遇水膨胀止水条适合在地下建筑外墙、底板、地脚或地台、游泳池、厕浴间等混凝土施工缝中进行密封防水处理。在有约束的条件下能良好地发挥其遇水膨胀止水防渗的作用。

第五节 屋面防水工程对材料的选择及应用

屋面工程的防水设防,应根据建筑物的防水等级、防水耐久年限、气候条件、结构形式和工程实际情况等因素来确定防水设计方案和选择防水材料,并应遵循"防排并举、刚柔结合、嵌涂合一、复合防水、多道设防"的总体方针进行设防。

1. 根据防水等级进行防水设防和选择防水材料

对于重要或特别重要的防水等级为Ⅰ级、Ⅱ级的建筑物,除了应做二道、三道或三道以上复合设防外,每道不同材质的防水层都应采用优质防水材料来铺设。这是因为不同种类的防水材料,其性能特点、技术指标和防水机理都不尽相同,将几种防水材料进行互补和优化组合,可取长补短,从而达到理想的防水效果。多道设防,既可采用不同种防水卷材(或其他同种防水卷材)进行多叠层设防,又可采用卷材、涂膜和刚性材料进行复合设防,并且是最为理想的防水技术措施。当采用不同种类防水材料进行复合设防时,应将耐老化、耐穿刺的防水材料放在最上面。面层为柔性防水材料时,一般还应用刚性材料作保护层。例如,人民大会堂屋面防水翻修工程,其复合设防方案是:第一道(底层)为补偿收缩细石混凝土刚性防水层;第二道(中间层)为2mm厚的聚氨酯涂膜防水层;第三道(面层)为氯化聚乙烯-橡胶共混防水卷材(或三元乙丙橡胶防水卷材)防水层;再在面层上铺抹水泥砂浆刚性保护层。

对于防水等级为Ⅲ级、Ⅳ级的一般工业与民用建筑、非永久性建筑,可按表 9-40 中的要求选择防水材料进行防水设防。

表 9-40　屋面防水等级和设防要求

屋面防水等级	Ⅰ级	Ⅱ级	Ⅲ级	Ⅳ级
建筑物类别	特别重要或对防水有特殊要求的建筑	重要的建筑和高层建筑	一般的建筑	非永久性的建筑
防水层合理使用年限	25 年	15 年	10 年	5 年
防水层选用材料	宜选用合成高分子防水卷材、高聚物改性沥青防水卷材、金属板材、合成高分子防水涂料、细石防水混凝土等材料	宜选用高聚物改性沥青防水卷材、合成高分子防水卷材、金属板材、高聚物改性沥青防水涂料、细石防水混凝土、平瓦、油毡瓦等材料	宜选用高聚物改性沥青防水卷材、合成高分子防水卷材、三毡四油沥青防水卷材、金属板材、高聚物改性沥青防水涂料、合成高分子防水涂料、细石防水混凝土、平瓦、油毡瓦等材料	可选用二毡三油沥青防水卷材、高聚物改性沥青防水涂料等材料
设防要求	三道或三道以上防水设防	二道防水设防	一道防水设防	一道防水设防

2. 根据气候条件进行防水设防和选择防水材料

一般来说,北方寒冷地区可优先考虑选用三元乙丙橡胶防水卷材和氯化聚乙烯-橡胶共混防水卷材等合成高分子防水卷材,或选用 SBS 改性沥青防水卷材和焦油沥青耐低温卷材,或选用具有良好低温柔韧性的合成高分子防水涂料和高聚物改性沥青防水涂料等防水材料。南方炎热地区可选择 APP 改性沥青防水卷材和合成高分子防水卷材以及具有良好耐热性的合成高分子防水涂料,或采用掺入微膨胀剂的补偿收缩水泥砂浆和细石混凝土刚性防水材料作防水层。

3. 根据湿度条件进行防水设防和选择防水材料

对于我国南方地区处于梅雨区域的多雨、多湿地区宜选用吸水率低、无接缝、整体性好的合成高分子涂膜防水材料作防水层,或采用以排水为主、防水为辅的瓦屋面结构形式,或采用补偿收缩水泥砂浆细石混凝土刚性材料作防水层。如采用合成高分子防水卷材作防水层,则卷材搭接边应切实黏结紧密、搭接缝应用合成高分子密封材料封严;如用高聚物改性沥青防水卷材作防水层,则卷材的搭接边宜采用热熔焊接,尽量避免因接缝不好而产生渗漏。梅雨地区不得采用石油沥青纸胎油毡作防水层,因纸胎吸油率低、浸渍不透,长期遇水会造成纸胎吸水腐烂变质而导致渗漏。

4. 根据结构形式进行防水设防和选择防水材料

对于结构较稳定的钢筋混凝土屋面,可采用补偿收缩防水混凝土作防水层,或采用合成高分子防水卷材、高聚物改性沥青防水卷材和沥青防水卷材作防水层。

对于预制化、异型化、大跨度和频繁振动的屋面,容易增大移动量和产生局部变形裂缝,就可选择高强度、高延伸率的三元乙丙橡胶防水卷材和氯化聚乙烯-橡胶共混防水卷材等合成高分子防水卷材,或具有良好延伸率的合成高分子防水涂料等防水材料作防水层。

5. 根据防水层暴露程度进行防水设防和选择防水材料

用柔性防水材料作防水层，一般应在其表面用浅色涂料或刚性材料作保护层。用浅色涂料作保护层时，防水层呈"外露"状态而长期暴露于大气中，所以应选择耐紫外线、热老化保持率高和耐霉烂性相适应的各类防水卷材或防水涂料作防水层。

6. 根据不同部位进行防水设防和选择防水材料

对于屋面工程来说，细部构造（如檐沟、变形缝、女儿墙、水落口、伸出屋面管道、阴阳角等）是最易发生渗漏的部位。对于这些部位应加以重点设防。即使防水层由单道防水材料构成，细部构造部位也应进行多道设防。贯彻"大面防水层单道构成，局部（细部）构造复合防水多道设防"的原则。对于形状复杂的细部构造基层（如圆形、方形、角形等），当采用卷材作大面防水层时，可用整体性好的涂膜作附加防水层。

7. 根据环境介质进行防水设防和选择防水材料

某些生产酸、碱化工产品或用酸、碱产品作原料的工业厂房或储存仓库，空气中散发出一定量的酸碱气体介质，这对柔性防水层有一定的腐蚀作用，所以应选择具有相应耐酸、耐碱性能的柔性防水材料作防水层。

第六节　中国建筑防水材料发展动态

（1）防水卷材。巩固 SBS、APP 改性沥青防水卷材，提倡聚乙烯丙纶防水卷材与聚合物水泥黏结系统，快速发展湿铺法皮肤式自黏改性沥青防水卷材，大力做好已有住宅的平改坡工作和积极应用沥青油毡瓦，推广屋顶绿化做法及应用根阻卷材。地铁、隧道、水利、市政等工程推荐应用合成高分子防水卷材。禁止使用煤焦油砂面防水卷材。

（2）防水涂料。巩固聚氨酯防水涂料、聚合物水泥防水涂料，提倡水泥基渗透结晶型防水涂料，发展喷涂聚脲聚氨酯防水涂料，研究应用高固含量水性沥青基防水涂料，推广应用路桥防水涂料等特种用途的防水涂料。禁止使用有污染的煤焦油类防水涂料。

（3）防水剂。巩固通用型防水剂，提倡 M1500 水性密封防水剂，研究应用永凝液，推广应用有机硅防水剂。探索应用水泥基渗透结晶型防水液。限制使用氯离子含量高的防水剂。

（4）灌浆材料。地基加固采用水泥基灌浆材料，结构补强采用环氧灌浆材料，特别是低黏度潮湿固化环氧灌浆材料，防水堵漏采用聚氨酯灌浆材料。针对不同工程情况推荐采用复合灌浆工艺。限制使用有毒有污染的灌浆材料。

（5）密封材料。巩固丙烯酸密封材料（中档），提倡应用聚硫、硅酮、聚氨酯等高档密封材料，积极研究和应用密封材料的专用底涂料，以提高密封材料的黏合力和耐水、耐久性。

（6）防水砂浆。积极应用聚合物水泥防水砂浆，提倡钢纤维、聚丙烯纤维抗裂防水砂浆，研究应用沸石类硅质防水剂砂浆。大力推广应用商品砂浆（防水、防腐、黏结、填缝等专用砂浆）。

（7）防水保温材料。巩固挤塑型聚苯板与砂浆保温系统，积极推广应用喷涂聚氨酯硬泡体防水保温材料，适当发展应用胶粉聚苯颗粒保温砂浆系统。

限制使用膨胀蛭石及膨胀珍珠岩等吸水率高的保温材料。禁止使用松散材料保温层。

（8）特种防水材料。积极应用天然纳米防水材料——膨润土防水材料，具体品种有膨润土止水条、膨润土防水板和膨润土防水毯。研究应用金属防水材料，探索应用文物保护用修旧如旧的专用防水涂料和混凝土保护用防水涂料。

✎ 复习思考题

9-1　什么是石油沥青？按用途分为哪几类？

9-2　石油沥青的三大技术性质是什么？各用什么指标表示？

9-3　石油沥青的牌号是如何划分的？牌号大小与主要技术性质之间有什么关系？

9-4　某防水工程需用软化点为75℃的石油沥青，现工地有10号和60号两种石油沥青，试问应如何掺配使用？（已知10号沥青的软化点为95℃，60号沥青的软化点为45℃）。

9-5　试各举一例说明高分子改性沥青卷材、涂料、密封材料的性能和应用。

9-6　试各举一例说明合成高分子卷材、涂料、密封材料的性能和应用。

9-7　怎样根据屋面防水等级来选择防水材料？

第十章 建筑塑料

📣 **本章学习内容与目标**
- 重点掌握建筑塑料的定义、组成与性能特点。
- 了解常用建筑塑料的使用环境及方法。

塑料是指以合成树脂或天然树脂为基础原料,加入(或不加)各种塑料助剂、增强材料和填料,在一定温度、压力下,加工塑制成型或交联固化成型,得到的固体材料或制品。而建筑塑料则是指用于塑料门窗、楼梯扶手、踢脚板、隔墙及隔断、塑料地砖、地面卷材、上下水管道与卫生洁具等方面的塑料材料。

第一节 塑料的组成

塑料从总体上看,是由树脂和添加剂两类物质组成的。

一、树脂

树脂是塑料的基本组成材料,是塑料中的主要成分,它在塑料中起胶结作用,不仅能自身胶结,还能将其他材料牢固地胶结在一起。塑料的工艺性能和使用性能主要是由树脂的性能决定的。其用量占总量的 30%~60%,其余成分为稳定剂、增塑剂、着色剂及填充料等。

树脂的品种繁多,按树脂合成时的化学反应不同,可将树脂分为加聚树脂和缩聚树脂;按受热时性能变化的不同,又可分为热塑性树脂和热固性树脂。

加聚树脂是由一种或几种不饱和的低分子化合物(称为单体)在热、光或催化剂作用下,经加成聚合反应而成的高分子化合物。在反应过程中不产生副产品,聚合物的化学组成和参与反应的单体的化学组成基本相同,如乙烯经加聚反应成为聚乙烯: $nC_2H_4 \rightarrow (C_2H_4)_n$。

缩聚树脂是由两种或两种以上的单体经缩合反应而制成的。缩聚反应中除获得树脂外,还产生副产品低分子化合物,如水、酸和氨等。例如,酚醛树脂是由苯酚和甲醛缩合而得到的;脲醛树脂是由尿素和甲醛缩合而得到的。

热塑性树脂是指在热作用下,树脂会逐渐变软、塑化,甚至熔融,冷却后则凝固成型,这一过程可反复进行。这类树脂的分子呈线型结构,种类有聚乙烯、聚丙烯、聚氯乙烯、氯化聚乙烯、聚苯乙烯、聚酰胺、聚甲醛、聚碳酸酯及聚甲基丙烯酸甲酯等。

热固性树脂则是指树脂受热时塑化和软化,同时发生化学变化,并固化定型,冷却后如再次受热时,不再发生塑化变形。这类树脂的分子呈体型网状结构,种类有酚醛树脂、氨基树脂、不饱和聚酯树脂及环氧树脂等。

二、添加剂

添加剂是指能够帮助塑料易于成型,以及赋予塑料更好的性能,如改善使用温度,提高塑料强度、硬度,增加化学稳定性、抗老化性、抗紫外线性能、阻燃性、抗静电性,提供各种颜色及降低成本等,所加入的各种材料统称为添加剂。

1. 稳定剂

稳定剂是一种为了延缓或抑制塑料过早老化,延长塑料使用寿命的添加剂。按所发挥的作用,稳定剂可分为热稳定剂、光稳定剂及抗氧剂等。常用稳定剂有多种铅盐、硬脂酸盐、炭黑和环氧化物等。

2. 增塑剂

增塑剂是指能降低塑料熔融黏度和熔融温度,增加可塑性和流动性,以利于加工成型,并使制品具有柔韧性,减少脆性的添加剂。增塑剂一般是相对分子量较小,难挥发的液态和熔点低的固态有机物。对增塑剂的要求是与树脂的相容性要好,增塑效率高,增塑效果持久,挥发性低,而且对光和热比较稳定,无色、无味、无毒、不燃,电绝缘性和抗化学腐蚀性好。常用的增塑剂有邻苯二甲酸酯类、磷酸酯类等。

3. 润滑剂

润滑剂是指为了改进塑料熔体的流动性,防止塑料在挤出、压延、注射等加工过程中对设备发生黏附现象,改进制品的表面光洁程度,以降低界面黏附为目的而加入的添加剂。润滑剂是塑料中重要的添加剂之一,对成型加工和制品质量有着重要影响,是聚氯乙烯塑料在加工过程中不可缺少的添加剂。常用的润滑剂有液体石蜡、硬脂酸与硬脂酸盐等。

4. 填充剂

在塑料中加入填充剂的目的,一方面是降低产品的成本,另一方面是改善产品的某些性能,如增加制品的硬度、提高尺寸稳定性等。根据填料化学的组成不同,可分为有机填料和无机填料两类。根据填料的形状可分为粉状、纤维状和片状等。常用的有机填料有木粉、棉布和纸屑等;常用的无机填料有滑石粉、石墨粉、石棉、云母及玻璃纤维等。填料应满足以下要求:易被树脂浸润,与树脂有好的黏附性,本身性质稳定、价廉、来源广。

5. 着色剂

着色剂是指能使塑料制品具有绚丽色彩的一种添加剂。着色剂除满足色彩要求外,还具有附着力强、分散性好、在加工和使用过程中保持色泽不变、不与塑料组成成分发生化学反应等特性。常用的着色剂是一些有机或无机染料或颜料。

6. 其他添加剂

为使塑料适于各种使用要求和具有各种特殊性能,常加入一些其他添加剂,如掺加阻燃剂可阻止塑料的燃烧,并使之具有自熄性;掺入发泡剂可制得泡沫塑料等。

三、塑料的主要性质

作为建筑工程材料,塑料的主要特性如下。

(1) 密度小。塑料的密度一般为 $1000\sim2000kg/m^3$,约为天然石材密度的 $1/3\sim1/2$,为混凝土密度的 $1/2\sim2/3$,仅为钢材密度的 $1/8\sim1/4$。

(2) 比强度高。塑料及制品的比强度高(材料强度与密度的比值)。玻璃钢的比强度超过钢材和木材。

(3) 导热性低。密实塑料的热导率一般为 $0.12\sim0.80W/(m\cdot K)$。泡沫塑料的热导率接近于空气,是良好的隔热、保温材料。

(4) 耐腐蚀性好。大多数塑料对酸、碱、盐等腐蚀性物质的作用具有较高的稳定性。热塑性塑料可被某些有机溶剂溶解;热固性塑料则不能被溶解,仅可能出现一定的溶胀。

(5) 电绝缘性好。塑料的导电性低,又因热导率低,是良好的电绝缘材料。

(6) 装饰性好。塑料具有良好的装饰性能,能制成线条清晰、色彩鲜艳和光泽动人的塑料制品。

第二节　建筑塑料的应用

塑料的种类虽然很多,但在建筑上广泛应用的仅有十多种,并均加工成一定形状和规格的制品。

一、塑料门窗

生产塑料门窗的能耗只有钢窗的 26%,1t 聚氯乙烯树脂所制成的门窗相当于 $10m^3$ 杉原木所制成的木门窗,并且塑料门窗的外观平整、色泽鲜艳、经久不褪、装饰性好。其保温、隔热、隔声、耐潮湿、耐腐蚀等性能,均优于木门窗、金属门窗,外表面不需涂装,能在 $-40\sim70℃$ 的环境温度下使用 30 年以上。所以,塑料门窗是理想的代钢、代木材料,也是国家积极推广发展的新型建筑工程材料。

目前塑料门窗主要采用改性聚氯乙烯,并加入适量的各种添加剂,经混炼、挤出等工序而制成塑料门窗异型材;再将异型材经机械加工成不同规格的门窗构件,组合拼装成相应的门窗制品。

塑料门窗分为全塑门窗和复合塑料门窗。复合塑料门窗是在门窗框内部嵌入金属型材以增强塑料门窗的刚性,提高门窗的抗风压能力。增强用的金属型材主要为铝合金型材和钢型材。塑料门按其结构形式分为镶嵌门、框板门和折叠门;塑料窗按其结构形式分为平开窗、上旋窗、下旋窗、垂直滑动窗、垂直旋转窗、垂直推拉窗、水平推拉窗和百叶窗等。塑料门窗的性能指标应满足《未增塑聚氯乙烯(PVC-U)塑料门窗力学性能及耐候性试验方法》(GB/T 11793—2008)、《未增塑聚氯乙烯(PVC-U)塑料窗》(JG/T 140—2005)的规定。

二、塑料管材

塑料管材代替铸铁管和镀锌钢管,具有重量轻、水流阻力小、不结垢、安装使用方便、耐腐蚀性好、使用寿命长等优点。并且生产、使用能耗低,如塑料上水管比传统钢管节能62%～75%,塑料排水管比铸铁管节能55%～68%;使用塑料管安装费用为钢管的60%左右,材料费用仅为钢管的30%～80%,生产能源可节省80%。因而在城市住宅建筑中广泛使用塑料排水管,硬聚氯乙烯塑料管在一些城市中的使用率达到90%左右,最大管径为630mm。"十五"规划确定,塑料管在全国各类管道中市场占有率达到50%以上,其中,建筑排水管道70%采用塑料管,建筑雨水排水管道50%采用塑料管,城市排水管道20%采用塑料管,建筑给水、热水供应管道和供暖管道60%采用塑料管,城市供水管道(DN400mm以下)50%采用塑料管,村镇供水管道60%采用塑料管,城市燃气管道(中低压管)50%采用塑料管,建筑电线护套管80%采用塑料管。所以,塑料管的应用被列为国家重点推广项目之一。随着塑料管道的原料合成生产、管材管件制造技术、设计理论和施工技术等方面的发展和完善,使得塑料管道在市政公用管道工程中占据了相当重要的地位。2005年年底,全国塑料管道生产能力达到350多万t,实际生产量达到240万t,工程使用量达到200万t,其中,市政公用工程塑料管使用量约100万t,市场占有率达到30%左右。城镇化进程加快,将带动城市基础设施建设发展,市政公用管道需求量将会增加。据有关专家按建设行业发展规划测算,"十一五"期间,平均每年塑料管道工程用量将超过200万t,其中市政公用工程与建筑工程用量将达到150万t以上,而建筑室内管道每年需求量约30亿m(约合塑料管50万t)。

目前我国生产的塑料管材质,主要有聚氯乙烯、聚乙烯和聚丙烯等通用热塑性塑料及酚醛、环氧、聚酯等类热固性树脂玻璃钢和石棉酚醛塑料、氟塑料等。它们广泛用于房屋建筑的自来水供水系统配管,排水、排气和排污卫生管,地下排水管,雨水管以及电线安装配套用的电线电缆等。

1. 硬聚氯乙烯管材

硬聚氯乙烯(UPVC)管材是以聚氯乙烯树脂为主要原料,并加入稳定剂、抗冲击改性剂和润滑剂等助剂,经捏合、塑炼、切粒、挤出成型加工而成。

硬聚氯乙烯管材广泛适用于化工、造纸、电子、仪表、石油等工业的防腐蚀流体介质的输送管道(但不能用于输送芳烃、脂烃、芳烃的卤素衍生物、酮类及浓硝酸等),农业上的排灌类管,建筑、船舶、车辆扶手及电线电缆的保护套管等。

硬聚氯乙烯管材的常温使用压力:轻型的不得超过0.6MPa;重型的不得超过1MPa。管材使用范围为0~50℃。

建筑排水用硬聚氯乙烯管材的物理力学性能如表10-1所列。

表10-1 硬聚氯乙烯管材的物理力学性能(GB/T 5836.1—2018)

检测项目	技术指标	试验参考标准
密度/(kg/m^3)	1350～1550	GB/T 1033—1986中4.1A法
维卡软化温度(VST)/℃	≥79	GB/T 8802—2001
纵向回缩率/%	≤5	GB/T 6671—2001

（续）

检测项目	技术指标	试验参考标准
二氯甲烷浸渍试验	表面变化不劣于4N	GB/T 13526—1992
拉伸屈服强度/MPa	≥40	GB/T 8804.2—2003
落锤冲击试验	TIR≤10%	GB/T 14152—2001

注：表中的落锤冲击试验检验用的指标真冲击率 TIR 计算式为：

$$TIR = \frac{破坏总数}{总冲击数}$$

2. 硬聚氯乙烯生活饮用水和农用排灌管材、管件

硬聚氯乙烯（UPVC）生活饮用水和农用排灌管材，是以卫生级聚氯乙烯树脂为主要原料，加入适当助剂，经挤出和注塑成型的塑胶管材、管件。其中给水用硬聚氯乙烯生活饮用水管材按标准《给水用硬聚氯乙烯（PVC-U）管材》（GB/T 10002.1—2006）执行；管件按标准《给水用硬聚氯乙烯（PVC-U）管件》（GB/T 10002.2—2003）执行。该系列产品除具有建筑排水系列的一般优良物理力学性能外，还具有以下性能要求。

（1）卫生无毒。采用卫生级聚氯乙烯树脂和进口无毒助剂加工成型。

（2）外观。管材内外表面应光滑，无明显划痕、凹陷、可见杂质和其他影响达到本部分要求的表面缺陷。管材端面应切割平整并与轴线垂直。管材应不透光。

（3）壁厚偏差。管材同一截面的壁厚偏差不得超过14%。

（4）管材的弯曲度应符合表10-2的规定。

表 10-2 生活饮用给水管材弯曲度规定

公称外径/mm	≤32	40~200	≥225
弯曲度/%	不规定	≤1.0	≤0.5

注：弯曲度指同一方向弯曲，不允许呈 S 形。

（5）物理力学性能应符合表10-3的规定。

表 10-3 生活饮用给水管材物理力学性能

试验项目	技术指标
密度	1350~1460kg/m³
维卡软化温度	≥80℃
纵向回缩率	≥5%
二氯甲烷浸渍试验（15℃,15min）	表面变化不劣于4N
落锤冲击试验	0℃冲击，TIR≤5%
液压试验	无破裂、无渗漏

该塑料管主要适用于城镇供水及农业排灌工程。对农用排灌要求主要是压力能承受（0.6~0.8MPa 压力），而卫生性能不作要求。

对于黏结承口系列产品，应选用相应的无毒聚氯乙烯胶黏剂，其余的安装方法均与建筑排水用系列管材、管件方法相同。

3. 聚乙烯塑料管

聚乙烯塑料管以聚乙烯树脂为原料,配以一定量的助剂,经挤出成型、加工而成。其产品性能、特点及要求如下。

(1)产品具有质轻、耐腐蚀、无毒、易弯曲、施工方便等特点。

(2)该产品分为两类:一类是低密度(高压)聚乙烯,其密度低(质软)、机械强度及熔点较低;另一类是高密度(低压)聚乙烯,其密度较高、刚性较大、机械强度及熔点较高。技术要求按《给水用聚乙烯(PE)管材》(GB/T 13663—2018)标准执行。

(3)管材颜色一般为蓝色或黑色。

(4)管材外观要求内外表面应清洁、光滑,不允许有气泡、明显的划伤、凹陷、杂质、颜色不均等缺陷。管端头应切割平整,并与管轴线垂直。

(5)管材的物理性能应符合表 10-4 的规定;饮水用管材卫生要求的性能应符合《食品安全国家标准 食品接触用塑料材料及制品》(GB4806.7—2016)的规定。

表 10-4 管材物理性能的规定

检测项目		技术指标	试验参考标准
断裂伸长率/%		≥350	GB/T 8804.2—2003
纵向回缩率(110℃)/%		≤3	GB/T 6671—2001
氧化诱导时间(200℃)/min		>20	GB/T 17391—1998
液压试验	温度:20℃,时间:100h,环向应力:8~12.4MPa	不破裂、不渗漏	GB/T 6111—2003
	温度:80℃,时间:165h(1000h),环向应力:3.5~5.5MPa(3.2~5.0MPa)	不破裂、不渗漏	GB/T 6111—2003

聚乙烯塑料管一般用于建筑物内外(架空或埋地)输送液体、气体、食用液(如给水用)等。这里引用的标准不适用于输送温度超过45℃水的管材。

应用聚乙烯塑料管时要注意以下技术要点。

(1)聚乙烯塑料自来水管采用活接式管件连接。

(2)施工时管道长度按实测尺寸用手锯锯下,再用开槽刀在管端转动数圈开出一条挡槽圈,然后逐一套上螺帽、挡圈、打滑圈、橡胶圈(安装要按顺序),最后将管子插进管件,拧紧螺帽。也可利用车床切削加工方法在塑料管材上开槽。

(3)管子的切断可用钢锯、木工锯、电工刀,但不可用砂轮切管机。

(4)管子切断面应平整,其平直度应小于 2mm。

(5)塑料螺帽可用钩子扳手拧紧,应注意不可随意加大力矩以防螺帽胀裂。

4. 聚丙烯塑料管

聚丙烯(PP)塑料管与其他塑料管相比,具有较高的表面硬度和表面光洁度,流体阻力小,使用温度范围在 100℃以下;许用应力为 5MPa;弹性模量为 130MPa。聚丙烯管多用作化学废料排放管、化验室废水管、盐水处理管及盐水管道(包括酸性石油盐水)。由其材质轻、吸水性差以及耐土壤腐蚀,常用于灌溉、水处理及农村供水系统。在国外,聚丙烯管广泛用于新建房屋的室内地面加热。利用聚丙烯管坚硬、耐热、防腐、使用寿命长(50 年以上)和价格低廉等特点,将小口径聚丙烯管按房屋温度梯度差别埋在地坪混凝土内(即温度低的部位管子分布得密些),管内热载体(水)温度不得超过 65℃,将地面温度加热至不超过 26～28℃,以获得舒适的环境温度。与一般暖气设备相比,可节约能耗 20%。

5. 无规共聚聚丙烯(PP-R)塑料管

对 PP 管的使用温度有一定的限制,为此可以在丙烯聚合时掺入少量的其他单体,如乙烯、1-丁烯等进行共聚。由丙烯和少量其他的单体共聚的 PP 称为共聚 PP,共聚 PP 可以减少聚丙烯高分子链的规整性,从而减少 PP 的结晶度,达到提高 PP 韧性的目的。共聚聚丙烯又分为嵌段共聚聚丙烯和无规共聚聚丙烯(PP-R)。PP-R 具有优良的韧性和抗温度变形性能,能耐 95℃以上的沸水、低温脆化温度可降至-15℃,是制作热水管的优良材料,现已在建筑工程中广泛应用。

聚丙烯塑料管具有质轻、耐腐蚀、耐热性较高、施工方便等特点,通常采用热熔接的方式,有专用的焊接和切割工具,有较高的可塑性。价格也很经济,保温性能很好,管壁光滑,一般价格在每米 6～12 元(四分管),不包括内外丝的接头。一般用于内嵌墙壁,或者深井预埋管中。

聚丙烯塑料管适用于化工、石油、电子、医药、饮食等行业及各种民用建筑输送流体介质(包括腐蚀性流体介质)。也可作自来水管、农用排灌、喷灌管道及电器绝缘套管之用。

聚丙烯塑料管的连接多采用胶黏剂黏结,目前市售胶黏剂种类很多,采用沥青树脂胶黏剂较为廉价,其配方和性能如表 10-5 所列。

表 10-5　沥青树脂胶黏剂的配方和性能

配　方		技术性能	
原料名称	重量配合比	测试项目	指标
沥青	1.0	耐水性	较好
EVA 树脂	0.3	软化点	65℃左右
石油树脂	0.2	剪切强度(20℃)/MPa	1.11
石蜡	0.03	剪切强度(0℃)/MPa	0.60
抗氧剂 1010	0.001	抗水压强度/MPa	>0.3
抗氧剂 DLTP	0.001	耐介质能力	稳定

6. 玻璃钢落水管、落水斗

玻璃钢落水管、落水斗是以不饱和聚酯树脂为胶黏剂,以玻璃纤维制品为增强材料,一般采用手糊成型法制成。

该产品具有重量轻、强度高、不生锈、耐腐蚀、耐高低温、色彩鲜艳及施工、维修、保养简便等特点。适用于各种建筑物的屋面排水,也可用于工业、家庭废水及污水的排水。

三、塑料楼梯扶手

塑料楼梯扶手是以聚氯乙烯树脂为主要原料,加入适量稳定剂、润滑剂、着色剂等辅料,经挤压成型的一种硬质聚氯乙烯异型材。具有平滑光亮、手感舒适、造型大方、牢固耐用、花色齐全、安装简便等优点。适用于工业、民用建筑的楼梯扶手,走廊与阳台的栏杆扶手;公用建筑宾馆、商场的楼梯扶手和栏杆扶手;船舶工业用楼梯与栏杆扶手。

四、塑料装饰扣(条)板、线

塑料装饰扣(条)板、线是以聚氯乙烯树脂为原料,加入适量助剂,经挤出而成。产品具有光洁、色彩鲜艳、耐压、耐老化、耐腐蚀、防潮隔湿、保温隔声、阻燃自熄、不霉烂与不开裂变形等优点。适用于各类民用建筑的装修。

五、塑料地板砖

塑料地板砖称为半硬质聚氯乙烯块状塑料地板,简称塑料地板。以聚氯乙烯及其共聚树脂为主要原料,加入填料、增塑剂、稳定剂与着色剂等辅料经压延、挤出或热压工艺所生产的单层和同质复合的半硬质块状塑料地板,是较为流行、应用广泛的地面装饰材料,适用于建筑物内一般地坪敷面,特别适合居室一般地面装饰选用。

塑料地板砖柔韧性好、步感舒适、隔声、保温、耐腐蚀、耐灼烧、抗静电、易清洗、耐磨损,并具有一定的电绝缘性。其色彩丰富、图案多样、平滑美观、价格较廉、施工简便,是一种受用户欢迎的新型地面装饰材料。适用于家庭、宾馆、饭店、写字楼、医院、幼儿园和商场等建筑物室内和车船等地面装修与装饰。

塑料地板砖一般分为单层和同质复合地板;依颜色分为单色与复色;依使用的树脂分为聚氯乙烯树脂型、氯乙烯、醋酸乙烯型、聚乙烯树脂型、聚丙烯树脂型等。一般商业上又分为彩色地板砖、印花地板砖和石英地板砖。石英地板砖是由树脂、增塑剂、稳定剂和颜料制成,引入改性的石英砂作为增强填料,其表面光洁、耐磨性好、寿命长。以碳酸钙或石棉纤维作为填料增强的产品,由于弹性差、易折断,多不被人选用,特别是石棉纤维对人体健康有害,更为用户所摈弃。

六、玻璃钢卫生洁具

玻璃钢(学名玻璃纤维增强塑料)是以玻璃纤维及其制品(玻璃布、玻璃带、玻璃纤维短切毡片、无捻玻璃粗纱等)为增强材料,以酚醛树脂、不饱和聚酯树脂和环氧树脂等为胶黏剂,经过一定的成型工艺制作而成的复合材料。用量最大的是不饱和聚酯树脂。

玻璃钢的性能主要取决于合成树脂和玻璃纤维的性能、它们的相对含量以及它们之间的黏结力。合成树脂和玻璃纤维的强度越高,特别是玻璃纤维的强度越高,玻璃钢的强度就越高。玻璃钢属于各向异性材料,其强度与玻璃纤维的方向密切相关,以纤维方向的强度最高,玻璃布层与层之间的强度最低。在玻璃布的平面内,径向强度高于纬向强度,沿45°方向的强度最低。

采用玻璃钢材料制成的玻璃钢卫生洁具壁薄质轻、强度高、耐水耐热、耐化学腐蚀、经久耐用,适用于旅馆、住宅、车和船的卫生间。玻璃钢浴盆的技术性能如表10-6所列。

表10-6　玻璃钢浴盆的技术性能

指标名称	指标要求	检验方法
胶衣韧性试验	胶衣层不产生裂纹	用100g重钢球从2m高处落到浴盆底面
胶衣开裂试验	胶衣层不产生裂纹、气泡等缺陷	在0.8MPa高压试验器中加热1h(50mm×50mm试样试验)

指标名称	指标要求	检验方法
耐煮沸性	表面不生成裂纹、气泡和显著的褪色	浴盆内放入 90℃ 以上热水,反复进行 12 次
耐盐酸试验	不产生裂缝、变色和玻璃纤维裸露	滴下 3% 浓度的盐酸 1mL
重锤冲击试验	不漏水	用 1kg 重的钢球从 2m 高处落下到浴盆底面,检查有无漏水
砂袋冲击试验	不产生裂缝	用 18kg 重的砂袋从 2m 高处落到浴盆底面,检查胶衣与本体有无剥离和有无裂纹
满水时变形	底面排水口:1mm 以下 上缘面:2mm 以下	在平台上用精度在 1/100mm 以上的千分表测定
硬度测定	柯巴尔硬度 30 以上	用柯巴尔硬度计测定
拉伸强度	干态 0.6MPa 以上,煮沸后 0.4MPa	层压板拉伸法试验
吸水率	0.5% 以内	在蒸馏水中浸泡 24h
玻璃含量	20% 以上	取玻璃钢材料试样放到坩埚中烧去树脂

七、泡沫塑料

泡沫塑料是在树脂中加入发泡剂,经发泡、固化或冷却等工序而制成的多孔塑料制品。泡沫塑料的孔隙率高达 95%~98%,且孔隙尺寸小于 1.0mm,因而具有优良的隔热保温性。

建筑上常用的有聚苯乙烯泡沫塑料、聚氯乙烯泡沫塑料、聚氨酯泡沫塑料和脲醛泡沫塑料等。

第三节　建筑塑料发展动态

传统建材能源消耗高、资源消耗大,而新兴的建材则在能源节约上有了巨大进步。据了解,塑料门窗、塑料管材等塑料制品,无论在生产还是使用中,能耗都远低于其他建筑工程材料。在生产能耗方面,建筑塑料制品仅分别为钢材、铝材的 25% 和 12.5%,硬质 PVC 塑料生产能耗仅为铸铁管和钢管的 30%~50%;在使用过程中,塑料给水管比金属管约可降低输水能耗 50%,如 PVC 管材用于给水比钢管可节能 62%~75%,用于排水比铸铁管可节能 55%~68%。

资料显示,建筑中约有一半的热能是通过门窗传递的,因此其保温和气密性能对建筑能耗有直接影响。目前,我国建筑门窗平均能耗为发达国家的 1.5~2.2 倍,门窗空气渗透率则为 3~6 倍,能耗高的重要原因之一就是国内钢质、铝质等金属门窗用量偏高,而具有较低热传导系数、节能效果明显的塑料门窗用量偏低。据试验数据,塑料门窗可节约采暖和空调能耗 30%~50%。

由于塑料建材明显具有节能优势,已引起人们越来越多的重视和使用。近年来,随着建筑和装修业的发展,我国塑料建材整体质量普遍提高,数量成倍增长。据海关统计,2004 年,我国各类塑料建材出口额共 8 亿多美元。其中,塑料管材、管件制品 2 亿美元,塑料地板砖、地板革等块状塑料铺地制品1.8亿美元,其他类塑料制品2.6亿美元。其中,塑料管材及配件制品出口额同比增长42.3%;块状塑料铺地制品出口额同比增长262%。

同时,塑料建材也从原来的以内装饰件为主开始向结构件、功能件发展。除了塑料地板、墙体内装饰件用量保持稳定增长外,高分子塑料模板、外墙保温板、塑料加强砖等得到越来越多的应用,尤其是塑料型材、管材已成为应用最广泛的塑料建材品种。现在全国30%以上地区应用了新型塑料管材,东北、内蒙古等地一些城镇40%以上的新建住宅都使用了塑料门窗,青岛、大连80%以上的新建住宅使用了塑料窗。

优越的节能特性,使塑料建材产业成为我国重要的经济增长点,国家也给了众多政策支持。建设部《民用建筑节能管理规定》明确提出,国家鼓励发展新型节能塑料门窗和房屋保温、隔热技术;在《国家化学建材产业2010年发展规划纲要》中,国家将塑料建材列为建材行业发展的重点;在《关于加速化学建材推广应用和限制淘汰落后产品的规定》等政策中,不止一次提出要使用新型塑料门窗、管材替代原有合金门窗和铸铁水管;建设部在《建筑节能技术政策》中,将节能型塑料建材技术作为节约建筑能耗的关键技术之一。这些政策和措施大大加强了塑料建材推广应用的力度,使塑料建材迅速崛起成为塑料行业的支柱产业。

政府在大力推广新型节能塑料建材应用的同时,加强了产学研合作,建立了国家级塑料建材研发中心及示范基地,以使我国的塑料建材行业得以规模化、规范化发展。目前我国塑料建材行业最成熟的是塑料管道行业。全国塑料管道年出口额已达1.4亿美元,占全行业的40%以上,而塑料管道也是国家政策扶持力度最大的。

预计今后5~15年,我国每年竣工建筑面积将超过10亿m^2,在国家各种建筑节能政策引导下,塑料建材市场可望得到更迅猛的发展。据专家估计,到2015年,我国各种建筑塑料管和塑料门窗平均市场占有率将分别达到50%和30%,需要各种塑料管与门窗型材约500万t,加上高分子防水材料、装饰装修材料、保温材料及其他建筑用塑料制品,总需求量约1000万t。塑料建材行业呈现欣欣向荣的局面,广大企业要抓住这一有利时机,将我国塑料建材业提升到一个新高度。

✏ 复习思考题

10-1　什么是塑料?塑料主要由哪些成分组成?

10-2　树脂有哪几种分类方法?各是如何分类的?

10-3　添加剂有哪几种?在塑料中各起什么作用?

10-4　塑料有几种分类方法?各是怎样进行分类的?

10-5　热塑性塑料有哪些种类?各种类的特点及用途是什么?

10-6　热固性塑料有哪些种类?各种类的特点及用途是什么?

10-7　什么是玻璃钢?试述其性能和用途。

第十一章　木材及其制品

📢 **本章学习内容与目标**
- 了解木材的构造、综合利用及其特点。
- 掌握木材的物理力学性质。

木材是最古老的建筑工程材料之一,虽然现代建筑所用承重构件,早已被钢材或混凝土等替代,但木材因其美观的天然纹理,装饰效果较好,所以仍被广泛用作装饰与装修材料。不过由于木材具有构造不均匀、各向异性、易吸湿变形和易腐易燃等缺点,且树木生长周期缓慢、成材不易等原因,在应用上受到了限制,因此对木材的节约使用和综合利用是十分重要的。

第一节　天然木材及其性能

木材是由树木加工而成的。树木分为针叶树和阔叶树两大类。

针叶树的树叶细长呈针状,多为常绿树。树干高而直,纹理顺直,材质均匀且较软,易于加工,又称"软木材"。表观密度和胀缩变形小,耐腐蚀性好,强度高。建筑中多用于承重构件和门窗、地面和装饰工程,常用的有松树、杉树和柏树等。

阔叶树树叶宽大、叶脉呈网状,多为落叶树;树干通直部分较短,材质较硬,又称"硬(杂)木";表观密度大,易翘曲开裂。加工后木纹和颜色美观,适用于制作家具、室内装饰和制作胶合板等。常用的树种有榆树、水曲柳和柞木等。

木材的构造是决定木材性质的主要因素。树种的不同以及生长环境的差异使其构造差别很大。研究木材的构造通常从宏观和微观两个方面进行。

一、木材的宏观构造

木材的宏观构造用肉眼和放大镜就能观察到,通常从树干的三个切面来进行剖析,即横切面(垂直于树轴的面)、经切面(通过树轴的纵切面)和弦切面(平行于树轴的纵切面)。木材的宏观构造如图 11-1 所示,由图可见,树木由树皮、木质部和髓心三个主要部分组成。

髓心是树木最早形成的木质部分,它易于腐朽,故一般不用。

建筑使用的木材都是树木的木质部,木质部的颜色不均一,一般而言,接近树干中心者木色较深,称心材;靠近外围的部分色较浅,称边材,心材比边材的利用价值要大些。

从横切面上看到木质部具有深浅相间的同心圆环,即年轮。在同一年轮内,春天生长的木质,色较浅,质较松,称为春树(早材);夏秋两季生长的木质,色较深,质较密,称为夏材(晚材)。相同的树种,年轮越密而均匀,材质越好;夏材部分越多,木材强度越高。

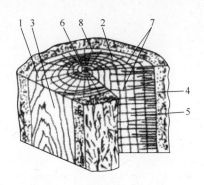

图 11-1　木材的宏观构造

1—横切面;2—径切面;3—弦切面;4—树皮;5—木质部;6—髓心;7—髓线;8—年轮。

从髓心向外的辐射线,称为髓线。与周围连接较差,木材干燥时易沿此开裂。年轮和髓线组成了木材充满魅力的天然纹理。

二、木材的微观构造

在显微镜下所看到的木材细胞组织,称为木材的微观构造。用显微镜可以观察到,木材是由无数管状细胞紧密结合而成的,它们大部分纵向排列,而髓线是横向排列。每个细胞都由细胞壁和细胞腔组成,细胞壁由细纤维组成,其纵向连接较横向牢固。细胞壁越厚,细胞腔越小,木材越密实,其表观密度和强度也越高,胀缩变形也越大。木材的纵向强度高于横向强度。

针叶树和阔叶树的微观构造有较大差别,如图 11-2 和图 11-3 所示。针叶树材微观

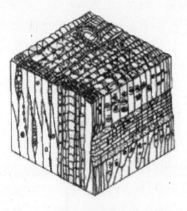

图 11-2　针叶树马尾松微观构造

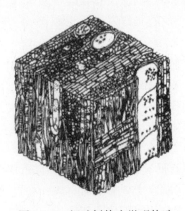

图 11-3　阔叶树柞木微观构造

构造简单而规则,主要由管胞、髓线和树脂道组成,其髓线较细而不明显。阔叶树材微观构造较复杂,主要由木纤维、导管和髓线组成。它的最大特点是髓线发达,粗大而明显,这是区别于针叶树材的显著特点。

三、木材的物理性能

木材的物理性能主要有密度、含水量与湿胀干缩等,其中含水量对木材的物理力学性质影响很大。

1. 木材的密度与表观密度

木材的密度平均约为 $1.559/cm^3$,表观密度平均为 $0.509/cm^3$,表观密度的大小与木材种类和含水率有关,通常以含水率为 15%(标准含水率)时的表观密度为准。

2. 木材的含水量

木材的含水量用含水率表示,是指木材中所含水的质量占干燥木材的质量分数。木材中所含水分不同,对木材性质的影响也不一样。

1) 木材中的水分

木材吸水的能力很强,其含水量随所处环境的湿度变化而异,所含水分由自由水、吸附水和结合水三部分组成。自由水是存在于木材细胞腔和细胞间隙中的水分;吸附水是被吸附在细胞壁内细纤维之间的水分;结合水为木材化学成分中的结合水。自由水的变化只与木材的表观密度、饱水性、燃烧性及干燥性等有关。而吸附水的变化是影响木材强度和胀缩变形的主要因素。结合水在常温下不变化,故其对木材性质无影响。

2) 木材的纤维饱和点

当木材中无自由水,而细胞壁内吸附水达到饱和时,这时的木材含水率称为纤维饱和点。木材的纤维饱和点随树种而异,一般介于 25%~35% 之间,通常取其平均值,约为30%。纤维饱和点是木材物理力学性质发生变化的转折点。

3) 木材的平衡含水率

木材中所含的水分随着环境温度和湿度的变化而改变,当木材长时间处于一定温度和湿度的环境中时,木材中的含水量最后会达到与周围环境湿度相平衡,这时木材的含水率称为平衡含水率。图 11-4 所示为木材的平衡含水率与空气相对温度和湿度的关系。木材的平衡含水率是木材进行干燥时的重要指标。木材的平衡含水率随其所在地区的不同而异,我国北方为 12% 左右,南方约为 18%,长江流域一般为 15%。

3. 木材的湿胀与干缩变形

木材细胞壁内吸附水含量的变化会引起木材的变形,即湿胀干缩。当木材的含水率在纤维饱和点以下时,表明水分都吸附在细胞壁的纤维上,它的增加或减少能引起体积的膨胀或收缩;而当木材含水率在纤维饱和点以上,只是自由水增减变化时,木材的体积不发生变化。如图 11-5 所示,纤维饱和点是木材发生湿胀干缩变形的转折点。

由于木材为非匀质构造,故其胀缩变形各有不同,顺纹方向最小,径向较大,弦向最大。木材弦向胀缩变形最大,是因受管胞横向排列的髓线与周围连接较差所致。因此,湿材干燥后,其截面尺寸和形状会发生明显的变化,如图 11-6 所示。另外,木材的湿胀干缩变形还随树种的不同而异,一般来说,表观密度大、夏材含量多的木材,胀缩变形较大。

湿胀干缩将影响木材的使用。干缩会使木材翘曲、开裂,接榫松动与拼缝不严。湿胀可造成表面鼓凸。所以,木材在加工或使用前应预先进行干燥,使木材干燥至其含水率与使用环境常年平均平衡含水率相一致。

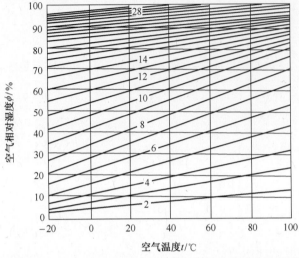

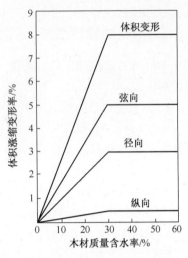

图 11-4 木材的平衡含水率与空气相对温度和湿度的关系　　图 11-5 木材含水率与涨缩变形的关系

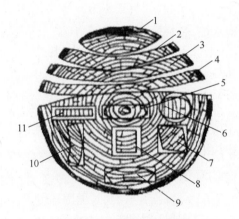

图 11-6 木材的干缩变形

1—边板呈橄榄核形;2~4—弦锯板呈瓦形反翘;5—通过髓心的径锯板呈纺锤形;
6—圆形变椭圆形;7—与年轮成对角线的正方形变菱形;8—两边与年轮平行的正方形变长方形;
9—弦锯板翘曲呈瓦形;10—与年轮呈 40°角的长方形呈不规则翘曲;11—边材径锯板收缩较均匀。

四、木材的力学性能

1. 木材的强度种类

在建筑结构中,木材常用的强度有抗拉、抗压、抗弯和抗剪强度。由于木材的构造各向不同,致使各向强度有差异,因此木材的强度有顺纹强度和横纹强度之分。顺纹是指作用力方向与纤维方向平行;横纹是指作用力方向与纤维方向垂直。木材的顺纹强度比其横纹强度要大得多,所以工程上均充分利用它们的顺纹强度。

当木材的顺纹抗压强度为 1 时,木材的其他各向强度之间的大小关系如表 11-1所列。

表 11-1　木材各强度的大小关系

抗压		抗拉		抗弯	抗剪	
顺纹	横纹	顺纹	横纹		顺纹	横纹
1	1/10~1/3	2~3	1/20~1/3	3/2~2	1/7~1/3	1/2~1

另外,木材在生长中形成的一些缺陷,如木节、斜纹、夹皮、虫蛀、腐朽等对木材的抗拉强度的影响极为显著,因而造成实际上木材的顺纹抗拉强度反而低于横纹抗压强度。

2. 影响木材强度的主要因素

木材强度除由本身组织构造因素决定外,还与含水率、负荷持续时间、温度及疵病等因素有关。

1)含水率

木材含水率在纤维饱和点以下时,含水率降低,吸附水减少,细胞壁紧密,木材强度增加;反之,强度降低。当含水率超过纤维饱和点时,只是自由水变化,木材强度不变。木材含水率对其各种强度的影响程度是不相同的,受影响最大的是顺纹抗压强度,其次是抗弯强度,对顺纹抗剪强度影响小,影响最小的是顺纹抗拉强度,如图 11-7 所示。

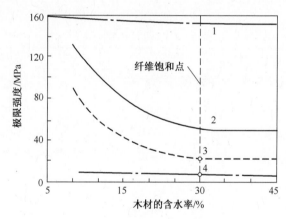

图 11-7　含水率对木材强度的影响
1—顺纹抗拉;2—抗弯;3—顺纹抗压;4—顺纹抗剪。

2)负荷时间

木材对长期荷载的抵抗能力与对暂时荷载不同。木材在长期荷载作用下不致引起破坏的最大强度,称为持久强度。木材的持久强度比其极限强度小得多,一般为极限强度的 50%~60%。这是由于木材在较大外力作用下产生等速蠕滑,经过长时间以后,最后达到急剧产生大量连续变形而导致破坏。因此,在设计木结构时,应考虑负荷时间对木材强度的影响,一般应以持久强度为依据。

3)温度

温度对木材强度有直接影响,木材随环境温度升高强度会降低。当温度由 25℃升到 50℃时,将因木纤维和其间的胶体软化等原因,针叶树的抗拉强度降低 10%~15%,抗压强度降低 20%~24%。当木材长期处于 60~100℃温度下时,会引起水分和所含挥发物的蒸发,而呈暗褐色,强度下降,变形增大。温度超过 140℃时,木材中的纤维素发生热裂解,色渐变黑,强度明显下降。因此,环境温度长期超过 50℃ 时,不应采用木结构。

4)疵病

木材在生长、采伐、保存过程中,所产生的内部和外部缺陷,统称为疵病。木材的疵病主要有木节、斜纹、裂纹、腐朽和虫害等。这些疵病会破坏木材的构造,造成材质的不连续性和不均匀性,从而使木材的强度大大降低,甚至会失去使用价值。

5)夏材率

夏材(晚材)比春材(早材)密实,因而强度也高。木材中夏材率越高,强度也越高。由于夏材率增高,木材的表观密度也增大,故在一般情况下,木材的表观密度大,其强度也高。

第二节　木材的规格及应用

一、木材的规格

建筑用木材按照加工程度和用途可分为原条、原木、锯材和枕木四类,如表 11-2 所列。

表 11-2　木材的分类

分类名称	说　明	主要用途
原条	系指已经除去皮、根、树梢的木料,但尚未按一定尺寸加工成规定直径和长度的材料	建筑工程的脚手架、建筑用材、家具等
原木	系指已经除去皮、根、树梢的木料,并已按一定尺寸加工成规定直径和长度的材料	直接使用的原木:用于建筑工程(如屋架、檩、椽等)、桩木、电杆、坑木等;加工原木:用于胶合板、造船、车辆、机械模型及一般加工用材等
锯材	系指已经加工锯解成材的木料,凡宽度为厚度的 3 倍或 3 倍以上的,称为板材,不足 3 倍的称为枋材	建筑工程、桥梁、家具、造船、车辆、包装箱板等
枕木	系指按枕木断面和长度加工而成的成材	铁道工程

常用锯材按照厚度和宽度分为薄板、中板和厚板,如表 11-3 所列。针叶树锯材长度为 1~8m;阔叶树锯材长度为 1~6m。2m 以上长度的按 0.2m 进级,同时也有 2.5m 长度的;不足 2m 的按 0.1m 进级。

表 11-3　锯材尺寸表

锯材类型	厚度/mm	宽度/mm
薄板	12、15、18、21	50~240
中板	25、30	50~260
厚板	40、50、60	60~300
注:宽度按 10mm 进级。		

锯材有特等锯材和普通锯材之分,普通锯材又分为一、二、三等。针叶树和阔叶树锯材按照其缺陷状况进行分等,其等级标准如表 11-4 所列。

表 11-4　锯材的等级规定

缺陷名称	检量项	允许限度							
		针叶树特等锯材	针叶树普通锯材			阔叶树特等锯材	阔叶树普通锯材		
			一等	二等	三等		一等	二等	三等
活节、死节	最大尺寸不得超过材宽的/%	10	20	40	不限	10	24	40	不限
	任意材长 1m 范围内的个数不得超过	3	5	10		2	4	6	
腐朽	面积不得超过所在材面面积的/%	不许有	不许有	10	25	不许有	不许有	10	25
裂纹、夹皮	长度不得超过材长的/%	5	10	30	不限	10	15	40	不限
虫害	任意材长 1m 范围内的个数不得超过	不许有	不许有	15	不限	不许有	不许有	8	不限
钝棱	最严重缺角尺寸不得超过材宽的/%	10	15	50	80	15	25	50	80
弯曲	横弯最大拱高不得超过/%	0.3	0.5	2	3	0.5	1	2	4
	顺弯最大拱高不得超过水平长的/%	1	2	3	不限	1	2	3	不限
斜纹	斜纹倾斜程度不得超过/%	5	10	20	不限	5	10	20	不限

二、木材的主要应用及其装饰效果

尽管当今世界已发展并生产了多种新型建筑饰面材料,如塑料壁纸、化纤地毯、陶瓷面砖、多彩涂料等,但由于木材具有其独特的优良特性,木质饰面给人以一种特殊的优美感觉,这是其他装饰材料无法与之相比的。所以,木材在建筑装饰领域始终保持着重要的地位。

1. 条木地板

条木地板由龙骨、水平撑、装饰地板三部分构成。多选用水曲柳、柞木、枫木、柚木和榆木。条板宽度一般不大于120mm,板厚为20~30mm,条木拼缝做成企口或错口,直接铺钉在木龙骨上,端头接缝要相互错开,其拼缝如图 11-8 所示。条木地板自重轻,弹性好,脚感舒服,热导率小,冬暖夏凉,且易于清洁。适用于办公室、会议室、会客室、休息室、住宅起居室、卧室、幼儿园及仪器室、健身房等场所。

2. 拼花木地板

拼花板材的面层多选用水曲柳、核桃木、柞木、榆木、槐木和柳桉等质地优良、不易腐朽开裂的硬木树材。可通过小木条板不同方向的组合,拼造出多种图案花纹,常用的有正芦席纹、斜芦席纹、人字纹、清水砖墙纹,如图 11-9 所示。拼花木地板纹理美观、耐磨性好,且拼花小木板一般经过远红外线干燥,含水率恒定,因而变形稳定,易保持地面平整、

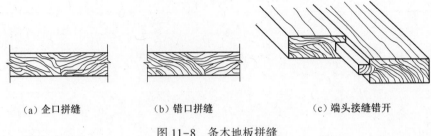

(a) 企口拼缝　　　　(b) 错口拼缝　　　　(c) 端头接缝错开

图 11-8　条木地板拼缝

光滑而不翘曲变形。常用于宾馆、会议室、办公室、疗养院、托儿所、舞厅、住宅和健身房等地面的装饰。

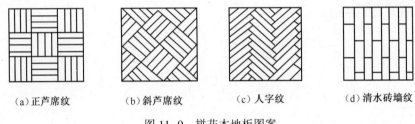

(a) 正芦席纹　　　(b) 斜芦席纹　　　(c) 人字纹　　　(d) 清水砖墙纹

图 11-9　拼花木地板图案

3. 护壁板

在铺设拼花地板的房间内，往往采用护壁板，使室内的材料格调一致，给人一种和谐、自然的感受。

4. 木花格

用木板和枋木制作成具有若干个分格的木架，选用硬木或杉木树材制作，多用作建筑室内的花窗、隔断与博古架等。能起到调整室内设计的格调、改进空间效能和提高室内艺术质量等作用。

5. 木装饰线条

木装饰线条主要有楼梯扶手、压边线、墙腰线、天花角线、弯线及挂镜线。木装饰线条可增添古朴、高雅与亲切的美感，主要用作建筑物室内墙面的墙腰饰线、墙面洞口装饰线、护壁板和勒脚的压条饰线、门框装饰线、顶棚装饰角线、楼梯栏杆扶手以及高级建筑的门窗和家具等的镶边、贴附组花材料。特别是在我国的园林建筑和宫殿式古建筑的修建工程中，木线条是一种必不可少的装饰材料。

6. 其他装饰

此外，建筑室内还有一些小部位的装饰，也是采用木材制作的，如窗台板、窗帘盒、踢脚板等，它们和室内地板、墙壁互相联系、互相衬托。

三、木材的综合应用

木材经加工成型材和制作成构件时，会留下大量的碎块废屑，将这些下脚料进行加工处理，就可制成各种人造板材（胶合板原料除外）。常用的人造板材有以下几种。

1. 胶合板

胶合板是用原木旋切成薄片，再用胶按奇数层数及各层纤维互相垂直的方向，黏合热压而成的人造板材。胶合板最高层数可达 15 层,建筑工程中常用的是三合板和五合板。胶合板材质均匀,强度高,无疵病,幅面大,使用方便,板面具有美丽的木纹,装饰性好,而且吸湿变形小,不翘曲开裂。胶合板具有真实、立体和天然的美感,广泛用作建筑物室内隔墙板、护壁板、顶棚板、门面板以及各种家具装修。各类胶合板的特性及适用范围如表 11-5 所列。

表 11-5　胶合板分类、特性及适用范围

分类	名称	胶种	特性	适用范围
Ⅰ类	耐气候胶合板	酚醛树脂胶或其他性能相当的胶	耐久、耐煮沸或蒸汽处理、耐干热、抗菌	室外工程
Ⅱ类	耐水胶合板	脲醛树脂或其他性能相当的胶	耐冷水浸泡及短时间热水浸泡、不耐煮沸	室外工程
Ⅲ类	不耐潮胶合板	豆胶或其他性能相当的胶	不耐水、不耐湿	室内工程(干燥环境下使用)

2. 密度板

密度板也称为纤维板,是将木材加工下来的板皮、刨花和树枝等废料,经破碎浸泡、研磨成木浆,再加入一定的胶料,经热压成型、干燥处理而成的人造板材。根据成型时温度和压力的不同分为硬质纤维板、半硬质纤维板和软质纤维板三种。生产纤维板可使木材的利用率达 90%以上。纤维板构造均匀,各向强度一致,克服了木材各向异性和有天然疵病的缺陷,耐磨、绝热性好,不易翘曲变形和开裂,表面适于粉刷各种涂料或粘贴装裱。

表观密度大于 800kg/m³硬质纤维板,强度高,可代替木板,在建筑中应用最广,主要用作室内壁板、门板、地板、家具等。通常在板表面施以仿木纹油漆处理,可达到以假乱真的效果。半硬质纤维板的表观密度为 400~800kg/m³,常制成带有一定孔型的盲孔板,板表面常施以白色涂料,这种板兼具吸声和装饰作用,多用作宾馆等室内顶棚材料。软质纤维板的表观密度小于 400kg/m³,适合作保温隔热材料。常用规格有 1220mm×2440mm 和 1525mm×2440mm 两种,厚度为 2.0~25mm。

纤维板表面光滑平整、材质细密、性能稳定、边缘牢固,而且板材表面的装饰性好。但耐潮性较差,且相比之下,纤维板的握钉力较刨花板差,螺钉旋紧后如果发生松动,由于强度不高,很难再固定。

纤维板的主要优点如下。

(1) 变形小,翘曲小。

(2) 有较高的抗弯强度和冲击强度。

(3) 很容易进行涂饰加工。各种涂料、油漆类均可均匀地涂在纤维板上,是做油漆效果的首选基材。

(4) 是一种美观的装饰板材。

(5) 各种木皮、胶纸薄膜、饰面板、轻金属薄板等材料均可胶贴在纤维板表面。

(6) 硬质纤维板经冲制、钻孔,还可制成吸声板,应用于建筑的装饰工程中。

(7) 物理性能极好,材质均匀,不存在脱水问题。中密度板的性能接近于天然木材,但无天然木材的缺陷。

纤维板的主要缺点如下。

（1）握钉力较差。

（2）重量比较大，刨切较难。

（3）最大的缺点就是不防潮，见水就发胀。在用纤维踢脚板、门套板、窗台板时应该注意六面都刷漆，这样才不会变形。

虽然纤维板的耐潮性、握钉力较差，螺钉旋紧后如果发生松动，不易再固定。但是纤维板表面光滑平整、材质细密、性能稳定、边缘牢固、容易造型，避免了腐朽、虫蛀等问题，在抗弯曲强度和冲击强度方面，均优于刨花板，而且板材表面的装饰性极好，比实木家具外观尤胜一筹。

纤维板主要用于制作强化木地板、门板、隔墙、家具等，在家装中主要用于混油工艺的表面处理；一般现在做家具用的都是中密度板，是由于高密度板密度太高，很容易开裂。一般高密度板都是用来做室内外装潢、办公和民用家具、音响、车辆内部装饰，还可用作计算机房抗静电地板、护墙板、防盗门、墙板、隔板等的制作材料。它还是包装的良好材料。近年来更是作为基材用于制作强化木地板等。

3. 细木工板

细木工板也称为复合木板，俗称大芯板，它由三层木板黏压而成。芯板是由优质天然的木板方经热处理（即烘干室烘干）以后，加工成一定规格的木条，由拼板机拼接而成。拼接后的木板两面各覆盖两层优质单板，再经冷、热压机胶压后制成。细木工板的两面胶黏单板的总厚度不得小于 3mm。一般厚度为 20mm、长为 2000mm、宽为 1000mm，表面平整，幅面宽大，可代替实木板，使用非常方便。与刨花板、中密度纤维板相比，其天然木材特性更顺应人类自然的要求；它具有质轻、易加工、握钉力好、不变形等优点，是室内装修和高档家具制作的理想材料。

4. 刨花板、木丝板、木屑板

刨花板、木丝板、木屑板是以木材加工时产生的刨花、木渣、木屑、短小废料刨制的木丝等为原料，经干燥后拌入胶料，再经热压而制成的人造板材。所用胶料可以是动植物胶、合成树脂，也可为水泥、菱苦土等无机胶结料。这类板材表观密度较小、强度较低，主要用作绝热和吸声材料。经饰面处理后，如粘贴塑料贴面后，可用作吊顶、隔墙等材料。主要用于家具和建筑工业及火车、汽车车厢制造。

刨花板按产品密度可分为低密度（$0.25 \sim 0.45 \mathrm{g/cm^3}$）、中密度（$0.55 \sim 0.70 \mathrm{g/cm^3}$）和高密度（$0.75 \sim 1.3 \mathrm{g/cm^3}$）三种，通常生产 $0.65 \sim 0.75 \mathrm{g/cm^3}$ 密度的刨花板。按板坯结构分为单层、三层（包括多层）和渐变结构。按耐水性分为室内耐水类和室外耐水类。按刨花在板坯内的排列有定向型和随机型两种。此外，还有非木材材料，如棉秆、麻秆、蔗渣、稻壳等所制成的刨花板，以及用无机胶黏材料制成的水泥木丝板、水泥刨花板等。刨花板的规格较多，厚度为 $1.6 \sim 75 \mathrm{mm}$，以 19mm 为标准厚度，常用厚度为 13mm、16mm、19mm 三种。

第三节 木材防护

一、木材腐朽

木材的腐朽为真菌侵害所致。木材受到真菌侵害后，其细胞改变颜色，结构逐渐变松、变脆,强度和耐久性降低,这种现象称为木材的腐蚀或腐朽。

侵害木材的真菌,主要有霉菌、变色菌和腐朽菌等,前两种真菌对木材质量影响很大。腐朽菌寄生在木材的细胞壁中,它能分泌出一种酵素,把细胞壁物质分解成简单的养分,供自身摄取生存,从而致使木材产生腐朽,并遭彻底破坏。但真菌在木材中生存和繁殖必须同时具备三个条件,即适当的水分、足够的空气和适宜的温度。当空气相对湿度在90%以上,木材的含水率在35%~50%,环境温度在25~30℃时,最适宜真菌繁殖,木材最易腐蚀。

木材除受真菌侵蚀而腐朽外,还会遭受昆虫的蛀蚀。昆虫在树皮内或木材细胞中产卵,孵化成幼虫,幼虫蛀蚀木材,形成大小不一的虫孔。常见的蛀虫有天牛、蠹虫和白蚁等。白蚁是木材的大敌,白蚁常将木材内部蛀空,而外表仍然完好。还有一些海生钻木动物,如属软体虫的船蛆(海虫)及属甲壳虫的凿船虫,它们危及多种木材,尤其是在暖热海域内,使木船和港口工程用木材遭受破坏。

二、木材防腐、防虫

木材防腐的基本原理在于破坏真菌及虫类生存和繁殖的条件。常用的方法有两种:一是将木材干燥至含水率在20%以下,保证木结构处在干燥状态,对木结构物采取通风、防潮、表面进行油漆处理,油漆涂层使木材隔绝了空气和水分;二是将化学防腐剂施加于木材,使木材成为有毒物质,常用的方法有表面喷涂法、浸渍法和压力渗透法等。常用的防腐剂有水溶性的、油溶性的和浆膏类的几种。水溶性防腐剂常用于室内木构件的防腐,如氯化锌、氟化钠、铜铬合剂、硼氟酚合剂和硫酸铜等。油溶性防腐剂的毒性大且持久,不易被水冲走,不吸湿,但有臭味,多用于室外、地下和水下,常用蒽油、煤焦油等。浆膏类防腐剂由粉状防腐剂、油质防腐剂、填料和胶结料按一定比例混合配制而成,有恶臭,木材处理后呈黑褐色,不能油漆,如氟砷沥青等,用于室外木材防腐。

木材虫蛀的防护方法,主要是采用化学药剂处理。一般来说,木材防腐剂也能防止昆虫的危害。

第四节　木材及其制品发展动态

一、新型木粉复合木塑材料

这种新型材料是利用天然木材加工废料——锯末进行超细化和表面处理后,与合成树脂复合而成。其中,木粉添加量高达50%以上,外观和手感与天然木材相似,不仅具有木材一样的握钉力和可锯、可刨、可钻的性能,而且吸水率低,受潮不变形,不含甲醛,并具有木材所不具备的阻燃性,应用前景十分广阔。

二、木塑制品

近年来,我国木塑制品伴随全球环保呼声的高涨开始在建材领域崭露头角,木塑制品是一种新型的绿色建材,具有优良防腐、防水、防蚀以及可钉、可锯的二次加工性能好等特点。目前,主要用于建筑领域的门窗、顶板、模板、地板、屋面板和隔板等。木塑制品的生产原料,一是农作物剩余物及木材加工剩余物;二是废旧回收塑料。该制品成本较低,适合于我国木材资源匮乏,建筑用木材消耗量大的特点。木塑制品不吸水、不变形、高效低价、市场前景广阔。

三、竹木复合建材

日本为有效利用人工林间采伐小径材、竹材,开发出竹木复合建材,开发的竹木复合建材的外观是竹材,但其强度、加工特性、施工性等是普通竹材不能相比的。竹木复合建材的加工方法也较简单,即将竹节内部的节板去除,把事先加工好的圆形木棒插入竹筒作芯材,竹筒与芯材之间的缝隙用树脂填充,使二者构成一体。竹木复合建材具有以下特点。

(1) 由于普通竹材中空,不易进行接合加工,且施工性较差,所以很难被有效利用。圆形木棒插入竹筒作芯材后,就可以同木材一样进行开榫、打孔和钻眼,还可以使用铁钉和木钉等。除作为建材使用外,在其他领域的用途也相当广泛。

(2) 用金属材料作芯材,其金属两端长出竹筒,再用铁钉或螺钉连接,两端还可用螺母结合,使连接更加牢固。

(3) 若用直径粗细不同的竹材呈同心组合,其缝隙填以树脂,就可加工成似木材年轮般的复合建筑工程材料,其强度可大大超出普通竹材。竹木复合建筑材料的开发,开辟了木材和竹材利用的新途径,同时也可促进人工林间伐材和竹材的有效利用。为振兴林产工业和竹材产业,该中心还在探讨最佳加工方法,降低成本,并开发更多的新产品及在实用化方面开展深入的研究。

✐ 复习思考题

11-1 名词解释:①自由水;②吸附水;③纤维饱和点;④平衡含水率。

11-2 从宏观构造观察,木材有哪些主要组成部分?

11-3 木材含水率的变化对其性能有什么影响?

11-4 影响木材强度的因素有哪些? 如何影响?

11-5 木材在建筑装饰中的主要应用有哪些?

11-6 常用的人造板有哪些? 各适用于何处?

11-7 简述木材的腐蚀原因及防腐方法。

第十二章　建　筑　石　材

📢 **本章学习内容与目标**

· 了解石材的成因分类及常用品种和性质。

· 掌握石材的技术性质及选用原则。

建筑用石材分为天然石材和人造石材两类。天然岩石经过机械加工或不经过加工而制得的材料,统称为天然石材。人造石材主要是指人们采用一定的材料、工艺技术,仿照天然石材的花纹和纹理,人为制作的合成石材。本章只介绍天然石材。

天然石材是古老的建筑工程材料,来源广泛,使用历史悠久。国内外许多著名的古建筑,如意大利的比萨斜塔、埃及的金字塔、我国的赵州桥等,都是用天然石材建造而成的。由于天然石材具有很高的抗压强度、良好的耐久性和耐磨性,经加工后表面花纹美观、色泽艳丽、富有装饰性等优点,虽然作为结构材料已在很大程度上被钢筋混凝土、钢材所取代,但在现代建筑中,特别是在建筑装饰中得到了广泛的应用。

第一节　建筑中常用的岩石

岩石是由各种不同的地质作用所形成的天然固态矿物的集合体,组成岩石的矿物称为造岩矿物。由单一造岩矿物组成的岩石叫单矿岩,如石灰岩是由方解石矿物组成的。由两种或两种以上造岩矿物组成的岩石叫多矿岩,如花岗岩由长石、石英、云母等几种矿物组成。天然岩石按照地质形成条件分为岩浆岩、沉积岩和变质岩三大类,它们具有不同的结构、构造和性质。

一、岩浆岩

岩浆岩又称为火成岩,它是熔融岩浆由地壳内部上升、冷却而成。根据冷却条件的不同,岩浆岩又分为以下三类。

1. 深成岩

深成岩是地表深处岩浆受上部覆盖层的压力作用,缓慢且较均匀地冷却而形成的岩石。其特点是矿物完全结晶、晶粒较粗、块状构造致密、抗压强度高、密度高、孔隙小、吸水率小、耐磨。建筑上常用的深成岩有花岗岩、正长岩、辉长岩、橄榄岩、闪长岩等。主要用于砌筑基础、勒脚、踏步、挡土墙等。经磨光的花岗石板材装饰效果好,可用于外墙面、柱面和地面装饰。

2. 喷出岩

喷出岩是岩浆岩喷出地表后,在压力骤减和冷却较快的条件下形成的岩石。由于结晶条件差,喷出岩结晶不完全,有玻璃质结构。当喷出的岩浆所形成的岩层很厚时,其结构较致密,性能接近深成岩。当喷出凝固成比较薄的岩层时,常呈多孔构造,近于火山岩。工程上常用的喷出岩有玄武岩、安山岩和辉绿岩等。玄武岩和辉绿岩十分坚硬,难以加工,常用于制作耐酸和耐热材料,也是生产铸石和岩棉的原料。

3. 火山岩

火山岩是岩浆被喷到空中,在急速冷却条件下形成的多孔散粒状岩石。火山岩为玻璃体结构且多呈多孔构造,如火山灰、火山渣、浮石和凝灰岩等。火山灰、火山渣可作为水泥的混合材料,浮石是配制轻质混凝土的一种天然轻骨料。火山凝灰岩容易分割,可用于砌筑墙体等。

二、沉积岩

沉积岩也称为水成岩,是地表的各种岩石经长期风化、搬运、沉积和再造作用而成。沉积岩的主要特征是呈层状构造,体积密度小,孔隙率和吸水率较大,强度低,耐久性也较差。沉积岩在地表分布很广,容易加工,应用较为广泛。根据成因和物质成分的不同,沉积岩可分为以下三种。

1. 机械沉积岩

机械沉积岩又称为碎屑岩,是风化后的岩石碎屑经风、雨、冰川、沉积等机械力的作用而重新压实或胶结而成的岩石,如砂岩、砾岩、火山凝灰岩等。

2. 化学沉积岩

化学沉积岩是岩石风化后溶解于水中,经聚积、沉积、重结晶、化学反应等过程而形成的岩石,如石膏、白云石、菱镁矿、某些石灰岩等。

3. 有机沉积岩

有机沉积岩又称为生物沉积岩,是由各种有机体的残骸沉积而成的岩石,如石灰岩、硅藻等。

三、变质岩

变质岩是由岩浆岩或沉积岩经过地质上的变质作用而形成的,变质作用是在地层的压力或温度作用下,原岩石在固体状态下发生再结晶作用,而使其矿物成分、结构构造以至化学成分发生部分或全部改变而形成的新岩石。建筑中常用的变质岩有大理岩、石英岩、片麻岩等。

1. 大理岩

大理岩经人工加工后称为大理石,因最初产于云南大理而得名。它是由石灰岩、白云石经变质而成的具有致密结晶结构的岩石,呈块状构造。大理岩质地密实但硬度不高,锯切、雕刻性能好,表面磨光后十分美观,是高级的装饰材料。

2. 石英岩

石英岩是由硅质砂岩变质而成的等粒结晶结构岩石,呈块状构造。其质地均匀致密,硬度大,抗压强度高达 250~400MPa,加工困难,但耐久性强。石英岩板材在建筑上常用作饰面材料、耐酸衬板或用于地面、踏步等部位。

3. 片麻岩

片麻岩是由花岗岩变质而成的等粒或斑晶结构岩石,呈片麻状或带状构造。垂直于片理方向的抗压强度为 120~200MPa,沿片理方向易于开采和加工,但在冻结与融化交替作用下易分层剥落。片麻岩的吸水性高,抗冻性和耐久性差,通常加工成毛石或碎石,用于不重要的工程。

第二节　石　材

天然石材是指将开采来的岩石,对其形状、尺寸和表面质量三方面进行一定的加工处理后所得到的材料。建筑石材是指主要用于建筑工程中的砌筑或装饰的天然石材。石材可用于建造房屋、宫殿、陵墓、桥、塔、碑和石雕等建筑物。

一、石材的主要技术性质

1. 表观密度

大多数岩石的表观密度均较大,主要是由岩石的矿物组成、结构的致密程度所决定。按照表观密度的大小,石材可分为轻质石材和重质石材两类。表观密度小于 1800kg/m³ 的为轻质石材,主要用于采暖房屋外墙;表现密度不小于 1800kg/m³ 的为重质石材,主要用于基础、桥涵、挡土墙、不采暖房屋外墙及道路工程等。同种石材,表观密度越大,则孔隙率越低,强度、耐久性、导热性等越高。

2. 吸水性

它反映了岩石吸水能力的大小,也反映了岩石耐水性的好坏。天然石材的吸水率一般较小,但由于形成条件、密度程度等情况的不同,石材的吸水率波动也较大。岩石的表观密度越大,说明其内部孔隙数量越少,水进入岩石内部的可能性随之减少,岩石的吸水率跟着减小;反之,岩石的吸水率跟着增大。如花岗岩吸水率通常小于 0.5%,而多孔的贝类石灰岩吸水率可达 15%。岩石的吸水性直接影响了其抗冻性、抗风化性等耐久性指标。岩石吸水后强度降低,抗冻性、耐久性下降。

3. 耐水性

大多数石材的耐水性较高,当岩石中含有较多的黏土时,其耐水性较低,如黏土质砂岩等。石材的耐水性以软化系数表示。软化系数小于 0.8 的石材不允许用于重要建筑。

4. 抗冻性

抗冻性是石材抵抗反复冻融破坏的能力,是石材耐久性的主要指标之一。石材的抗冻性用石材在水饱和状态下所能经受的冻融循环次数来表示。在规定的冻融循环次数内,无贯穿裂纹,质量损失率不超过 5%,强度降低不大于 25%,则为抗冻性合格。一般室外工程饰面石材的抗冻性次数应大于 25 次。

5. 强度等级

石材的强度主要取决于其矿物组成、结构及孔隙构造。石材的强度等级是根据三个 70mm×70mm×70mm 立方体试块的抗压强度平均值,划分为 MU100、MU80、MU60、MU50、MU40、MU30、MU20、MU15 和 MU10 九个等级。试块也可采用表 12-1 所列的其他尺寸的立方体,但应对其试验结果乘以相应的换算系数后方可作为石材的强度等级。

表 12-1　石材强度等级的换算系数

立方体边长/mm	200	150	100	70	50
换算系数	1.43	1.28	1.14	1	0.86

6. 硬度

石材的硬度取决于矿物组成的硬度与构造,石材的硬度反映了其加工的难易性和耐磨性。岩石的硬度高,其耐磨性和抗刻划性也好,其磨光后也有良好的镜面效果。但是,硬度高的岩石开采困难,加工成本高。岩石的硬度以莫氏硬度来表示。

7. 耐磨性

耐磨性是石材抵抗摩擦、撞击以及边缘剪切等联合作用的能力。一般而言,由石英、长石组成的岩石,耐磨性好,如花岗岩、石英岩等。由白云石、方解石组成的岩石,耐磨性较差。石材的强度高,则耐磨性也较好。耐磨性常用磨损率表示。

二、石材的品种与应用

石材在建筑上,或用于砌筑,或用于装饰。砌筑用石材有毛石和料石之分,装饰用石材主要指各类、各种形状的天然石质板材和散料石材。

1. 毛石

毛石又称为片石或块石,是由爆破直接获得的形状不规则的石块。毛石依据其平整程度又分为乱毛石和平毛石。

(1) 乱毛石。乱毛石形状不规则,一般在一个方向的尺寸达 300~400mm,中部厚度一般不宜小于 150mm,重量约为 20~30kg。乱毛石主要用来砌筑基础、勒角、墙身、堤坝、挡土墙壁等,也可用于大体积混凝土。

(2) 平毛石。平毛石是由乱毛石略经加工而成。形状较乱毛石整齐,其形状基本上有六个面,中部厚度不小于 200mm。平毛石可用于砌筑基础、墙身、勒角、桥墩、涵洞等,也可用于铺筑小径石路。

2. 料石

料石又称为条石,是由人工或机械开采出的较规则的六面体石块,截面的宽度、高度不小于 200mm,且不小于长度的 1/4。通常由质地比较均匀的岩石,如砂岩、花岗岩加工而成,至少应有一个面较整齐,以便互相合缝。按照表面加工的平整程度,分为四种料石。

(1) 毛料石。毛料石的外形大致方正,一般不加工或仅稍加修整,高度不应小于 200mm,叠砌面凹入深度不大于 25mm。

(2) 粗料石。粗料石的叠砌面凹入深度不大于 20mm。

(3) 半细料石。半细料石的叠砌面凹入深度不应大于 15mm。

(4) 细料石。细料石的叠砌面凹入深度不大于 10mm。

料石根据加工程度的不同,分别用于建筑物的外部装饰、勒脚、台阶、砌体、石拱等。

3. 石材饰面板

建筑上常用的饰面板材,主要有天然大理石和天然花岗石板材。

(1)天然大理石板材。天然大理石板材简称为大理石板材,是建筑装饰中应用较为广泛的天然石饰面材料。它是用大理石荒料经锯解、研磨、抛光及切割而成的板材,主要矿物组成是方解石、白云石,易于雕琢磨光。常呈白、浅红、浅绿、黑、灰等颜色(斑纹)。白色大理石又称为汉白玉,其结构致密、强度较高、吸水率低,但表面硬度较低、不耐磨,耐化学侵蚀和抗风蚀性能较差,长期暴露于室外受阳光雨水侵袭易使表面变得粗糙多孔,失去光泽,一般均用于中高级建筑物的内墙、柱面以及磨损较小的地面、踏步。但由白云岩或白云质石灰岩变质而成的某些大理石也可用于室外,如汉白玉、艾叶青等。

(2)天然花岗石板材。由天然花岗岩经加工后得到的板材简称为花岗石板。其主要矿物组分为石英、长石和少量云母,花岗岩的颜色由造岩矿物决定,通常有深青、浅灰、黄、紫红等,花岗石板材结构致密、强度高,耐磨及时久性好,耐用年限可达 75~200 年,高质最的板材耐用年限可达千年以上。

花岗石经加工后色彩多样且具有光泽,是高档装饰材料,主要用于砌筑基础、挡土墙、勒脚、踏步、地面、外墙饰面、雕塑等。

4. 散料石材

建筑工程中常用的散料石材主要有色石渣、碎石和卵石。色石渣也称为色石子,由天然大理石或花岗石等石材经破碎筛选加工而成,作为骨料主要用于人造大理石、水磨石、水刷石、干黏石、斩假石等建筑物面层的装饰工程。碎石和卵石常用作混凝土骨料;卵石还可以作为园林、庭院等地面的铺砌材料。

第三节　建筑石材发展动态

一、世界石材发展态势

就世界范围来说,石材工业是一个蓬勃发展的工业,近年来,石材已成为世界消费的一大热点,世界石材贸易额得以快速增长。从国际市场看,石材增长速度高于世界经济增长速度,世界石材业拥有超过 150 亿美元的固定资本,年贸易额达到 350 亿美元。

世界上大理石、花岗石的主要生产和消费市场是欧洲(意火利、德国、法国、西班牙、比利时、英国、荷兰、奥地利、瑞士和俄罗斯等)、美国、亚洲(中国、日本和新加坡等)和中东。世界石材贸易以海运为主。根据国际石材贸易近年的情况,世界石材消费市场的增长趋势仍将继续。1994 年世界石材开采量为 4300 万 t,十年后的 2003 年,全世界天然石材开采量超过 1.5 亿 t,年均增长率达到 25%,其中约 51% 为大理石,47% 为花岗石,2% 为青板石。世界天然石材的消费量也保持了 20% 的增长率,2003 年交易额达 350 亿美元。其中,中国、意大利、德国、美国、西班牙、法国、日本、比利时、韩国、巴西、印度、土耳其、希腊等是世界石材工业中分属于生产和使用石材最大的市场。从国际建筑装饰业近年的发展趋向看,玻璃幕墙已日益减少,石材饰面不断增多。在建筑艺术手法上,采用不同的工艺组合,毛面石材和磨光石材搭配使用,更具有石材的装饰魅力,已成为建筑石材装饰的发展新趋向。

各国用石材做外饰面时,有抛光、磨光、火焰烧毛、凿毛、剁斧等不同的工艺处理。例如,贝聿铭在香港中国银行大厦的装饰工程中,同一饰面采用同一种石材,而用抛光和火焰烧毛两种表面处理工艺的手法,取得了很好的艺术装饰效果。此外,花岗石外饰面安装多采用干挂法,也有采用胶粘贴的方法,但现在基本上不采用水泥砂浆粘贴的工艺,因为曾出现色差大和"花脸"现象。无论干法作业还是采用粘贴工艺,所有石材板缝均使用硅橡胶勾缝,一般缝宽为5~10mm。从石材饰面来看,在钢筋混凝土框架或钢结构建筑中,采用带有石材饰面的外墙预制壁板日益增多,壁板的规格尺寸也日益增大,最大长度达9m。带花岗石饰面的外墙壁板集外饰面、结构层、防水和保温于一体,均在厂内预制,然后运到现场进行安装。采用这种工艺,可在厂内一次成型,不仅质量好,而且效率高,大幅度提高了机械化和工厂化水平。另外,国外外墙饰面较少用面砖,特别是白面砖,即使使用面砖也是采用与黏土砖色彩尺寸相似的仿砖墙的面砖。此外,当今用石材作艺术雕塑非常普遍,尤其是在一些重要的大型游览工程及公共建筑中。

随着世界人口老龄化的加速,代表世界墓石市场两大风格的日式墓碑和欧式墓碑将继续增长。总之,由于世界石材市场的持续增长,世界石材工业将继续向石材消费方向发展,预计今后20年,世界石材年均增长率仍将达到6%,在2025年左右,全世界石材市场将比20世纪增长三倍以上。

二、人造浮石成建筑石材新宠

天然的浮石又称浮岩,是一种火山喷出的多孔状玻璃质酸性岩石。因气孔较多,对水的相对密度小,能浮于水上,故而得名。在自然界里常以白色、灰色出现,无光泽,相对密度为0.3~0.4,含二氧化硅为65%~75%,含三氧化二铅为9%~20%,常呈皮壳状覆于较致密的熔岩上。浮石可作为轻质混凝土材料,具有保温、隔热、隔声等性能;还可作为洗涤剂、橡胶的填料,陶瓷、釉彩、珐琅的一种拼料。

人造浮石是将浮石粉碎配以多种辅料搅拌成混凝土,经浇注、震动、脱模而成。由于在其中加入各种石料,做出的效果具有仿真石、仿鹅卵石、仿碎石、仿化石等多个品种。经切割磨抛可获得多种样式的装饰板材,还可在模具中浇铸出各种材质浮雕,其细腻程度近似石膏的浇铸效果。由于质轻,密度只有0.49/cm³,不到天然石材的1/6,对减轻建筑物的质量有着积极作用。既是一种新型的装饰石材,也是一种新型的建筑石材。

✏️ 复习思考题

- -

12-1 按地质成因,岩石可分为哪几类?举例说明。

12-2 石材有哪些主要的技术性质?

12-3 如何确定砌筑用石材的抗压强度及强度等级?

12-4 石材的主要品种及其用途是什么?

第十三章　建筑装饰材料

📢 **本章学习内容与目标**

- 重点掌握建筑装饰材料的主要类型、特点和用途,能够合理选用建筑装饰材料。
- 了解常用建筑装饰材料的种类、作用、组成和应用方法。

建筑装饰材料一般指主体结构工程完成后,进行室内外墙面、顶棚与地面的装饰、装修所需要的材料,是集功能性和艺术性于一体的工业制品。建筑装饰材料的种类很多,按化学性能可分为无机材料与有机材料;按建筑物装饰部位可分为地面装饰材料、内墙装饰材料、外墙装饰材料和吊顶装饰材料。

第一节　装饰材料的基本要求及选用

一、装饰材料的基本要求

建筑装饰材料除应具有适宜的颜色、光泽、线条与花纹图案及质感,即除满足装饰性要求以外,还应具有保护作用,满足相应的使用要求,即具有一定的强度、硬度、防火性、阻燃性、耐火性、耐候性、耐水性、抗冻性、耐污染性与耐腐蚀性,有时还需具有一定的吸声性、隔声性和隔热保温性等。其中,首先应当考虑的是装饰效果。装饰效果是由质感、线条和色彩三个因素构成的。装饰效果受到各种因素的影响,主要有以下几个。

(1)颜色。装饰材料的颜色要求与建筑物的内外环境相协调,同时应考虑建筑物的类型、使用功能以及人们对颜色的习惯心理。

(2)光泽。这是材料表面的一种特性,与材料表面对光线反射的能力有关。有的大型建筑物采用反光很强的装饰材料,具有很好的艺术效果。材料的光泽是评定材料装饰效果时仅次于颜色的一个重要因素。光泽的要求也要根据装饰的环境和部位来确定。

(3)透明性。有的材料既能透光又能透视,称为透明材料;有的只能透光而不能透视,称为半透明材料;既不透光也不透视的称为不透明材料。普通建筑物的门窗玻璃大多是透明的,而磨砂玻璃和压花玻璃则是半透明的。透明程度的要求需按照使用功能和与整体的协调来设定。

（4）表面组织。材料表面组织可以有许多特征,是光滑的还是粗糙的、平整的还是凹凸不平的、密实的还是多孔的等。如果表面处理得当也会产生良好的装饰效果。例如,将外墙板做成具有瓷砖纹或蘑菇石的表面,可以使建筑物的外墙形式丰富多彩。表面组织状况也要根据总体设计要求与各部位的合理搭配来选定。

此外,还必须考虑装饰材料在形状、尺寸、纹理等方面的要求。

除了考虑材料的装饰要求外,还应当根据材料的功能和使用环境等条件,满足材料的强度、耐水性、大气稳定性(包括老化、褪色、剥落等)、耐腐蚀性等要求。

二、装饰材料的选用

建筑物的种类繁多,不同功能的建筑物,对装饰的要求不同。即使同一类建筑物,因设计标准不同装饰要求也会不相同。在建筑装饰工程中,为确保工程质量——美化和耐久,应当按照不同档次的装修要求,正确合理地选用建筑装饰材料。

建筑装饰是为了创造环境和改造环境,这种环境是自然环境和人造环境的高度统一与和谐。然而,各种装饰材料的色彩、光泽、质感、触感及耐久性等性能的不同运用,将会在很大程度上影响到环境。因此,在选择装饰材料时,必须考虑以下三个问题。

（一）装饰效果

建筑装饰效果最突出的一点是材料的色彩,它是构成人造环境的重要内容。

1. 建筑物外部色彩的选择

建筑物外部色彩的选择,应根据建筑物的规模、环境及功能等因素来决定。由于深浅不同的色块在一起,浅色块给人以庞大、肥胖感,深色块使人感到瘦小和苗条。因此,现代建筑中,庞大的高层建筑宜采用较深的色调,使其与蓝天白云相衬,更显得庄重和深远;小型民用建筑宜用淡色调,使人不致感觉矮小和零散,同时还能增加环境的幽雅感。

另外,建筑物外部装饰色彩的观赏性,还应与其周围的道路、园林、小品以及其他建筑物的风格和色彩相配合,力求构成一个完美的、色彩协调的环境整体。

2. 建筑物内部色彩的选择

各种色彩能使人产生不同的感觉,因此建筑内部色彩的选择,不仅要从美学上来考虑,还要考虑到色彩功能的重要性,力求合理应用色彩,以使生理上、心理上均能产生良好的效果。红色、橙色、黄色使人看了可以联想到太阳、火焰而感觉温暖,故称为暖色;绿色、蓝色、紫罗兰色使人看了会联想到大海、蓝天和森林而感到凉爽,故称为冷色。暖色调使人感到热烈、兴奋和温暖;冷色调使人感到宁静、幽雅和清凉。所以,夏天的工作和休息环境应采用冷色调,以给人清凉感;冬天则宜用暖色调,给人以温暖感;寝室宜用浅蓝色或淡绿色,以增加室内的舒适和宁静感;幼儿园的活动室应采用中黄、淡黄、橙黄、粉红等暖色调,以适应儿童天真活泼的心理;饭馆餐厅宜用淡黄、橘黄色,有利增进食欲;医院病房则宜采用浅绿、淡蓝、淡黄等色调,以使病人感到宁静和安全。

（二）耐久性

用于建筑装饰的材料,要求其既美观又耐久。通常建筑物外部装饰材料要经受日晒、雨淋、霜雪、冰冻、风化以及腐蚀介质等侵袭,而内部装饰材料要经受摩擦、潮湿和洗刷等作用。因此,对装饰材料的耐久性要求,应包括在以下三方面性能中。

（1）力学性能。包括强度（抗压、抗拉、抗弯、冲击韧性等）、受力变形、黏结性、耐磨性以及可加工性等。

（2）物理性能。包括密度、吸水性、耐水性、抗渗性、抗冻性、耐热性、绝热性、吸声性、隔声性、光泽度、光吸收性及光反射性等。

（3）化学性能。包括耐酸碱性、耐大气侵蚀性、耐污染性、抗风化性及阻燃性等。

各种建筑装饰材料均各具特性，所以建筑用装饰材料应根据其使用部位及条件不同，提出相应的性能要求。必须十分明确：只有保证了装饰材料的耐久性，才能切实保证建筑装饰工程的耐久性。

（三）经济性

从经济角度考虑材料的选择，应有一个总体观念，既要考虑到工程装饰一次性投资的多少，也要考虑到日后的维修费用，有时在关键性问题上，宁可适当加大一次性投资，来延长使用年限，从而保证总体上的经济性。

优美的建筑艺术效果，不在于多种材料的堆积，而要在体察材料内在构造和美的基础上，精于选材，贵在使材料合理配置及质感的和谐运用。特别是对那些贵重而富有魅力感的材料，要施以"画龙点睛"的手法，才能充分发挥材料的装饰特性。

第二节　地面装饰材料

地面装饰材料有三大功能：一是通过材料的色彩、线条、图饰和质感表现出风格各异、色彩纷呈的饰面，给人们以美的享受；二是对建筑物的保护功能，如地面的潮湿、霉变、腐蚀和裂缝等，利用地面装饰材料的良好材性可解决以上缺陷，提高建筑物的耐久性与使用寿命；三是特殊功能，以改善室内的条件，如调节温湿度、隔声、吸声、防火、防滑、增加弹性、抗静电及提高耐磨性等。

一、聚氯乙烯卷材地板

以聚氯乙烯树脂为主要原料，加入填料、增塑剂、稳定剂、着色剂等辅料，在片状连续基材上，经涂敷工艺或经压延、挤出或挤压工艺生产而成的地面覆盖材料。

1. 聚氯乙烯卷材地板的特点

具有耐磨、耐水、耐污、隔声、防潮、色彩丰富、纹饰美观、行走舒适、铺设方便、清洗容易、重量轻及价格低廉等特点。

2. 聚氯乙烯卷材地板的用途

适用于宾馆、饭店、商店、会客室、办公室及家庭厅堂、居室等地面装饰。

3. 聚氯乙烯卷材地板的分类

聚氯乙烯卷材地板一般分为带基材的发泡聚氯乙烯卷材地板（代号为 FB）和带基材的致密聚氯乙烯卷材地板（代号为 CB）两种；按耐磨性分为通用型（代号为 G）和耐用型（代号为 H）。

4. 聚氯乙烯卷材地板的规格及技术性能指标要求

聚氯乙烯卷材地板的宽度一般为 2m、3m、4m、5m 等；厚度为 1~4mm；长为 10~40m。物理性能指标应符合表 13-1 的规定。

表 13-1　聚氯乙烯卷材地板的物理性能指标

试验项目		指标
单位面积质量		公称值
纵、横向加热长度变化率/%		≤0.04
加热翘曲/mm		≤8
色牢度/级		≥3
纵、横向抗剥离力/（N/50mm）	平均值	≥50
	单个值	≥40
残余凹陷值/mm	G	≤0.35
	H	≤0.20
耐磨转数/r	G	≤1500
	H	≤5000

二、木质地板

木质地板统称为木地板。木地板作为铺地材料历史悠久,并以其自然的本色、豪华的气派,成为高档地面装饰材料之一,发展前景广阔。

木质地板是以软质材(柏木、松木、杉木、银杏等)和硬质材(柚木、柞木、香红木、麻栎、铁梨木、核桃木等)为原板,经加工处理制成具有一定几何尺寸的木板条或木块,再拼合而成的地板材。

1. 木地板的特点

木地板具有优雅、舒适、耐磨、豪华、隔声、防潮、富有弹性、热导率小、冬暖夏凉、与室内家具及装饰陈设品易于匹配和协调、室内小气候舒适宜人等优点。缺点是怕酸、怕碱和易燃。

2. 木地板的用途

木地板适用于宾馆、饭店、招待所、体育馆、机场、舞厅、影院、剧院、办公室、会议室及居民住宅,特别适宜在卧室、书房、起居室的高档次地面铺设。

3. 木地板的分类

木地板种类繁多,市场上一般依形状分为条形木地板和拼花木地板;依木材质地分为软木地板和硬木地板。

4. 木地板应用技术要点

木地板的铺设分为空铺和实铺两种。空铺木地板由木搁栅、剪刀撑、毛地板和面层板等组成,工序复杂,均由专业木工按规程与标准完成,在此不作详述。实铺木地板地面目前比较常见,现就实铺法简述如下。

(1)铺设方法分为两类:用于楼房二层(含二层)以上则可直接粘贴;用于楼房一层或平房地面,为了防潮,通常在地面上先涂上冷底子油再铺设地板。

(2)铺设前,需将地面处理平整、干燥、洁净、牢实、无油脂和污物,相对湿度不超过60%,一般越干越好。

(3)铺设温度以不低于10℃为宜,在铺设过程中尽量保持恒温。铺设前用弹线在地面上画出垂直定位线,方法是测量地面尺寸,在地面中央画出纵向的一条直线,由通过此线的中点作垂线即成(如果要将木地板斜铺,则十字垂直定位线要画成与原定位线成45°角)。定位线画好后,再按地板的大小在地面上排出要铺地板的位置线,然后从定位线开始铺设。

正方形的成品木地板,沿着板的四边用灰刀刮3～5cm宽的胶,中间不要刮胶;半成品木地板条,在板条的两端及中间刮三处胶,宽度与木地板条等同,长3～5cm即可。

地面平整刮3mm左右厚,地面略不平整刮5mm左右厚,用胶找平。刮好胶后,即可粘贴。当贴第二块板时,要将两块板的榫槽部分刷上皮胶或乳胶,使两块之间粘牢并要求紧密。以后依次这样铺下去。木地板铺至最后,要与周围墙边留1cm左右的空隙,以后上踢脚板时即可掩饰。依本方法铺设的地板,具有弹性好、隔声、隔热、防潮等效果。

三、地毯

地毯是一种有着悠久历史的室内装饰制品。地毯既有隔热、挡风、防潮、防噪声与柔软舒适等优良性能,又具有高雅、华贵与美观悦目的审美价值。地毯在室内装饰工程中,是档次高低的标志。在豪华型建筑中,地毯是不可缺少的装饰材料,其极好的装饰性、工艺性与欣赏性获得"室内装饰皇后"的美称。

地毯的分类方法众多,以图案类型分为北京式地毯、美术式地毯、彩花式地毯与素凸式地毯等。以地毯的材质分为纯毛地毯、化纤地毯、混纺地毯、塑料地毯、丝毯、橡胶绒地毯和植物纤维地毯等。

1. 纯毛地毯

纯羊毛地毯是我国传统的手工艺品之一,一般分为手织和机织两种,近年来又发展纯羊毛无纺织地毯。纯羊毛与各种合成纤维混纺编制而成的地毯称为混纺地毯。一般纯羊毛地毯的生产工艺为纺制毛纱、染色,并拈经纬线后依设计图进行配色织毯,生产出地毯初坯后再经平毯、开片、洗毯、清沟和整修而成。

纯毛地毯历史悠久,图案优美,色彩鲜艳,质地厚实,经久耐用,铺地柔软,脚感舒适,富丽堂皇,装饰效果优良。适用于宾馆、饭店、会堂、舞台、体育馆、公共建筑及民用住宅的楼板地面的铺设。

2. 化纤地毯

化纤地毯是以聚酰胺纤维(尼龙或锦纶)、聚丙烯纤维(丙纶)、聚丙烯腈纤维(腈纶)和聚酯纤维(涤纶)为原料,经过簇绒法和机织法等加工而成的面层织物,再以背衬进行复合处理而成。化纤地毯是由传统的羊毛地毯发展而来。虽然羊毛堪称纤维之王,但它价高,资源有限,且有易受虫蛀、霉变等缺点,而化纤地毯以其价格远低于羊毛,资源丰富,以及经过化学处理和加工工艺的发展,结构形式与化纤种类繁多,使得其品种、产量和应用领域已大大超越了传统的羊毛地毯而成为当今很普遍的地面装饰材料。

化纤地毯色彩丰富,给人以舒适、宁静、高雅、富丽的艺术美感;弹性好,脚感柔软,吸声、防噪、隔热、保温、防潮、耐磨性好。经处理后阻燃、抗静电性大大提高,色牢度好,价格较廉,铺设简便,是一种高级而又普及的地面装饰材料。适用于宾馆、饭店、大会堂、影剧院、播音室、办公室、展览厅、谈判厅、医院、机场、车站、体育馆、居民住宅、单身公寓及船舶、车辆和飞机等地面的装饰铺设。

第三节　内墙装饰材料

墙面装饰材料又可分为内墙装饰材料和外墙装饰材料。有些材料只能用于内墙装饰,有些只适用于外墙装饰,但也有许多材料内外墙面均可使用。在选用时应当从装饰效果和使用性能以及经济等方面加以考虑,同时注意各种材料的适用范围。

一、塑料墙纸

塑料墙纸又称为塑料壁纸,它是以纸或布为基层,以悬浮法聚氯乙烯树脂薄膜为面层,经过压延复合工艺方法,或以乳液法聚氯乙烯糊状树脂为原料,经过涂布工艺方法,制成的一种新型室内装饰材料。

塑料墙纸图案清晰、色调雅丽、立体感强、无毒、无异味、无污染、施工简便、可以擦洗、品种多、款式新、选择性强,适用于各种建筑的内墙或天棚贴面装饰使用。

塑料墙纸一般可分为三大类,包括普通墙纸、发泡墙纸和功能型墙纸。

1. 普通墙纸

普通墙纸以 $80g/m^2$ 的原纸作基层,涂以 $100g/m^2$ 聚氯乙烯糊状树脂为面层,或以 $0.1 \sim 0.2mm$ 厚的聚氯乙烯薄膜压延复合,经印花、压花而成。这种墙纸花色品种多,表面光滑,花纹清晰,表面平整,质感舒适。也可压成仿丝绸、锦缎、布纹、凹凸纹饰等多种花色。价格较低,使用面广。普通墙纸有印刷墙纸、压花墙纸、沟底印刷压花墙纸、有光印花墙纸与平光印花墙纸等。

2. 发泡墙纸

发泡墙纸以 $100g/m^2$ 的原纸作基层,涂以 $300 \sim 400g/m^2$ 的掺有发泡剂的聚氯乙烯糊状树脂为面层,或以 $0.17 \sim 0.2mm$ 厚的掺有发泡剂的聚氯乙烯薄膜压延复合,经印花、发泡压花而成。这种墙纸表面呈现富有弹性的凹凸花纹,立体感强,吸声,纹饰逼真,适用于影剧院、居室、会议厅等建筑的天棚和内墙装饰。引入不同的含有抑制发泡剂的油墨,先印花后发泡,制成各种仿木纹、拼花、仿瓷砖、仿清水墙等花色图案的墙纸,用于室内墙裙、内廊墙面及会客厅等装饰。主要品种有低发泡印花墙纸、高发泡压花墙纸和印刷发泡压花墙纸等。

3. 功能型墙纸

功能型墙纸是指具有特殊功能的墙纸。例如,阻燃墙纸一般选用 $100 \sim 200g/m^2$ 的石棉纸为基层,并在聚氯乙烯树脂中掺入阻燃剂,具有较好的阻燃性能。使用阻燃墙纸可以阻止或延缓火灾的蔓延和传播,避免或减少火灾造成的生命财产损失。防潮墙纸以玻璃纤维毡为基层,防水耐潮,适用于裱贴有防水要求的部位,如卫生间墙面等。它在潮湿状态下无霉变,长菌程度 0 级。抗静电墙纸在面层中加入电阻较小的附加剂,使其表面电阻不大于 $1 \times 10^9 \Omega$,适用于计算机房及其他电子仪表行业需要抗静电的室内墙面及顶棚等处。

此外,还有质感强的彩砖墙纸,具有金属光泽的金属箔墙纸,具有艺术性的风景画和名人字画墙纸,便于粘贴的自粘型墙纸以及质感好、强度高、耐撞击和易清洗的功能型布基墙纸。按其功能性可依用途进行组合的系列产品有布基阻燃抗静电塑料墙纸、布基阻燃防霉塑料墙纸和布基阻燃抗静电防霉塑料墙纸等。

塑料墙纸的规格主要根据墙纸的幅宽大小及每卷的长度划分，一般为 530mm×10000mm、920×（10000～50000）mm、1000mm×（10000～50000）mm、1200mm×50000mm。个别产品为英制，如 510mm×10050mm。布基墙纸一般为 860mm×（10000～50000）mm。

塑料墙纸的物理性能指标如表 13-2 所列。

表 13-2　塑料墙纸的物理性能指标

指标名称				优等品	一等品	合格品
褪色等级/级				>4	≥4	≥3
耐摩擦色牢度等级/级	干摩擦		纵向	>4	≥4	≥3
			横向			
	湿摩擦		纵向	>4	≥4	≥3
			横向			
遮蔽性等级/级				>4	≥3	≥3
湿润拉伸负荷/（N/15mm）			纵向	>2.0	≥2.0	≥2.0
			横向			
胶黏剂可拭性①			横向	20 次无外观上的损伤和变化		
阻燃性能	氧指数			≥27		
	45°燃烧 180s 炭化长度			≤100mm		
抗静电性能	表面电阻			≤6.0×10⁹Ω		
	摩擦起电压			≤50V		
防霉程度长菌程度级别				0 级		
可洗性②				30 次无外观上的损伤和变化		
特别可洗性				100 次无外观上的损伤和变化		
可刷洗性				40 次无外观上的损伤和变化		

①可拭性是指粘贴墙纸的胶黏剂附在墙纸的正面，在胶黏剂未干时应有可能用湿布或海绵拭去，而不留下明显痕迹；

②可洗性是指墙纸在粘贴后的使用期内可洗涤的性能，这是对墙纸用在有污染和湿度较高地方的要求。

塑料墙纸适用于高级宾馆、饭店、商场、餐厅、剧院、会议室、办公室、游轮、航船、旅游车辆及民用住宅的室内墙壁与天花板的装饰及艺术装潢等。

二、内墙涂料

内墙涂料也可作顶棚涂料，它的主要功能是装饰及保护室内墙面及顶棚，使其美观整洁，让人处于舒适的居住环境中。为了获得良好的装饰效果，内墙涂料应具有以下特点。

（1）色彩丰富、细腻、柔和。内墙涂料的色彩一般应浅淡、明亮，同时兼顾居住者的喜爱不同，要求色彩品种要丰富。内墙与人的目视距离最近，因此要求内墙涂料应质地平滑、细腻和色调柔和。

（2）耐碱性、耐水性、耐粉化性良好。由于墙面多带碱性，并且为了保持内墙洁净，需经常擦洗墙面，为此必须有一定的耐碱性、耐水性和耐洗刷性，避免脱落造成的烦恼。

（3）好的透气性，吸湿排湿性；否则墙体会因温度变化而结露。

（4）施工容易、价格低廉。为保持居室常新，能够经常进行粉刷翻修，所以要求施工容易、价格低廉。

内墙涂料的品种很多，仅近期盛行的就曾有106内墙涂料、多彩花纹建筑涂料、仿瓷涂料和乳胶内墙涂料等。但真正具有以上特点的只有乳胶涂料。其他各种涂料，不是耐擦洗性不好，就是透气性不好，或者耐粉化性不好。因此，有的成为淘汰产品，有的逐渐失去昔日的辉煌。

（一）乳胶涂料

乳胶涂料是以乳液合成树脂为成膜物质，以水为载体，加入相应的助剂，经分散、研磨、配制而成。该涂料在储存及使用过程中，可以用水稀释、清洗，一旦成膜干燥以后，就不能用水溶解，即像油漆一样不怕水洗，故又名乳胶漆。

乳胶漆的品种又有很多，有聚醋酸乙烯酯乳胶漆、氯乙烯-偏氯乙烯共聚乳胶漆、纯丙烯酸酯乳胶漆和苯乙烯-丙烯酸酯共聚乳胶漆等。其中综合性能最好的要属纯丙烯酸酯乳胶漆，但价格较高，而用苯乙烯代替甲基丙烯酸酯制成的苯乙烯-丙烯酸酯乳胶漆，综合性能仅次于纯丙烯酸酯乳胶漆，具有较好的耐候性、耐水性和抗粉化性，而价格比纯丙烯酸酯乳胶漆便宜，因此成为乳胶漆中使用量最大的一个品种。

1. 产品性能及特点

此涂料可涂刷和喷涂，施工方便；流平性好，干燥快，无味，无着火危险；并因透气性好，不会由于墙体内外湿度相差较大而产生鼓泡现象，故能够在稍潮湿的墙面上施工；涂膜具有耐碱性、耐候性、保色性及耐擦性良好等优点，不会发生油性涂料（油漆）涂刷墙面后易产生的起皮与剥落等现象。其主要技术指标如表13-3所列。

2. 适用范围

适用于较高级的住宅及各种公共建筑物的内墙装饰，属高档内墙装饰涂料，也是较好的内墙涂料。

3. 使用方法

（1）涂料储存温度为0~40℃，最好在5~35℃。

（2）涂料可以在3℃以上施工，但最好在10℃以上；否则漆层易开裂、掉粉。

表13-3　合成树脂乳液内墙、外墙和溶剂型外墙涂料技术指标

（GB/T 9755—2014、GB/T 9756—2018）

指标名称	合成树脂乳液内墙涂料			溶剂型外墙涂料			合成树脂乳液外墙涂料		
	优等品	一等品	合格品	优等品	一等品	合格品	优等品	一等品	合格品
容器中涂料状态	无硬块，搅拌后呈均匀状态								
施工性	刷涂两道无障碍								
低温稳定性	不变质								
干燥时间（表干）/h	≤2								
涂膜外观	正常								

（续）

指标名称	合成树脂乳液内墙涂料			溶剂型外墙涂料			合成树脂乳液外墙涂料		
	优等品	一等品	合格品	优等品	一等品	合格品	优等品	一等品	合格品
对比率（白色或浅色①）	≥0.95	≥0.93	≥0.90	≥0.93	≥0.90	≥0.87	≥0.93	≥0.90	≥0.87
耐水性	—			168h 无异常			96h 无异常		
耐碱性	24h 无异常			48h 无异常			48h 无异常		
耐洗刷次数/次	≥1000	≥500	≥200	≥5000	≥3000	≥2000	≥2000	≥1000	≥500
耐人工气候老化性	—								
白色和浅色①	—			1000h 不起泡、不剥落、无裂纹	500h 不起泡、不剥落、无裂纹	300h 不起泡、不剥落、无裂纹	600h 不起泡、不剥落、无裂纹	400h 不起泡、不剥落、无裂纹	250h 不起泡、不剥落、无裂纹
粉化等级/级	—			≤1					
变色等级/级	—			≤1					
其他色	—			商定					
耐沾污性（白色和浅色①）/%	—			≤10	≤10	≤15	≤15	≤15	≤20
涂层耐温变性（5次循环）	—			无异常					

①浅色是指以白色涂料为主要成分,添加适量色浆后配制成的浅色涂料形成的涂膜所呈现的浅颜色,按 GB/T 15608—1995 中 4.3.2 规定明度值为 6~9 之间（三刺激值中的 $Y_{D65} ≥ 31.26$,其中 Y_{D65} 表示原色、涂膜厚度为 $65\mu m$）。

（3）基层可以是水泥砂浆、混凝土、纸筋灰和木材。木材表面若刮油性腻子,需待干透才可涂漆。水泥砂浆和混凝土等,需常温养护 28d 以上,含水率 10% 以下方可施工;基层表面也不宜太干燥。水泥砂浆基层碱性太强,需先刮腻子,所用腻子可以是 801 胶-水泥、聚醋酸乙烯酯乳液-水泥石膏与苯丙乳液-滑石粉等。

（4）施工时,不得混入溶剂型漆与溶剂,施工器具与容器也不得带入此类物质,以免引起涂料破乳。

（5）涂料使用前应上下搅匀。如太稠可用自来水调稀,但不能用石灰水和溶剂。

（6）涂刷时可用辊涂也可用刷涂,最好一人先用滚筒刷蘸涂料均匀涂布,另一人随即用排笔展平涂痕和溅沫,以防透底和流坠。一般涂两道,待第一道干后（间隙 2h 以上）再刷第二道。

（二）木质装饰板材

木质装饰板材是高档的室内装饰材料。以实木面板装饰室内墙面,通常使用柚木、水曲柳、枫木、红松、鱼鳞松及楠木等珍贵树种为墙体饰面,其天然纹理、色彩及质感有良好的装饰效果,特别适应人们追求自然的审美情趣。然而,由于我国森林资源匮乏,多不使用实木板材而使用薄木装饰板。

薄木装饰板是利用珍贵树种,通过精密刨切,制得厚度为 0.2~0.8mm 微薄木,再以胶合板、刨花板、纤维板、细木工板等为基材,采用先进的胶黏工艺,将微薄木复合于基材上,经热压而成。具有花纹美丽、真实感和立体感强等特点,是一种新型高级的装饰材料。适用于高级建筑、车辆、船舶的内部装修。如护墙板、门扇等以及高级家具、电视机壳与乐器制造等方面。

薄木装饰板的规格有 1839mm×915mm、2135mm×915mm、2135mm×1220mm、1830mm×1220mm 等多种,厚度一般为 3~6mm。该种板材的技术性能应达到以下要求:胶合强度不小于 1.0MPa,缝隙宽度不大于 0.2mm,孔洞直径不大于 2mm,自然开裂不大于 0.5%,透胶污染不大于 1%,无叠层开裂等。

第四节　外墙装饰材料

外墙装饰除采用简单的水泥灰浆粉刷外,现在多采用涂装外墙涂料的方式;至于要求较高的建筑,往往采取安装玻璃幕墙、镶贴花岗石板、彩釉面砖、陶瓷锦砖或玻璃马赛克等。但此类装饰除了材料费用较高以外,还存在加大建筑物重量、面临装饰材料脱落造成人员伤害及脱落后难以修补成原样等问题,并且这些装饰材料大都是些高耗能材料,所以国家正在限制使用。如上海等地已明令禁止建筑物镶嵌瓷砖等材料,进而推广建筑外墙涂料。

一、外墙涂料的特征

外墙涂料的主要功能是装饰和保护建筑物的外墙面,使建筑物外貌整洁美观,从而达到美化城市环境的目的。同时能够起到保护建筑物外墙的作用,延长其使用时间。为了获得良好的装饰与保护效果,外墙涂料一般应具有以下特点。

1. 装饰性好

要求外墙涂料色彩丰富多样,保色性好,能较长时间保持良好的装饰性能。

2. 耐水性好

外墙面暴露在大气中,要经常受到雨水的冲刷,因而作为外墙涂料应具有很好的耐水性能。某些防水型外墙涂料其抗水性能更佳,当基层墙面发生小裂缝时,涂层仍有防水的功能。

3. 耐玷污性能好

大气中经常有灰尘及其他物质落在涂层上,使涂层的装饰效果变差,甚至失去装饰性能,因而要求外墙装饰层不易被这些物质玷污或玷污后容易清除。

4. 与基层黏结牢固、涂膜不裂

外墙涂料如出现剥落、脱皮现象,维修较为困难,对装饰性与外墙的耐久性都有较大影响。故外墙涂料在这方面的性能要求较高。

5. 耐候性和耐久性好

暴露在大气中的涂层,要经受日光、雨水、风沙及冷热变化等作用。在这些因素反复作用下,一般的涂层会发生开裂、脱粉或变色等现象,使涂层失去原有的装饰和保护功能。因此,作为外墙装饰的涂层要求保持一定的使用年限,不发生上述破坏现象,即有良好的耐候性、耐久性。

二、外墙涂料的种类

1. 溶剂型丙烯酸树脂涂料

该涂料是以热塑性丙烯酸树脂为主要成膜物质,加入溶剂、填料和助剂等,经研磨、配制而成的一种溶剂型外墙涂料。它是靠溶剂挥发而结膜干燥,耐酸性和耐碱性好,涂膜色浅、透明、有光泽,具有极好的耐水、耐光、耐候性能,不易变色、粉化和脱落,是目前高档外墙涂料最重要的品种之一。其产品性能应符合表 13-3 的要求。

施工应用的注意事项如下。

(1)基层要牢固、平整、干净、干燥,水泥砂浆等碱性面层要干透,待水化作用基本完成后施工。

(2)生产厂备有各色配套漆。使用时可用二甲苯稀释、调匀。

(3)可使用刷涂、喷涂、辊涂和弹涂施工,一般涂两道,待第一道干燥后再涂第二道。施工时注意保持通风和劳保防护。储存、运输和施工中注意防止火灾。

2. 乳液型丙烯酸酯外墙涂料

该涂料是以甲基丙烯酸甲酯、丙烯酸丁酯和丙烯酸乙酯等丙烯酸系单体经乳液共聚而得到的纯丙烯酸酯乳液为主要成膜物质,加入填料、颜料及其他助剂而制得的一种优质乳液型外墙涂料。这种涂料具有优良的耐候性、耐水性、耐碱性、耐冻融性、耐洗刷性及较好的附着力,是目前国内外广泛使用的一种中高档建筑涂料。其技术指标应符合表 13-3 的规定。

施工应用的注意事项如下。

(1)基层平整、干净,强度应在 0.7MPa 以上,含水率在 10% 以下,pH 值小于 10。即新砌墙面需养护 10d 以上方可施工。旧墙面应先去掉粉尘,再修补平整、磨光。如果墙面过于干燥,可在施工前浇水湿润。

(2)涂装前应充分将原漆搅匀,若太稠可用少量自来水调稀。喷涂、混涂或刷涂均可。

(3)施工时,严禁混入油污及有机溶剂。所用工具和容器也不得有油污等,以防涂料破乳。

(4)一般涂刷两道,待第一道干后再刷第二道。不宜涂刷过厚,涂料用量为 3~4m²/kg。若多层涂敷中的某一层使用溶剂型涂料时,应注意劳动保护与防火。

(5)储存温度为 0~40℃,储存期为 6 个月。

3. 聚氨酯外墙涂料

聚氨酯外墙涂料是以聚氨酯树脂或聚氨酯树脂与其他树脂的混合物为基料,加入溶剂、颜料、填料和助剂等,经研磨、配制而成的一种双组分固化型的优质外墙涂料。聚氨酯涂料的特点是固体含量高,不是靠溶剂挥发,而是双组分按比例混合固化成膜;涂膜相当柔软,弹性变形能力大,与混凝土、金属、木材等黏结牢固,可以随基层的变形而延伸,即使在基层裂缝宽度为 0.3mm 以上时,也不至于将涂膜撕裂。耐化学药品的侵蚀性好,耐候性优良,经 1000h 的加速耐候试验,其伸长率、硬度及抗拉强度等性能几乎没有降低,且经 5000 次以上的伸缩疲劳试验而不断裂;表面光洁程度极好,呈瓷质状,耐玷污性好,是一种高档外墙涂料,但价格较贵。

施工注意事项如下。

施工时要求在现场按比例搭配混合均匀,要求基层含水率不大于 8%;涂料中溶剂挥发,应注意防火及劳动保护;已在现场搅拌好的涂料,一般应在 4~6h 内用完。

三、玻璃幕墙

玻璃幕墙是现代建筑的重要组成部分,它的优点是自重轻、可光控、保温绝热、隔声以及装饰性好等。北京、上海、广州、南京等地大型公共建筑广泛采用玻璃幕墙,取得了良好的使用功能和装饰效果。在玻璃幕墙中大量应用热反射玻璃,将建筑物周围景物、蓝天、白云等自然现象都反映到建筑物表面,使建筑物的外表情景交融、层层交错,使人具有变幻莫测的感觉。近看景物丰富,远看又有熠熠生辉、光彩照人的效果。

1. 玻璃幕墙的安装

玻璃幕墙的安装有现场安装和预制拼装两种。

(1)现场安装。幕墙承受自重和风荷载,边框焊接在钢筋混凝土主体结构上,玻璃插入轨槽内并用胶密封。这种方法的优点是节省金属材料,便于安装、运输及搬运费用低。其缺点是现场密封处理难度大,稍不注意,就容易漏水漏气。

(2)预制拼装。边框和玻璃原片全部在预制厂内进行,生产标准化,容易控制质量,密封性能好,现场施工速度快。缺点是型材消耗大,约需增加 15%~20%。

2. 玻璃幕墙的保温、绝热与防噪声

保温、绝热可选用优质的保温绝热材料,如对透明部分采用吸热玻璃或热反射玻璃等,可以降低热传导系数;对不透明部分,则可采用低密度、多孔洞、抗压强度低的保温隔热材料。建筑物外部的噪声一般是通过幕墙结构的缝隙传到室内的,所以对幕墙要精心设计与施工,处理好幕墙之间的缝隙,避免噪声传入。采用中空玻璃和加强密封设施有利于降低噪声。

第五节　顶棚装饰材料

室内顶棚是室内空间的重点装饰部位。顶棚的造型、色彩和材料,对室内装饰艺术风格具有极大的影响。顶棚材料的选择既要满足顶棚装修的功能要求,又要满足美化空间环境的要求。顶棚材料发展趋向于多功能、复合型和装配化的方向,其材质、色彩、图案的选择应适合室内空间的体积、形状、用途和性质。

室内顶棚材料,一般由龙骨和饰面材料组成。吊顶龙骨已由传统的木龙骨发展为吊顶轻钢龙骨和铝合金龙骨,它是由镀锌钢带、铝合金带或薄钢板等为原料辊压而成,具有自重轻、刚度大、结构简单、组装灵活、安装方便、防火防潮与耐锈蚀等特点,应用广泛、发展前景广阔。

顶棚饰面材料一般分为抹灰类、裱糊类和板材类三种。其中板材类是当前应用最多的一类。板材过去多用纤维板、木丝板和胶合板等,近年来为满足装饰、吸声与消防等多方面的要求,并致力于简化施工,易于维修和更换,发展了玻璃棉与矿物棉、石膏、珍珠岩及金属板等新型顶棚装饰材料。

一、矿棉吸声装饰板

矿棉吸声装饰板是以矿渣棉为主要原料,加入适量的胶黏剂和附加剂,通过成型、烘干与表面加工处理而成的一种新型的顶棚材料,也可作为内墙装饰材料。它是集装饰、吸声与防火三大特点于一身的高级吊顶装饰材料,因而成为高级宾馆和高层建筑比较理想的天花板材,用量剧增,发展极快。

1. 矿棉吸声装饰板的特点

具有质轻、不燃、吸声、隔热、保温、美观大方、色彩丰富、图纹多样、可选择性强与施工简便等特点。

2. 矿棉吸声装饰板的用途

用于高级建筑的内装修,如宾馆、饭店、剧场、商场、会堂、办公室、播音室、计算机房及工业建筑等。可以控制和调整混响时间,改善室内音质,降低噪声,改善环境;有优良的不燃性和隔热性,可以满足建筑设计的防火要求;不但用于吊顶还可用于墙壁。

3. 矿棉吸声装饰板的施工要求

(1)矿棉吸声装饰板,必须按规定的施工方法施工,以保证施工效果。

(2)施工环境、施工现场相对湿度在80%以下,湿度过高不宜施工。室内要等全部土建工程完毕干燥后,方可安装吸声板。

(3)矿棉吸声装饰板不宜用在湿度较大的建筑内,如浴室、厨房等。

(4)施工中要注意吸声板背面的箭头方向和白线方向必须保持一致,以保证花样、图案的整体性。

(5)对于强度要求特殊的部位(如吊挂大型灯具),在施工中按设计要求施工。

(6)根据房间的大小及灯具的布局,从施工面积中心计算吸声板的用量,以保持两侧间距相等。从一侧开始安装,以保证施工效果。

(7)安装吸声板时需戴清洁手套以防将板面弄脏。

(8)复合粘贴板施工后72h内,在胶尚未完全固化前,不能有强烈震动。装修完毕,交付使用前的房间,要注意换气和通风。

二、石膏装饰板

石膏装饰板是以建筑石膏为基料,掺入增强纤维、胶黏剂与改性剂等材料,经搅拌、成型与烘干等工艺制成的。近年来有的生产企业在配方中引入多种无机活性物质外加剂,以改善制品的内在性能;有的采用机压工艺,在特定压力下强行挤压制成高强度、高密度的制品;有的采用发泡工艺并辅以封闭措施和补强技术以降低板材密度。品种繁多,各有特色,有各种平板、半穿孔板、全穿孔板、浮雕板、组合花纹板、浮雕钻孔板及全穿孔板背衬吸声材料的复合板等。

1. 石膏装饰板的特性

石膏装饰板壁薄质轻、防水防潮、防火阻燃、强度高、不变形、不易老化、有良好的抗弯性和经久耐候性,可调节室内湿度,给人以舒适感,并具有新颖美观的装饰效果。施工方便,可锯、可钉、可刨及可黏结。

2. 石膏装饰板的用途

适用于宾馆、饭店、剧院、礼堂、商店、车站、工矿车间、住宅宿舍和地下建筑等各种建筑工程室内吊顶、壁面装饰及空调材料。

3. 石膏装饰板的安装

目前安装石膏装饰板用得较多的固定方法,有轻钢龙骨、铝合金龙骨和粘贴安装等方法。

三、聚氯乙烯塑料天花板

以聚氯乙烯树脂为基料,加入一定量的抗氧化剂、改性剂等助剂,经混炼、压延及真空吸塑等工艺而制成的浮雕型装饰材料。

该天花板具有质轻、防潮、隔热、不易燃、不吸尘、不破裂、可涂饰和易安装等优点。适用于影剧院、会议室、商店、公共设施及住宅建筑的室内吊顶及墙面装饰。

尺寸标准:长度与宽度允许偏差在±0.5mm 内。

厚度允许偏差在±0.10mm 内。

性能指标:密度 1.3~1.6g/cm³。

抗拉强度:28.0MPa。

延伸率:100%。

吸水率:≤0.2%。

耐热性:60℃不变形。

阻燃性:离火自熄。

热导率:0.174(W/(m·K))。

聚氯乙烯塑料天花板的产品品种主要有吊顶板、塑料扣板、复合板、塑料天花板等。

聚氯乙烯塑料天花板应用技术要点如下。

(1) 安装方法可用钉和粘两种。

① 钉法。用 2~2.5cm 的木条制成 50cm 的方形木格,用小铁钉将塑料天花板钉上,然后再用 2cm 宽的塑料压条(或铝合金压条)钉上,以固定板面;或钉上特制的塑料装饰小花来固定板面。

② 粘法。用建筑胶水直接将天花板粘贴在水泥楼板上,或固定在龙骨架上。

(2) 顶棚扣板安装于轻钢龙骨或木龙骨上,没有或很少有横向拼缝(一般板长可达4m,任意锯切),竖向缝为扣接,拼缝平直整齐,表面不露钉帽。特别是用于净化车间时,在竖向缝内注入密封胶后,可保漏风量小于 1%~2%,满足净化的要求。

(3) 运储与安装过程中,轻拿轻放,避免撞击并要远离热源防止烟熏和变形。

第六节　绝热材料

一、绝热材料的作用及基本要求

绝热材料是指防止建筑物和暖气设备(如暖气管道等)的热量散失,或隔绝外界热量的传入(如冷藏库等)而选用的材料。本节主要讨论建筑用绝热材料。

在任何介质中,当两处存在着温度差时,这两部分之间就产生热的传递现象,热能将由温度较高的部分转移至温度较低的部分。如房屋内部的空气与室外的空气之间存在着温度差时,就会通过房屋外围结构,主要是外墙、门窗、屋顶等产生传热现象。冬天,由于室内气温高于室外气温,热量从室内经围护结构向外传递,造成热损失。夏天,室外气温高,热的传递方向相反,即热量经由围护结构传至室内而使室温提高。围护结构保温隔热性能好,可使室内冬暖夏凉,节约供暖和降温的能源。据统计,可节省能源消耗 25% ～ 50%,因此合理使用绝热材料具有重要的节能意义。

材料的热导率是衡量材料保温隔热性或绝热性的一项重要指标,热导率越小,则绝热性越好。影响材料热导率的因素,主要是材料的化学组成、结构、孔隙率与孔隙特征、含水率及介质的温度,其中以孔隙率(或表观密度)与含水率的影响最大。同类材料,其热导率可根据表观密度来确定,表观密度越小,热导率也越小,许多材料的含水量增大,热导率也随之增加,至于材料含水量大小则应根据材料在房屋围护结构中实际使用的条件来估计。实际使用条件包括当地的气候条件、房间的使用性质、房间的朝向和围护结构的构造方式等。对多数绝热材料,可取空气相对湿度为 80%～85% 时,材料的平衡含水率作为参考值,对选用的材料作热导率测定时,也尽量在此条件下进行。

对绝热材料的基本要求是热导率不大于 $0.23W/(m \cdot K)$,表观密度不大于 $600kg/m^3$,抗压强度大于 $0.3MPa$。

在建筑工程中,绝热材料主要用于墙体和屋顶的保温绝热以及热工设备、热力管道的保温,有时也用于冬季施工的保温,在冷藏室和冷藏设备上也普遍使用。在选用绝热材料时,应综合考虑结构物的用途,使用环境温度、湿度及部位,围护结构的构造,施工难易程度,材料来源,技术经济效益等。

二、绝热材料的类型

1. 多孔型

多孔材料的传热方式较为复杂。对于平板状材料,当热量从高温面向低温面传递时,固相中的导热方向垂直于材料平面;在碰到气孔后,固相导热的方向发生变化,总的传热路线大大增加,从而使传热速度减缓。另外,由于气孔壁面存在着温差,也会发生传热,其传热方式有以下几种。

(1) 高温固体表面对低温固体表面的辐射换热。

(2) 气体的对流换热。

(3) 气体的传导换热。

由于在常温下对流和辐射换热在总的传热中所占比例很小,故以气孔中气体的导热为主,但由于空气的热导率仅为 $0.0029W/(m \cdot K)$,大大小于固体的热导率,所以热量通过气孔传递的阻力较大,从而使传热速度大大减缓。

2. 纤维型

与多孔材料类似。顺纤维方向的传热量大于垂直于纤维方向的传热量。

3. 反射型

具有反射性的材料,由于大量热辐射在表面被反射掉,使通过材料的热量大大减少,从而达到绝热目的。其反射率越大,则材料绝热性越好。

三、常用的绝热材料

(一) 无机绝热材料

无机绝热材料是矿物材料制成的,呈纤维状、散粒状或多孔构造,可制成片、板、卷材或壳状等形式的制品。无机绝热材料的表观密度较大,不易腐朽,不会燃烧,有的能耐高温。

1. 纤维状材料

这是以矿棉、玻璃棉或石棉为主要原料的产品,由于不燃、吸声、耐久、价格便宜、施工简便,而广泛应用于住宅建筑和热工设备的表面。

1) 矿棉及矿棉制品

矿棉是用岩石(玄武岩)或高炉矿渣的熔融体,以压缩空气或蒸汽喷成的玻璃质纤维材料。前者称为岩石棉,后者称为矿渣棉,它们的生产工艺和成品性能相近,所以统称为矿物棉或矿棉。

矿棉的表观密度与纤维直径有关,如一级品的矿渣棉在 19.6 kMPa 压力下表观密度在 100kg/m³ 以下,热导率小于 0.044W/(m·K)。岩石棉最高使用温度为 700℃,矿渣棉为 600℃。

矿棉使用时易被压实,多制成 8~10 mm 的矿棉粒填充在坚固外壳(如空心墙或楼板)中。

矿棉毡是熔融体形成纤维时,将熔融沥青喷在纤维表面加压而成。矿棉毡表观密度为 135~1160kg/m³,热导率为 0.048~0.052W/(m·K),最高使用温度为 250℃,适用于墙体及屋面的保温。

用酚醛树脂为胶黏剂成型的矿棉板,表观密度小于 150kg/m³ 时,热导率低于 0.046W/(m·K),抗折强度为 0.2MPa。板的耐火性高,吸湿性小,可代替高级软木板应用于冷藏库及建筑物的隔热。

2) 玻璃棉及其制品

玻璃纤维是由玻璃熔融物制成的纤维,其中短纤维(150mm 以下)组织蓬松,类似棉絮,常称为玻璃棉。

玻璃棉表观密度为 100~150kg/m³ 时,热导率低于 0.035~0.058W/(m·K)。最高使用温度,含碱玻璃棉为 300℃,无碱玻璃棉为 600℃。

与矿棉相似,也可制成沥青玻璃棉毡和酚醛树脂玻璃棉板。玻璃棉制品可用于围护结构的保温。

2. 粒状材料

粒状绝热材料主要有膨胀蛭石和膨胀珍珠岩。

1) 膨胀蛭石及其制品

蛭石是一种天然矿物,在 850~1000℃ 的温度下煅烧时,体积急剧膨胀,单个颗粒的体积能膨胀 5~20 倍,蛭石在热膨胀时很像水蛭蠕动,因而得名。煅烧膨胀后为膨胀蛭石。

膨胀蛭石的主要特性:堆积密度为 80~200kg/m³,热导率为 0.046~0.070W/(m·K),可在 1000~1100℃ 温度下使用,不蛀,不腐,但吸水性较大。膨胀蛭石可以呈松散状,铺设于墙壁、楼板和屋面等夹层中,作为隔热、隔声之用。使用时应注意防潮,以免吸水后影响隔热效果。

膨胀蛭石也可与水泥、水玻璃等胶凝材料配合,浇制成板,用于墙体、楼板和屋面等构件隔热。水泥制品通常用 10%~15% 的水泥、85%~90% 的膨胀蛭石(按体积计),用适量的水经拌和、成型和养护而成。制品的表观密度为 300~400kg/m³,相应的热导率为 0.08~0.10W/(m·K),抗压强度为 0.2~1MPa,耐热温度为 600℃。水玻璃膨胀蛭石制品是以膨胀蛭石、水玻璃和适量氟硅酸钠(Na_2SiF_6)配制而成,其表观密度为 300~400kg/m³ 时,相应的热导率为 0.079~0.084W/(m·K),抗压强度为 0.35~0.65MPa,耐热温度为 900℃。

2)膨胀珍珠岩及其制品

膨胀珍珠岩是由天然珍珠岩煅烧膨胀而得,呈蜂窝泡沫状的白色或灰白色颗粒,是一种高效能的绝热材料。具有表观密度小、热导率低、低温绝热性好、吸声强、施工方便等特点。建筑上广泛用于围护结构、低温及超低温保冷设备、热工设备等处的保温绝热。也用于制作吸声材料。

膨胀珍珠岩制品是以膨胀珍珠岩为骨料,配合适量胶凝材料(如水泥、水玻璃、沥青、磷酸盐等),经过搅拌、成型、养护(干燥或焙烧)而制成的具有一定形状的板、块、管、壳等制品,水泥膨胀珍珠岩制品表观密度为 300~400kg/m³,热导率为 0.058~0.087 W/(m·K),抗压强度为 0.5~1MPa。以水玻璃为胶结材料可获得表观密度和热导率更低的膨胀珍珠岩制品。

3. 多孔材料

泡沫混凝土及加气混凝土即为常用的多孔绝热材料,此外还有以下品种。

1)微孔硅酸钙

这是一种新型绝热材料,它是用 65% 硅藻土,35% 石灰,再加入前两者总重 5% 的石棉、水玻璃和水,经拌和、成型、蒸压处理和烘干等工艺过程而制成,可用于建筑工程的围护结构及管道的保温,其效果较水泥膨胀珍珠岩和水泥膨胀蛭石为好。这种制品的表观密度为 250kg/m³,热导率为 0.041W/(m·K),抗压强度为 0.5MPa,使用温度达 650℃。

2)泡沫玻璃

这是采用碎玻璃 100 份,发泡剂(石灰石、碳化钙或焦炭)1~2 份配料,经粉磨混合、装模 800℃ 温度下烧成,形成大量封闭不相连通的气泡,气孔率达到 80%~90%,气孔直径为 0.1~5mm,泡沫玻璃具有表观密度小(150~600kg/m³),热导率低(0.06~0.13W/(m·K)),机械强度较高(0.8~15MPa),不透水,不透气,能防火,抗冻性高等特点,且易加工,可锯截、钻孔、钉钉等。

(二)有机绝热材料

1. 泡沫塑料

泡沫塑料是以各种合成树脂为基料,加入一定剂量的发泡剂、催化剂、稳定剂等辅助材料经加热发泡而成的一种新型绝热、吸声、防震材料。目前我国生产的有聚苯乙烯泡沫塑料、聚氯乙烯泡沫塑料、聚氨酯泡沫塑料及脲醛泡沫塑料等。在建筑上硬质泡沫塑料用得较为普遍。

聚苯乙烯泡沫塑料的吸水性小,耐低温、耐酸碱,且有一定的弹性;硬质聚氯乙烯泡沫塑料具有不吸水,不燃,耐酸碱,耐油等特点;硬质聚氨酯泡沫塑料具有透气,吸尘,吸油等特点;脲醛泡沫塑料是泡沫塑料中重量最轻者,但吸水性强、强度低。

2. 软木及软木板

软木及软木板原料为栓皮栎或黄菠萝树皮,胶料为皮胶、沥青或合成树脂。工艺过程:不加胶料的,将树皮轧碎,筛分,模压,烘焙(400℃左右)而成;加胶料的,在模压前加入胶料,在80℃的干燥室中干燥一昼夜而制成。软木板具有表观密度小($150 \sim 350 kg/m^3$),热导率低($0.052 \sim 0.070 W/(m \cdot K)$),抗渗和防腐性能高等特点。软木板多用于冷藏库隔热。

3. 木丝板

木丝板是以木材下脚料经机械制成均匀木丝,加入水玻璃溶液与普通水泥混合,经成型、冷压、干燥、养护而制成。木丝板多用作天花板、隔墙板或护墙板。其表观密度为$300 \sim 600 kg/m^3$,防弯强度为$0.4 \sim 0.5 MPa$,热导率为$0.11 \sim 0.26 W/(m \cdot K)$。

4. 蜂窝板

蜂窝板是由两块较薄的面板,牢固地黏结在蜂窝芯材两面而制成的板材,也称蜂窝夹层结构。蜂窝状芯材通常用浸渍过酚醛、聚酯等合成树脂的牛皮纸、玻璃布或用铝片,经过加工黏合成六角形空腹的整块芯材,面板为浸渍过树脂的牛皮纸、玻璃布、胶合板或玻璃钢等。蜂窝板的特点是强度大、热导率小、抗震性能好,可制成轻质高强的结构用板材,也可制成绝热性良好的非结构用板材和隔声材料,如果在蜂窝中填充脲醛泡沫塑料,则绝热性能更好。

第七节　吸声材料与隔声材料

声音起源于物体的振动。声源的振动迫使邻近的空气跟着振动而形成声波,并在空气介质中向四周传播。人耳能够听见的声频范围是128Hz~10kHz。声音的大小常用声压级表示,即

$$L_p = 20 \lg \frac{p}{p_0} \tag{13-1}$$

式中:L_p为声压级(dB);p为声压(Pa);p_0为基准声压,相当于人耳刚能听到的声压,数值为$2 \times 10^{-5} Pa$。

通常,当声音大于50dB时,设计师就应该考虑采取措施,声音大于120dB,将危害人体健康。

一、吸声材料

声音在传播过程中,一部分声能随着距离的增大而扩散,另一部分则因空气分子的吸收而减弱。声能的这种减弱现象,在室外空旷处颇为明显,但若房间的体积不太大,声能减弱就不起主要作用,而重要的是墙壁、天花板、地板等材料表面对声能的吸收。

(一) 吸声系数

吸声系数是评定材料吸声性能好坏的指标。当声波遇到材料表面时,一部分从材料

表面反射,一部分透射过材料,还有一部分被材料吸收。吸声系数 α 定义为在给定频率和条件下,吸收及透射的声能通量与入射声能通量之比。即:声源停止后,声音由于多次反射或散射而延续的现象称为混响。稳态声源停止后,声压级衰变 60dB 所需要的时间,称为混响时间。为了与实际情况更接近,建筑工程材料吸声系数并非按上述定义式计算,而是通过测量吸声材料放入混响室前、后的两个混响时间,来计算吸声材料试件的吸声量(即相当于具有同样吸声效果的完全吸声板的面积,单位为 m^3),然后按下式计算混响室法吸声系数 α_s。

$$\alpha_s = \frac{55.3}{CS}\left(\frac{1}{T_{60-2}} - \frac{1}{T_{60-1}}\right)$$

式中:C 为空气声速(m/s);S 为试件面积(m^2);T_{60-1} 为未放入试件前的混响时间(s);T_{60-2} 为放入试件后的混响时间(s)。

(二) 吸声材料及其构造

1. 多孔吸声材料

声波进入材料内部互相贯通的孔隙,空气分子受到摩擦和黏滞阻力,使空气产生振动,从而使声能转化为机械能,最后因摩擦而转变为热能被吸收。这类多孔材料的吸声系数,一般从低频到高频逐渐增大,故对中频和高频的声音吸收效果较好。材料中开放的、互相连通的、细致的气孔越多,其吸声性能越好。

2. 柔性吸声材料

具有密闭气孔和一定弹性的材料,如泡沫塑料,声波引起的空气振动不易传递至其内部,只能相应地产生振动,在振动过程中由于克服材料内部的摩擦而消耗了声能,引起声波衰减。这种材料的吸声特性是在一定的频率范围内出现一个或多个吸收频率。

3. 帘幕吸声体

帘幕吸声体是用具有通气性能的纺织品,安装在离墙面或窗洞一定距离处,背后设置空气层。这种吸声体对中、高频都有一定的吸声效果。

4. 悬挂空间吸声体

悬挂于空间的吸声体,增加了有效的吸声面积,加上声波的衍射作用,大大提高了实际的吸声效果,空间吸声体可设计成多种形式悬挂在顶棚下面。

5. 薄板振动吸声结构

将胶合板、薄木板、纤维板、石膏板等的周边钉在墙或顶面的龙骨上,并在背后留有空气层,即成薄板振动吸声结构。该吸声结构主要吸收低频率的声波。

6. 穿孔板组合共振吸声结构

穿孔的各种材质薄板周边固定在龙骨上,并在背后设置空气层即成穿孔板组合共振吸声结构。这种吸声结构具有适合中频的吸声特性,使用普遍。

7. 空腔共振吸声结构

空腔共振吸声结构由封闭的空腔和较小的开口组成,具有很强的频率选择性,在其共振频率附近,吸声系数较大,而对离共振频率较远的声波吸收很小。

常用吸声材料主要性能见表 13-4。

表 13-4　常用吸声材料主要性能

材料		厚度/cm	各种频率下的吸声系数						装置情况
			125	250	500	1000	2000	4000	
无机材料	吸声砖	6.5	0.05	0.07	0.10	0.12	0.16	—	
	石膏板(有花纹)	—	0.03	0.05	0.06	4.49	0.04	0.06	贴实
	水泥蛭石板	4.0	—	0.14	0.46	0.78	0.50	0.60	贴实
	石膏砂浆(掺水泥、玻璃纤维)	2.2	0.24	0.12	0.09	0.30	0.32	0.83	墙面粉刷
	水泥膨胀珍珠岩板	5.0	0.16	0.46	0.64	0.48	0.56	0.56	
	水泥砂浆	1.7	0.21	0.16	0.25	0.40	0.42	0.48	
	砖(清水墙面)		0.02	0.03	0.04	0.04	0.05	0.05	
木质材料	软木板	2.5	0.05	0.11	0.25	0.63	0.70	0.07	贴实
	木丝板	3.0	0.10	0.36	0.62	0.53	0.71	0.09	后留10cm空气层
	三夹板	0.3	0.21	0.73	0.21	0.19	0.08	0.12	后留5cm空气层
	穿孔夹板	0.5	0.01	0.25	0.55	0.30	0.16	0.19	后留5~15cm空气层
	木丝板	0.8	0.03	0.02	0.03	0.03	0.04	—	后留5cm空气层
	木质纤维板	1.1	0.06	0.15	0.28	0.30	0.33	0.31	后留5cm空气层（钉在龙骨上）
泡沫材料	泡沫玻璃	4.4	0.11	0.32	0.52	0.44	0.52	0.33	贴实
	脲醛泡沫塑料	5.0	0.22	0.29	0.40	0.68	0.95	0.94	贴实
	泡沫水泥(外面粉刷)	2.0	0.18	0.05	0.22	0.48	0.22	0.32	紧靠基层粉刷
	吸声蜂窝板	—	0.27	0.12	0.42	0.86	0.48	0.30	
	泡沫塑料	1.0	0.03	0.06	0.12	0.41	0.85	0.67	
纤维材料	矿棉板	3.13	0.10	0.21	0.60	0.95	0.85	0.72	贴实
	玻璃棉	5.0	0.06	0.08	0.18	0.44	0.72	0.82	贴实
	酚醛玻璃纤维板	8.0	0.25	0.55	0.80	0.92	0.98	0.95	贴实
	工业毛毡	3.0	0.10	0.28	0.55	0.60	0.60	0.56	紧靠墙面

二、隔声材料

建筑上将主要起隔绝声音作用的材料称为隔声材料。隔声材料主要用于外墙、门窗、隔墙、隔断等。

隔声可分为隔绝空气声(通过空气传播的声音)和隔绝固体声(通过撞击或振动传播的声音)两种。两者的隔声原理截然不同。隔声不但与材料有关,而且与建筑结构有密切的关系。

1. 空气声的隔绝

材料隔绝空气声的能力,可以用材料对声波的透射系数或材料的隔声量来衡量,即

$$\tau = \frac{E_t}{E_0} \tag{13-2}$$

$$R = 10\lg \frac{1}{\tau} \tag{13-3}$$

式中:τ 为声波透射系数;E_t 为透过材料的声能;E_0 为入射总声能;R 为材料的隔声量(dB)。

材料的 τ 越小,则 R 越大,说明材料的隔声性能越好。材料的隔声性能与入射声波的频率有关,常用 125~4000Hz 这六个倍频带的隔声量来表示材料的隔声性能。对于普通教室之间的隔墙和楼板,要求达到不小于 40dB 的隔声量,也即透射声能小于入射声能的万分之一。

隔绝空气声主要服从质量定律,即材料的体积密度越大,质量越大,隔声性能越好,因此应选用密实的材料作为隔声材料,如砖、混凝土、钢板等。如采用轻质材料或薄壁材料,需辅以多孔吸声材料或采用夹层结构,如夹层玻璃就是一种很好的隔声材料。

2. 固体声(撞击声)的隔绝

材料隔绝固体声的能力是用材料的撞击声压级来衡量的。测量时,将试件安装在上部声源室和下部受声室之间的洞口,声源室与受声室之间没有刚性连接。普通教室之间楼板的标准化撞击声压级应小于 75dB。

隔绝固体声最有效的措施是采用不连续的结构处理,即在墙壁和承重梁之间、房屋的框架和墙板之间加弹性衬垫,如毛毡、软木、橡皮等材料,或在楼板上加弹性地毯。

第八节　建筑装饰材料发展动态

国外建筑涂料发展趋势介绍如下。

建筑涂料的技术发展趋势是向高性能、高效率、功能复合化、艺术化、低污染或绿色环保涂料方向发展。

(1)超耐候性涂料。以氟树脂及氟改性树脂为主,人工老化达 4000h 以上,使用年限为 20 年。

(2)丙烯酸酯硅酮共聚物涂料。采用硅硐交联的丙烯酸树脂开发的硅烷涂料,人工老化在 2000~3000h 以上,使用年限为 10~15 年。

(3)双组分(丙烯酸)聚氨酯乳液涂料。采用聚氨酯或丙烯酸酯聚氨酯乳液作为羟基组分,可以用含不泛黄的异氰酸酯的水性组分作为固化剂,常温交联,可制成弹性或非弹性高档装饰涂料。人工老化在 2000~3000h 以上,使用年限为 10~15 年,是高性能环保类型的新型建筑涂料。

(4)硅丙乳液涂料。用有机硅烷改性丙烯酸酯类乳液,其有机硅含量为 10%~25%。人工老化可达 2000~3000h 以上,使用年限为 10~15 年。属于环保新型建筑涂料。

复习思考题

13-1 什么是塑料地板？主要有何性能特点？

13-2 什么是木地板？其优缺点各有哪些？

13-3 什么是聚氯乙烯壁纸？主要有哪两类？

13-4 塑料装饰板包括哪几种？各有什么特点和用途？

13-5 建筑涂料的基本组成成分及其作用是什么？

13-6 建筑内墙、顶棚涂料应满足什么要求？主要包括哪几种？

13-7 外墙涂料有哪几种？各有什么用途？

13-8 什么是聚氨酯外墙涂料？主要有何特点和用途？

13-9 绝热材料为什么是轻质材料？使用时为什么要防潮？

13-10 多孔吸声材料具有怎样的吸声特性？随着材料表观密度、厚度的增加，其吸声特性有何变化？

参 考 文 献

[1]张健.建筑工程材料与检测.北京:化学工业出版社,2003.
[2]卢经扬,余素萍.建筑工程材料.北京:清华大学出版社,2011.